Biomathematik für Mediziner

Von Prof. Dr. rer. nat. Edward Walter †

Unter Mitarbeit von
Dr. rer. nat. J. Bammert, Prof. Dr. med. H.-J. Jesdinsky †
Dr. med. Chr. Otto, Dipl.-Math. R. Roßner

3., überarbeitete Auflage
Mit 41 Figuren, 53 Beispielen und 27 Tabellen

Bearbeitet von
Dr. rer. nat. Joachim W. Bammert

B. G. Teubner Stuttgart 1988

Prof. Dr. rer. nat. Edward Walter † 1984

Geboren 1925 in Königsberg/Neumark. Ab 1946 Studium der Mathematik in Göttingen.
1951 Diplom, 1956 Promotion, 1963 Habilitation in Göttingen. 1963 a. o. Professor
und 1965 o. Professor für Medizinische Statistik und Dokumentation in Freiburg.

Dr. rer. nat. Joachim Bammert

Geboren 1937 in Überlingen a. B. Studium der Mathematik und Biologie in Freiburg.
1966 Diplom in Mathematik, 1967 Promotion, 1967 wissenschaftlicher Mitarbeiter
am Institut für Medizinische Statistik und Dokumentation in Freiburg, seit 1986 frei-
beruflich.

Prof. Dr. med. Hans-Joachim Jesdinsky † 1986

Geboren 1931 in Düsseldorf. Studium der Medizin in Köln, Bonn und Innsbruck. 1956
Promotion, Assistent an der Med. Universitätsklinik in Bonn. 1963/64 wissenschaftlicher
Mitarbeiter der Firma E. Merck AG Darmstadt. 1965 Assistent am Institut für Medizinische Statistik und Dokumentation in Freiburg, 1969 Habilitation, 1973 apl. Professor.
1975 o. Professor für Medizinische Statistik und Biomathematik in Düsseldorf.

Dr. med. Christa Otto, geb. Weise

Geboren 1940 in Leipzig. Studium der Mathematik und Medizin in Frankfurt, Erlangen
und Marburg. 1967 Promotion. 1970 Approbation. Bis 1979 wissenschaftliche Assisten-
tin am Institut für Medizinische Statistik und Dokumentation in Freiburg.

Dipl.-Math. Reinhard Roßner

Geboren 1940 in Münchberg/Bayern. Ab 1960 Studium der Mathematik in Freiburg.
1966 Diplom und wissenschaftlicher Mitarbeiter am Institut für Medizinische Statistik
und Dokumentation in Freiburg, 1977 Akademischer Rat.

CIP-Titelaufnahme der Deutschen Bibliothek

Walter, Edward:
Biomathematik für Mediziner / von Edward Walter. Unter
Mitarb. von J. Bammert ... – 3., überarb. Aufl. / bearb. von
Joachim W. Bammert. – Stuttgart : Teubner, 1988
   (Teubner-Studienbücher : Mathematik)
     ISBN 978-3-519-22049-7   ISBN 978-3-322-91184-1 (eBook)
     DOI 10.100/978-3-322-91184-1
NE: Bammert, Joachim W. [Bearb.]

Satz: Elsner & Behrens GmbH, Oftersheim

Umschlaggestaltung: W. Koch, Sindelfingen

Aus dem Vorwort der ersten und zweiten Auflage

Diese Schrift ist aus der Ausarbeitung einer Vorlesung „Biomathematik, Medizinische Statistik und Dokumentation" entstanden. Sie hatte das Ziel, den im Gegenstandskatalog für die erste Ärztliche Prüfung für Mediziner vorgesehenen Stoff für das Fach Biomathematik zu erläutern und durch Beispiele zu ergänzen.

Für die zweite Auflage mußte die Schrift vollständig umgearbeitet werden, weil der Gegenstandskatalog[1] für die Ärztliche Prüfung 1978 neu gefaßt wurde und aufgrund der Novellierung der Approbationsordnung von 1978 ein Teil des Stoffes im zweiten Teil der klinischen Ausbildung behandelt werden soll (Abschn. 5 und 6 dieser Auflage).

Um den Stoff, der unmittelbar den Gegenstandskatalog betrifft, zu kennzeichnen, wurden jeweils die entsprechenden Teile des Gegenstandskataloges eingerahmt abgedruckt und zusätzliche Abschnitte mit einem Stern versehen.

E. Walter

Vorwort zur dritten Auflage

Für die dritte Auflage wurde zur Beseitigung von Fehlern und mißverständlichen Stellen eine Vielzahl von Korrekturen und Ergänzungen kleineren Umfangs angebracht. Dabei sind auch die Hinweise vieler Leser berücksichtigt worden. Den Einsendern sei für ihr aufmerksames Interesse herzlich gedankt.

Im Abschnitt 6 (Medizinische Informatik) wurden diejenigen Sätze, die durch die technische Entwicklung völlig unzeitgemäß geworden waren, gestrichen.

Zugunsten einer raschen Drucklegung und auch weil die Gegenstandskataloge für die Ärztliche Prüfung zur Zeit noch unverändert gültig sind, wurde auf tiefergreifende Änderungen und auf Erweiterungen um neuere statistische Methoden verzichtet.

Freiburg, im Juli 1987 J. Bammert

---

[1] IMPP (Hrsg.): Gegenstandskatalog für den Ersten Abschnitt der Ärztlichen Prüfung (GK2) 2. Aufl. Mainz 1978

IMPP (Hrsg.): Gegenstandskatalog für den Zweiten Abschnitt der Ärztlichen Prüfung (GK3) 2. Aufl. Mainz 1979

Inhalt

Symbolverzeichnis

Zusammenstellung einiger Zeichen, die durchgehend verwendet werden:

b_{yx}	empirischer Regressionskoeffizient von Y auf X	56
Cov	Kovarianz	76
d_x	Anzahl der Lebendgeborenen, die zwischen dem Alter x und x + 1 sterben	89
E	Erwartungswert	75
e	Effizienz	106
e_i	Abweichung der i-ten Beobachtung	45
e_x	Lebenserwartung eines x-Jährigen	90
F	Verteilungsfunktion	73
$F_{f_1,f_2,q}$	q-Quantil der F-Verteilung mit f_1 und f_2 Freiheitsgraden	135, 197
F_n	empirische Verteilungsfunktion	40
f	Wahrscheinlichkeitsdichte	73
H_0	Nullhypothese	108
H_1	Gegenhypothese	108
h	relative Häufigkeit	42
$\log_a$	Logarithmus zur Basis a	18
ld	Logarithmus zur Basis 2	19
lg	Logarithmus zur Basis 10	19
ln	natürlicher Logarithmus	19
lim	Grenzwert	26
ℓ_x	Anzahl der Lebendgeborenen, die das Alter x erreichen	89
MQ	Mittleres Abweichungsquadrat	135
$\mathbb{N}$	Menge der natürlichen Zahlen	12
N	Anzahl der Beobachtungseinheiten der Ausgangsgesamtheit	65

$N(\mu, \sigma^2)$	Normalverteilung mit Erwartungswert μ und Varianz σ^2	80
n	Anzahl der Beobachtungen, Umfang der Stichprobe	38
P(A)	Wahrscheinlichkeit des Ereignisses A	62
P(A|B)	Wahrscheinlichkeit von A unter der Bedingung B	67
p_x	einjährige Überlebenswahrscheinlichkeit eines x-Jährigen	89
p_{ox}	Wahrscheinlichkeit eines Lebendgeborenen, das Alter x zu erreichen	89
q_x	einjährige Sterbewahrscheinlichkeit eines x-Jährigen	89
$\mathbb{R}$	Menge der reellen Zahlen	12
R	Risikofaktor	69
r_{xy}	empirischer Korrelationskoeffizient zwischen X und Y	57
SQ	Summe der Abweichungsquadrate	45
SP	Summe der Abweichungsprodukte	56
s	empirische Standardabweichung	48
s^2	empirische Varianz	47
s_{xy}	empirische Kovarianz	56
t	Prüfgröße des t-Testes	125
$t_{f,q}$	q-Quantil der t-Verteilung mit f Freiheitsgraden	125, 196
u	Prüfgröße für den u-Test oder Gauß-Test	110

Symbol	Bedeutung	Seite
u_q	q-Quantil der Standardnormalverteilung	81
Var	Varianz	76
X	Zufallsvariable	72
x_i	i-te Beobachtung	38
$\bar{x}$	Mittelwert	44
$\tilde{x}$	empirischer Median	46
x_q	q-Quantil	47
$x_{(i)}$	i-ter Anordnungswert einer Stichprobe	38
$x_{(1)}$	kleinster Wert einer Stichprobe	38
$x_{(n)}$	größter Wert einer Stichprobe	38
$\mathbb{Z}$	Menge der ganzen Zahlen	12
α	Wahrscheinlichkeit für den Fehler erster Art, Irrtumswahrscheinlichkeit	110
β	Wahrscheinlichkeit für den Fehler zweiter Art	111
δ	zuschreibbares Risiko	69
ϵ	zufälliger Fehler	94
ρ	relatives Risiko	69
ρ_{XY}	Korrelationskoeffizient zwischen X und Y	76
ϑ	Parameter	104
$\hat{\vartheta}$	Schätzwert des Parameters ϑ	104
μ	Erwartungswert	75
$\tilde{\mu}$	Median	75
μ_0	Erwartungswert unter der Nullhypothese	111
μ_1	Erwartungswert unter der Gegenhypothese	111
σ	Standardabweichung	76
σ^2	Varianz	76
$\sigma_{\bar{X}}^2$	Varianz des Mittelwertes $\bar{X}$	110
$\chi^2_{f,q}$	q-Quantil der χ^2-Verteilung mit f Freiheitsgraden	122, 196
ω	letztes in der Sterbetafel berücksichtigtes Alter	89
Σ	Summe	26
$=$	gleich	
$\neq$	ungleich	
$<$	kleiner	
$\leq$	kleiner gleich	
$>$	größer	
$\geq$	größer gleich	
$\approx$	ungefähr gleich	
$|a|$	Betrag von a	
∞	unendlich	
$n!$	n Fakultät	14
$\binom{n}{m}$	n über m	15
e	$= 2{,}718\ldots$	
π	$= 3{,}141\ldots$	
$\{x : x \text{ hat } E\}$	Menge aller x, die die Eigenschaft E haben	12
$\in$	Element von	12
$\notin$	nicht Element von	12
$\subseteq$	Teilmenge von	12
$\cup$	Vereinigung	12
$\cap$	Durchschnitt	12
$\bar{A}$	Komplementärmenge von A	13
$\emptyset$	leere Menge	12
$\sum\limits_{i=a}^{b} k_i$	Summe über k_i von $i = a$ bis $i = b$	26
$f: A \to B, \quad x \to f(x)$	Funktion f von A nach B	16
$\int\limits_a^b f(x)\,dx$	Integral von a bis b über f	32
$\dfrac{df}{dx}, f'$	Ableitung von f nach x	30

0 Einleitung

Biomathematik, medizinische Statistik und Dokumentation bilden eine Disziplin, die in den letzten Jahren unter den medizinischen Hilfswissenschaften einen festen Platz gefunden hat. Sie umfaßt die Anwendung mathematischer und vor allem stochastischer Methoden auf medizinische Probleme einschließlich der Verwendung der elektronischen Datenverarbeitung.

Unter S t o c h a s t i k versteht man heute Gebiete, bei denen zufällige Ereignisse von Bedeutung sind. Dazu gehören Wahrscheinlichkeitsrechnung, Statistik, Spieltheorie, Informationstheorie, Operations Research u. a. Unter diesen zeichnet sich die Statistik durch eine breite Anwendungsmöglichkeit aus.

Das Wort S t a t i s t i k hat einen starken Bedeutungswandel durchgemacht. Ursprünglich bedeutete Statistik Staatenkunde. Heute versteht man im landläufigen Sinne unter Statistik gewisse Zusammenstellungen von Zahlen und unter statistischen Methoden Verfahren, ein gegebenes Zahlenmaterial zusammenzufassen.

Diese Ansicht ist jedoch in der Wissenschaft ganz in den Hintergrund getreten. Statt dessen werden die beobachteten Werte meist als S t i c h p r o b e aus einer Gesamtheit, der sogenannten G r u n d g e s a m t h e i t oder Population aufgefaßt, mit dem Ziel, Informationen über die Grundgesamtheit zu gewinnen. Ebenso sollen bei Versuchen aufgrund der dabei gewonnenen Ergebnisse allgemeine Aussagen über das zugrunde liegende M o d e l l , z. B. über die Art der Wirkung einer Behandlung, erhalten werden. Die beobachteten Werte interessieren nur, insofern sie uns Aufschluß über die Grundgesamtheit bzw. das Modell liefern, nicht als eigene Größen (Rückschluß, schließende Statistik).

Grundsätzlich sind die mit Hilfe der Statistik gewonnenen Aussagen nur mit gewissen W a h r s c h e i n l i c h k e i t e n richtig. Man sucht daher solche Methoden zu wählen, bei denen diese Wahrscheinlichkeiten möglichst groß sind, oder läßt nur Aussagen zu, die mit vorgegebenen Wahrscheinlichkeiten richtig sind.

Beispiel 0.1 Man möchte wissen, wie häufig Zahnkaries bei westdeutschen Jugendlichen im Alter von 14 Jahren (Grundgesamtheit) vorkommt. Hierzu wird z. B. eine Stichprobe von 50 Jugendlichen herangezogen. Die Statistik lehrt dann, welche Voraussetzungen erfüllt sein müssen, um von der Stichprobe auf die gesuchte Häufigkeit der Karies bei allen Jugendlichen der oben definierten Gesamtheit schließen zu können.

Viele in der Medizin angewandte Erkenntnisse beruhen auf derartigen Versuchen und Erhebungen. Aber auch das ä r z t l i c h e H a n d e l n im Einzelfall ist mit der schließenden Statistik vergleichbar. Der Arzt schließt bei einem Patienten aufgrund der Anamnese, dem bisherigen Krankheitsverlauf, den eigenen Beobachtungen und den Laborwerten auf die Diagnose. Auch dieser Schluß ist im allgemeinen nicht sicher, sondern nur eine Wahrscheinlichkeitsaussage.

Dabei beschränkt sich die Statistik nicht nur auf die eigentlichen Rückschlußmethoden, sondern umfaßt auch die P l a n u n g der Versuche und Erhebungen, um fehlerhafte Stichproben zu vermeiden. Es ist daher notwendig, bei einem Versuch Einflüsse, die nicht direkt mit dem Versuchsziel zu tun haben, soweit wie möglich auszuschalten, um unverzerrte Schlüsse ziehen zu können.

Beispiel 0.2 Will man Aussagen über den Verlauf einer Krankheit gewinnen und untersucht nur das leicht zugängliche Krankenmaterial eines Krankenhauses, so wird man zu einem zu schweren Verlauf der Krankheit kommen, weil in diesem Material die leichten Fälle der Krankheit, die nicht stationär aufgenommen wurden, fehlen.

Beispiel 0.3 Wird in einem Tierversuch zur Bestimmung der unterschiedlichen Wirkung zwischen zwei Behandlungen A und B die Methode A an vier Ratten eines Wurfes und die Methode B an vier Ratten eines anderen Wurfes ausprobiert, so können die beobachteten Unterschiede nicht nur den beiden Behandlungen, sondern auch dem unterschiedlichen Alter oder der unterschiedlichen Herkunft der Ratten zugeschrieben werden.

1 Mathematische Grundlagen

Das erste Kapitel besteht im wesentlichen in einer Wiederholung der Schulmathematik (mit Ausnahme von Abschn. 1.3.7, 1.3.8, 1.4.3, 1.4.4, 1.5.5). Diese Abschnitte sind recht kurz abgefaßt. Der Leser, der hierüber in Einzelheiten unterrichtet werden möchte, sollte entsprechende Schul- und Lehrbücher zusätzlich benutzen.

1.1 Mengen

1.1.1 Menge und Elemente

Georg C a n t o r , der Begründer der Mengenlehre, erklärte eine Menge wie folgt (1895): Unter einer M e n g e verstehen wir jede Zusammenfassung M von bestimmten wohlunterschiedenen Objekten unserer Anschauung oder unseres Denkens (welche die E l e - m e n t e von M genannt werden) zu einem Ganzen.

Z. B. bilden die Patienten der Chirurgischen Universitätsklinik in F., die vom 1. 1. 70 bis 31. 12. 70 aufgenommen wurden, eine Menge. Ihre Elemente sind diese einzelnen Patienten.

Die Formel $x \in M$ bedeutet, daß x ein Element der Menge M ist, während $x \notin M$ bedeutet, daß x kein Element von M ist. Mengen können mit Hilfe geschweifter Klammern durch Angabe ihrer Elemente aufgeschrieben werden. Dabei werden die Elemente entweder einfach aufgezählt, z. B.

$$M = \{a, b, c\},$$

oder sie werden in folgender Form durch eine Eigenschaft E charakterisiert:

$$M = \{x : x \text{ hat } E\},$$

zum Beispiel

$$P = \{x : x \text{ ist Patient der Universitätsklinik in F.}\},$$

$$R = \{x : x \text{ ist reelle Zahl}\},$$

$$N = \{i : i = 0, 1, 2, \ldots\} \quad \text{Menge der natürlichen Zahlen (oft auch ohne 0)},$$

$$Z = \{x : x \in N \text{ oder} - x \in N \} \text{ Menge der ganzen Zahlen},$$

oder $M = \{k : k \in N \text{ und } k \leqslant n\}.$

Die Buchstaben R, Z und N sind in dieser Bedeutung üblich.

1.1.2 Beziehungen zwischen Mengen

Wenn alle Elemente von A auch Elemente von B sind, heißt A T e i l m e n g e von B

$$A \subseteq B.$$

Meist wird von einer G r u n d m e n g e G ausgegangen, und es werden nur Teilmengen dieser Grundmenge betrachtet. Zu den Teilmengen von G rechnet man auch eine Menge, die gar keine Elemente enthält und deshalb die „ l e e r e M e n g e " genannt wird. Sie wird mit $\emptyset$ bezeichnet. Als Gegenstück dazu rechnet man zu den Teilmengen von G auch die „volle Teilmenge", d. h. die Menge G selbst.

Zu zwei Mengen A und B bildet man die V e r e i n i g u n g

$$A \cup B = \{x : x \in A \text{ oder } x \in B\}.$$

Das ist also die Menge aller Elemente, die zu A oder zu B gehören, was nicht ausschließt, daß sie sogar zu beiden gehören dürfen.

Zu zwei Mengen A und B bildet man den D u r c h s c h n i t t

$$A \cap B = \{x : x \in A \text{ und } x \in B\}.$$

Das ist also die Menge aller Elemente, die zu A und zu B gehören.

Wenn zwei Mengen A und B keine Elemente gemeinsam haben, dann gilt $A \cap B = \emptyset$.

Man sagt dann: „A und B schließen sich gegenseitig aus" oder „A und B sind d i s - j u n k t ".

Wenn zwei disjunkte Mengen A und B zusammen die ganze Grundmenge G ausmachen, d. h. wenn gilt:

$$A \cup B = G \quad \text{und} \quad A \cap B = \emptyset,$$

dann nennt man A, B eine Z e r l e g u n g der Grundmenge G.

Auch bei mehreren Mengen $A_1, A_2, \ldots, A_n$ mit

$$A_1 \cup A_2 \cup \ldots \cup A_n = G$$

und $\quad A_i \cap A_j = \emptyset \quad$ für alle Indexpaare $i \neq j$

nennt man die Mengen $A_1, \ldots, A_n$ eine Zerlegung von G. Wird G in nur zwei Mengen zerlegt, so ist durch die eine Teilmenge A die andere schon eindeutig bestimmt. Diese heißt das K o m p l e m e n t von A und wird mit $G \setminus A$ bezeichnet oder, wenn kein Zweifel über die Grundmenge G zu befürchten ist, durch $\overline{A}$. Es ist also das Komplement $\overline{A}$ die Menge aller Elemente von G, die nicht zu A gehören

$$\overline{A} = \{x : x \in G \text{ und } x \notin A\}.$$

Für uns ist wichtig, daß durch Angabe zweier beliebiger Teilmengen A und B im allgemeinen eine Zerlegung in 4 Teilmengen erzeugt wird. Diese 4 Teilmengen sind:

$$C_{11} = A \cap B, \quad C_{12} = A \cap \overline{B}, \quad C_{21} = \overline{A} \cap B, \quad C_{22} = \overline{A} \cap \overline{B}.$$

Anschaulich ist dies an einer sog. V i e r f e l d e r t a f e l klarzumachen. Die ganze Tafel stellt die Grundmenge G dar. Die Zeilen stellen die Zerlegung von G in A und $\overline{A}$ dar, die Spalten die Zerlegung von G in B und $\overline{B}$.

Vierfeldertafel

	B	$\overline{B}$
A	C_{11}	C_{12}
$\overline{A}$	C_{21}	C_{22}

Auf diese Weise entstehen die vier „Felder". Natürlich können einige dieser Felder die leere Menge darstellen. Z. B. wenn A und B disjunkt sind, ist C_{11} leer. Sind A und B sogar eine Zerlegung von G, dann sind C_{11} und C_{22} leer. Ist A eine Teilmenge von B, also $A \subseteq B$, dann ist C_{12} leer.

Beispiel 1.1 Sei G die Menge der Patienten der Chirurgischen Universitätsklinik in F. des Jahres 1970, A die Menge der weiblichen Patienten und B die Menge der Patienten mit malignen Neubildungen, dann ist $C_{11} = A \cap B$ die Menge der weiblichen Patienten mit malignen Neubildungen und $C_{22} = \overline{A} \cap \overline{B}$ die Menge der männlichen Patienten ohne Neubildungen.

1.1.3 Potenzmengen

Die Teilmengen einer Menge G bilden selbst eine Menge. Man bezeichnet sie als Potenzmenge $\mathfrak{P}(G)$.

Beispiel 1.2 Die Menge G = {3, 5}, die aus den beiden Elementen 3 und 5 besteht, hat die Potenzmenge

$$\mathfrak{P}(G) = \{\emptyset, \{3\}, \{5\}, \{3, 5\}\}.$$

*1.2 Kombinatorik

1.2.1 Permutationen

Eine Reihenfolge, in der eine Menge von n verschiedenen Elementen angeordnet ist, bezeichnet man als Permutation. Insgesamt gibt es $n(n-1)\ldots 1 = n!$ (gelesen: n Fakultät) verschiedene Permutationen. Für die Auswahl des 1. Elements gibt es nämlich n Möglichkeiten, für die Auswahl des nächsten nur noch $n-1$, da ein Element schon ausgewählt wurde. Diese Anzahlen müssen miteinander multipliziert werden, um die Gesamtanzahl der möglichen Permutationen zu erhalten.

Man setzt dabei fest, daß neben $1! = 1$ auch $0! = 1$ gilt.

Beispiel 1.3 Die Anzahl der möglichen Reihenfolgen von 6 an einem Vormittag zu leistenden Operationen beträgt $6! = 720$.

1.2.2 k-Permutationen

Will man nicht alle Elemente anordnen, sondern nur einen Teil, also k Elemente aus n Elementen herausgreifen und diese anordnen, so hat man nur das Produkt über die ersten k dieser n Faktoren zu bilden, also

$$n(n-1)\ldots(n-k+1) = \frac{n!}{(n-k)!}.$$

Man bezeichnet diese Anordnungen als k-Permutationen oder Kombinationen mit Berücksichtigung der Anordnung. Die Anzahl wird manchmal auch mit $n^{[k]}$ oder $(n)_k$ abgekürzt.

Beispiel 1.4 In einem örtlichen Ärzteverein mit n Mitgliedern gibt es $n(n-1)(n-2)$ $= n!/(n-3)!$ Möglichkeiten, einen Vorsitzenden, einen Schriftführer und einen Kassenwart zu bestimmen, bei n = 20 also $20!/17! = 6840$.

1.2.3 Kombinationen

Sehr häufig wird die Anzahl der Teilmengen mit k Elementen aus einer Menge von n Elementen benötigt. Für die Anzahl der Möglichkeiten, k Elemente in einer bestimmten Reihenfolge auszuwählen, haben wir $n!/(n-k)!$ erhalten. Hierbei wird aber jede Reihenfolge der k Elemente als eigene Möglichkeit angesehen. Wir haben also die Gesamtanzahl durch die Anzahl der Möglichkeiten, k Elemente anzuordnen, zu dividieren. Diese ist gerade $k!$. In dieser Weise erhalten wir als Anzahl der möglichen Teilmengen mit k Elementen einer Menge

$$\frac{n!}{(n-k)!\,k!} = \binom{n}{k} \qquad \text{(gelesen: n über k)}.$$

Diese Größe bezeichnet man als B i n o m i a l k o e f f i z i e n t e n.

Beispiel 1.5 Die Anzahl der Möglichkeiten, aus einer Gruppe von 5 Versuchstieren zwei für einen Versuch auszuwählen, ist danach

$$\binom{5}{2} = \frac{5!}{3!\,2!} = \frac{120}{6\cdot 2} = 10.$$

Es gilt, ohne daß dies hier abgeleitet wird:

$$(a+b)^n = a^n + \binom{n}{1} a^{n-1}b + \binom{n}{2} a^{n-2}b^2 + \ldots + b^n = \sum_{k=0}^{n} \binom{n}{k} a^{n-k}b^k.$$

Ist $a = b = 1$, so ergibt sich

$$(1+1)^n = 2^n = \Sigma \binom{n}{k}.$$

1.2.4 Anzahl der Teilmengen einer Menge

Die Anzahl aller Teilmengen einer Menge G, also die Anzahl der Elemente der Potenzmenge $\mathfrak{P}(G)$, beträgt 2^n, wenn n die Anzahl der Elemente der Menge G ist. Man kann diese Formel sehr leicht dadurch einsehen, daß man sich vorstellt, daß ein zusätzliches Element x zur Menge G hinzukommt. Dann gibt es die Teilmengen der ursprünglichen Menge G und die gleiche Anzahl der Teilmengen, die das neue Element x zusätzlich enthalten. Die Anzahl der Teilmengen wird also durch die Hinzunahme eines weiteren Elements verdoppelt. Da eine Menge mit einem Element zwei Teilmengen enthält, nämlich die leere Menge und die Menge, die dieses Element enthält, ergibt sich, daß die Anzahl der Teilmengen 2^n beträgt. Auch daraus folgt

$$\sum_{k=0}^{n} \binom{n}{k} = 2^n,$$

da die Gesamtheit aller Mengen aufgeteilt werden kann in Teilmengen mit $0, 1, 2, \ldots, n$ Elementen.

Beispiel 1.6 Die bei einem älteren Menschen noch vorhandenen Zähne stellen eine Teilmenge der ursprünglichen 32 Zähne dar. Jede der 2^{32} = 4 294 967 296 verschiedenen Teilmengen ergeben für den Prothetiker eine andere Situation. Hierbei ist auch der Fall enthalten, daß noch alle Zähne vorhanden sind.

1.3 Funktionen

1.3.1 Begriff der Funktion

Gegeben seien zwei Mengen A und B. Eine Funktion ist eine Vorschrift, die e i n d e u t i g jedem Element x $\in$ A ein Element y $\in$ B zuordnet. In Zeichen

$$f: A \to B$$
$$x \to y \quad \text{oder} \quad x \to f(x)$$

z. B. $\qquad$ f: $\mathbf{R} \to \mathbf{R}$

$$x \to 5 x + 3$$

Dabei ist x U r b i l d , y B i l d , A D e f i n i t i o n s b e r e i c h und B W e r t e b e r e i c h . Statt Funktion sagt man auch A b b i l d u n g , besonders wenn die Bildmenge nicht nur aus reellen Zahlen besteht. Die Funktion wird mitunter in der Form $\langle x \to f(x)|A\rangle$ geschrieben. Wir benutzen auch y = f(x), x $\in$ A oder einfach f.

1.3.2 Umkehrfunktion

Wenn es zu jedem Element von B, das Bild eines x ist, nur ein einziges Urbild gibt, dann bezeichnet man die Funktion als e i n d e u t i g u m k e h r b a r . Z. B. ist die für alle reellen x erklärte Funktion y = x^2 nicht eindeutig umkehrbar, da es zu jedem y zwei Urbilder x und $-$x gibt, die y als Bild haben. Bei einer eindeutig umkehrbaren Funktion kann jedem Bild y das Urbild x zugeordnet werden. Diese Zuordnung heißt die Umkehrfunktion. Die eindeutige Umkehrbarkeit ist für Eichkurven unerläßlich.

*1.3.3 Mengenfunktion

Wenn A die Potenzmenge $\mathfrak{P}(M)$ einer Menge M ist und B die Menge der reellen Zahlen, so spricht man von einer Mengenfunktion. Die Mengenfunktion heißt additiv, wenn für alle U, V $\in$ A

$$f(U \cup V) = f(U) + f(V), \qquad \text{sofern } U \cap V = \emptyset ;$$

z. B. ist die Mengenfunktion, die jeder Menge die Anzahl ihrer Elemente zuordnet, additiv. Sei m_U die Anzahl der Elemente von U und m_V die Anzahl der Elemente von V, dann ist die Anzahl der Elemente von U $\cup$ V, wenn U und V elementefremd (disjunkt) sind,

$$m_{U \cup V} = m_U + m_V.$$

Die Anzahl der Teilmengen ist jedoch nicht additiv, da i. allg.

$$2^{m_U} + 2^{m_V} \neq 2^{m_U + m_V} \qquad \text{ist.}$$

1.3.4 Reelle Funktion

Wenn A und B jeweils die Menge oder Teilmengen der Menge **R** der reellen Zahlen bedeuten, dann bezeichnet man eine Funktion als reelle Funktion. Eine derartige Funktion kann in einem K o o r d i n a t e n s y s t e m graphisch veranschaulicht werden. Die die Funktion darstellende Punktmenge heißt G r a p h der Funktion. Die Projektionen eines Punktes auf die beiden Koordinatenachsen haben die Abstände x und y vom Ursprung und geben daher das Urbild x und das Bild y wieder. Sie werden als K o o r - d i n a t e n bezeichnet. Beispiele von Funktionen sind:

$y = a + bx$	lineare Funktion
$y = x^a$	Potenz ($x \in \mathbf{R}$, $a \in \mathbf{Z}$, sonst mehrdeutig)
$y = a_0 + a_1 x + \ldots + a_n x^n$	Polynom n-ten Grades
$y = a^x$	Exponentialfunktion zur Basis a ($a > 0$)

1.3.4.1 Monotone Funktion Man bezeichnet eine Funktion als „m o n o t o n   w a c h s e n d ", wenn

$$f(x_1) > f(x_2), \qquad \text{für alle } x_1, x_2 \text{ mit } x_1 > x_2 \tag{1.1}$$

und als „m o n o t o n   f a l l e n d ", wenn

$$f(x_1) < f(x_2), \qquad \text{für alle } x_1, x_2 \text{ mit } x_1 > x_2.$$

Eine Funktion heißt monoton, wenn sie entweder monoton wachsend oder monoton fallend ist. Gilt nur $f(x_1) \geqslant f(x_2)$ für alle x_1, x_2 mit $x_1 > x_2$ statt (1.1), so spricht man von schwach monoton oder monoton nicht fallend. Gilt stets das Größerzeichen, so bezeichnet man die Funktion auch als streng monoton.

Bei streng monotonen Funktionen f: A → B existiert eine U m k e h r f u n k t i o n g: B → A, die auch mit f^{-1} bezeichnet wird. Mit $y = f(x)$ gilt dann $x = g(y) = f^{-1}(y)$. Wir setzen dabei voraus, daß jedes Element von B ein Urbild hat.

Beispiele 1.7

$y = f(x)$	$x = g(y) = f^{-1}(y)$
$y = a + bx \quad (b \neq 0)$	$x = (y - a)/b$
$y = x^2 \quad (x > 0)$	$x = \sqrt{y}$
$y = a^x \quad (a > 0)$	$x = \log_a y$

1.3.4.2 Polynome Bei Polynomen wird jedem Element $x \in \mathbf{R}$ das Element $y \in \mathbf{R}$ mit

$$y = a_n x^n + \ldots + a_0$$

zugeordnet. n ist der G r a d des Polynoms (sofern $a_n \neq 0$). Eine lineare Funktion ist ein Polynom vom Grade 1. Sein Graph ist eine Gerade.

1.3.5 Exponentialfunktion und Logarithmen

Wie schon erwähnt, nennt man die Funktion, die jeder Zahl x die Zahl $y = a^x$ zuordnet, die Exponentialfunktion zur Basis a. Für $a > 1$ ist sie streng monoton wachsend. Ihre Umkehrfunktion heißt Logarithmus zur Basis a. Mit

$$y = a^x \qquad \text{gilt somit} \qquad x = \log_a y \text{ (auch } {}^a\log y\text{)},$$

beziehungsweise es gilt $y = a^{\log_a y}$ und $x = \log_a a^x$. Wenn kein Zweifel über die Basis a besteht, schreibt man statt $\log_a$ auch nur log.

1.3.5.1 Rechenregeln Beim Produkt zweier Potenzen mit gleicher Basis addieren sich die Exponenten:

$$a^{x_1} a^{x_2} = a^{x_1 + x_2}.$$

Daraus folgt, daß der Logarithmus eines Produkts gleich der Summe der Logarithmen der Faktoren ist[1])

$$\log (y_1 y_2) = \log y_1 + \log y_2.$$

Entsprechend gelten auch die Regeln:

$$a^{x_1}/a^{x_2} = a^{x_1 - x_2} \qquad \log (y_1/y_2) = \log y_1 - \log y_2$$
$$1/a^x = a^{-x} \qquad \log (1/y) = - \log y$$
$$a^0 = 1 \qquad \log 1 = 0$$
$$(a^x)^n = a^{(nx)} \qquad \log y^n = n \log y$$
$$\sqrt[n]{a^x} = a^{x/n} \qquad \log \sqrt[n]{y} = \frac{1}{n} \log y.$$

Als allgemeine Regel gilt: Beim Rechnen mit Logarithmen werden die Rechenoperationen um eine Stufe vereinfacht.

1.3.5.2 Spezielle Basen Besonders häufig werden die Exponentialfunktionen und die Logarithmenfunktionen zur Basis $a = 10$, $a = 2$, $a = e = 2{,}718 \ldots$ verwendet. Man nennt die Logarithmen zur Basis 10 die d e k a d i s c h e n , zur Basis 2 die d u a l e n und zur Basis e die n a t ü r l i c h e n und schreibt

---

[1]) Es ist nämlich

$$\log_a (y_1 y_2) = \log_a (a^{x_1} a^{x_2}) = \log_a a^{x_1 + x_2} = x_1 + x_2 = \log_a y_1 + \log_a y_2.$$

lg für $\log_{10}$

ld für $\log_2$

ln für $\log_e$.

Beispiel 1.8 Eine radioaktive Substanz, die zum Zeitpunkt t = 0 die Stoffmenge
$C = C_0$ umfaßt, hat zum Zeitpunkt t noch die Stoffmenge

$$C(t) = C_0 e^{-kt}.$$

Hierbei ist k die Zerfallskonstante. Die Halbwertzeit $t_{1/2}$, bei der nur noch die Hälfte
der Stoffmenge vorhanden ist, ergibt sich aus der Gleichung

$$C(t_{1/2}) = \frac{C_0}{2} = C_0 e^{-kt_{1/2}}.$$

Indem man auf beiden Seiten den natürlichen Logarithmus bildet, ergibt sich

$$\ln C_0 - \ln 2 = \ln C_0 - kt_{1/2}$$

und daraus

$$t_{1/2} = \frac{\ln 2}{k} = \frac{0{,}693}{k}.$$

Die Stoffmenge zum Zeitpunkt t kann daher auch durch Halbwertzeit und C_0 ausgedrückt werden

$$C(t) = C_0 e^{-\frac{t \ln 2}{t_{1/2}}}.$$

Bei $C_0 = 100$ und $t_{1/2} = 20$ Tage ist nach 50 Tagen noch

$$C(50) = 100\, e^{-\frac{50 \ln 2}{20}}$$

$$\lg C(50) = \lg 100 - \frac{50}{20} \lg e \ln 2$$

$$= 2 - 2{,}5 \cdot 0{,}3010 = 1{,}2475$$

$$C(50) = 17{,}68$$

vorhanden.

Beispiel 1.9 Sehr viele Datenträger in der Datenverarbeitung bestehen aus einer Folge
von jeweils n nebeneinanderliegenden Plätzen, die zwei Zustände (0, 1) annehmen
können, z. B. gelocht oder nicht gelocht, magnetisiert oder nicht magnetisiert. Beim
5-Kanallochstreifen ist n gleich 5, bei den Spalten einer Lochkarte ist n = 12. Sind m
Zeichen, z. B. die m = 26 Buchstaben des Alphabets, zu verschlüsseln, so kann jede
der verschiedenen Folgen einem Zeichen zugeordnet werden. Jede Folge ist bestimmt
durch die Plätze im Zustand 0, d. h. durch eine Teilmenge der n Plätze. Die Anzahl der
möglichen Folgen ist gleich der Anzahl der Teilmengen, also 2^n. Will man m Zeichen

verschlüsseln, so benötigt man $n = \log_2 m = \mathrm{ld}\, m$ verschiedene Plätze, wenn m eine Potenz von zwei ist. Ist dies nicht der Fall, so wird man die auf ld m folgende nächstgrößere ganze Zahl wählen.

Auch kommt man mit ebenso vielen Ja-Nein-Entscheidungen aus, um ein Element x aus m Elementen eindeutig festzulegen. Dabei hat man nur die m Elemente in zwei gleichgroße Teilmengen einzuteilen, zu untersuchen, in welcher Teilmenge x liegt, und diese wieder in zwei gleichgroße Teilmengen zu teilen usw.

Die fünf möglichen Lochungen eines 5-Kanal-Lochstreifens kann man hiernach so interpretieren, daß durch die 1. Lochstelle die Menge der Zeichen in zwei Teile geteilt wird, nämlich diejenigen mit Loch in der 1. Stelle und entsprechend diejenigen ohne Loch. Die zutreffende Hälfte wird durch das 2. Loch weiter unterteilt usw. Durch fünfmaliges Abfragen kann jedes der $32 = 2^5$ maximal möglichen Zeichen identifiziert werden.

Oft wird n noch größer als notwendig verwendet, um Lesefehler erkennen zu können (fehlererkennender Code). Stehen zum Verschlüsseln k Zustände zur Verfügung, so benötigt man zur Verschlüsselung von m Zeichen $n = \log_k m$ verschiedene Plätze.

Beispiel 1.10 Je drei der vier Nukleotide verschlüsseln eine der 20 Aminosäuren. Da $\log_4 20 = 2{,}16$, genügen hierfür nicht zwei Nukleotide. Es werden drei benötigt. Damit wäre es aber sogar möglich, insgesamt $4^3 = 64$ Aminosäuren zu verschlüsseln.

1.3.6 Trigonometrische Funktionen

Wir betrachten einen Punkt auf dem Kreis um den Koordinatenursprung mit dem Radius 1 (Einheitskreis). Dieser Punkt ist eindeutig durch den W i n k e l α bestimmt, den der durch den Punkt gelegte Radius mit einem einheitlich festgelegten Anfangsradius (3-Uhr-Richtung) bildet.

Die y-Koordinate des Punktes auf dem Einheitskreis bezeichnet man als den S i n u s (sin) des Winkels α, die x-Koordinate als den C o s i n u s (cos). Der Quotient der beiden ist der T a n g e n s (tan), dessen reziproker Wert der C o t a n g e n s (cot)

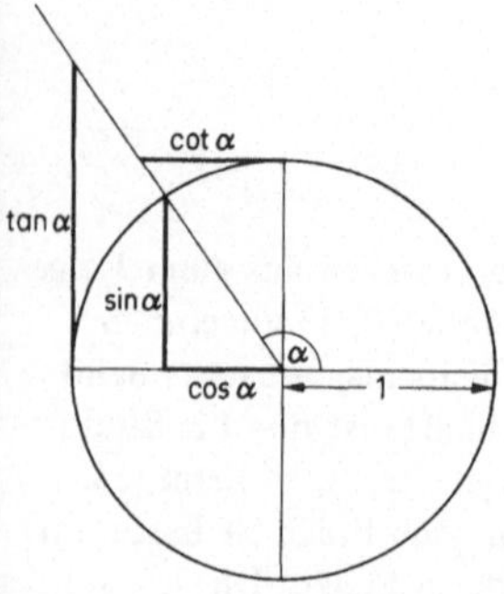

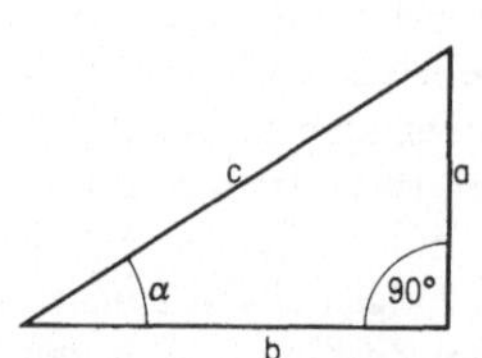

Fig. 1.1 Darstellung der vier trigonometri-
schen Funktionen am Einheitskreis

Fig. 1.2 Rechtwinkeliges Dreieck

$$\tan \alpha = \frac{\sin \alpha}{\cos \alpha}, \qquad \cot \alpha = \frac{\cos \alpha}{\sin \alpha} = \frac{1}{\tan \alpha}.$$

Sie lassen sich auch zeichnerisch darstellen (Fig. 1.1). Diese vier Funktionen werden als trigonometrische Funktionen bezeichnet, weil die Verhältnisse der Seiten in einem rechtwinkeligen Dreieck (mit der Hypotenuse c, den Katheten a und b und dem der Kathete a gegenüberliegenden Winkel α) durch

$$\sin \alpha = \frac{a}{c}, \qquad \tan \alpha = \frac{a}{b},$$

$$\cos \alpha = \frac{b}{c}, \qquad \cot \alpha = \frac{b}{a}$$

gegeben sind (Fig. 1.2).

Den Winkel α kann man in G r a d (Einteilung des Kreises in 360 Grad), in Neugrad (in 400 Neugrad) oder im B o g e n m a ß , der jeweiligen Länge auf dem Umfang des Einheitskreises, messen. Zwischen Grad (α) und Bogenmaß (α') besteht folgende Beziehung:

$$\alpha' = \frac{\alpha}{180} \pi.$$

Aus der Darstellung der Funktionen am Einheitskreis folgt:

$$\sin \alpha = \sin (\alpha + 360°), \qquad \tan \alpha = \tan (\alpha + 180°),$$

$$\cos \alpha = \cos (\alpha + 360°), \qquad \cot \alpha = \cot (\alpha + 180°).$$

Sie sind periodisch mit der Periode $360°$ bzw. $180°$ und daher nicht eindeutig umkehrbar. Der Graph der Sinusfunktion wird als S i n u s w e l l e bezeichnet (Fig. 1.3).

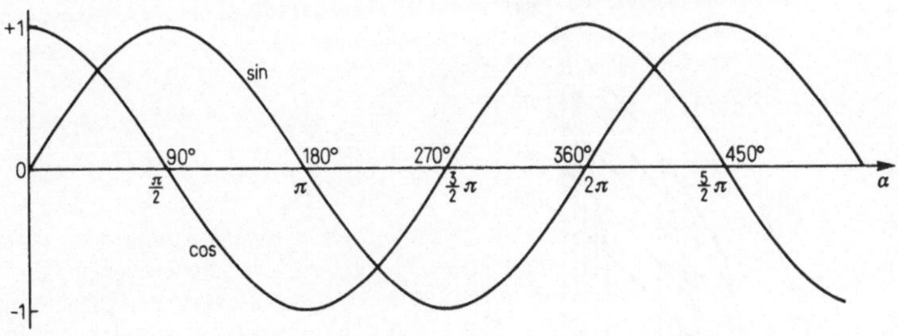

Fig. 1.3 Graph der Sinusfunktion als Sinuswelle

*1.3.7 Zweivariable Funktionen

Bisher wurden einvariable reelle Funktionen behandelt. Ist jedoch der Definitionsbereich $A = \mathbf{R}^2$ die Menge aller Paare (x, y) von reellen Zahlen x und y und $B = \mathbf{R}$ wieder die Menge aller reellen Zahlen, so ist die Funktion f: $A \rightarrow B$ zweivariabel. Sie läßt sich in einfacheren Fällen im Raum darstellen. Jedem Punkt (x,y) in der xy-Ebene ist ein Punkt mit den Koordinaten (x, y, f(x, y)) des Raumes zugeordnet. Die dritte Koordinate, die z-Koordinate des Punktes hat also den Wert f(x, y). In einfacheren Fällen bildet die Menge $\{(x, y, z) : z = f(x, y)\}$ eine zusammenhängende Fläche F im Raum.

Wir betrachten diese Funktion bei einem fest vorgegebenen Wert $y = y_0$. Dann erhält man aus f eine einvariable Funktion von x, die jedem Wert x einen Wert $z = f(x, y_0)$ zuordnet. Der Graph dieser Funktion ergibt sich als Schnittmenge der Fläche F mit der auf der y-Achse senkrecht stehenden Ebene im Abstand y_0 vom Nullpunkt. Für jeden Wert y_0 ergibt sich im allgemeinen eine andere derartige Funktion. Man nennt eine derartige Menge von Funktionen eine von dem Parameter y_0 abhängende F a m i l i e von Funktionen.

In gleicher Weise kann man zu einem Wert $x = x_0$ eine einvariable Funktion erhalten, die jedem y einen Wert $z = f(x_0, y)$ zuordnet. Dies ergibt eine zweite Familie mit dem Parameter x_0.

Ist $A = \mathbf{R}^n$ die Menge aller Folgen $(x_1, \ldots, x_n)$ (s. Abschn. 1.4.1) und $B = \mathbf{R}$, so spricht man von einer (mehrvariablen) Funktion mit n Variablen.

Beispiel 1.11 Die Körperoberfläche O läßt sich angenähert durch die Körperhöhe H und das Körpergewicht G in folgender Weise (Formel von Du Bois) darstellen:

$$O = 71{,}84\ H^{0,725}\ G^{0,425}$$

Hierbei ist die Körperoberfläche in Quadratzentimetern, das Gewicht in Kilogramm und die Höhe in Zentimetern gemessen (Fig. 1.4).

Für einen 170 cm großen Patienten, der 70 kg wiegt, ergibt sich eine Körperoberfläche von

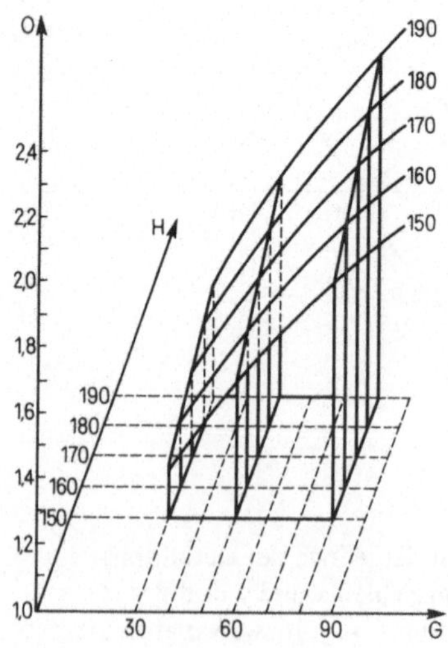

Fig. 1.4
Darstellung der Körperoberfläche O als zweivariable
Funktion der Körperhöhe H und des Körpergewichts G

$$O = 71{,}84 \cdot 170^{0{,}725} \cdot 70^{0{,}425} = 18097 \ [\text{cm}^2] \approx 1{,}8 \ [\text{m}^2]$$

Die Oberfläche wird also als eine zweivariable Funktion angesehen. Bei fester Körperhöhe handelt es sich um eine einvariable Funktion der Körperoberfläche vom Körpergewicht. Wir erhalten also eine Familie von Funktionen der Körperoberfläche vom Körpergewicht, bei der die Körperhöhe als Parameter anzusehen ist.

1.3.8 Graphische Darstellung

1.3.8.1 Einvariable Funktionen Wie schon erwähnt, werden einvariable Funktionen in einem rechtwinkeligen Achsensystem dargestellt, das als cartesisches Koordinatensystem bezeichnet wird. Um den Graphen der Funktion zu zeichnen, werden zu verschiedenen x-Werten die entsprechenden Werte y = f(x) berechnet. Eine Tabelle dieser Wertepaare heißt W e r t e t a b e l l e. Sie gibt die Koordinaten einzelner Punkte des Graphen an. Bei einfachen Funktionen kann durch diese Punkte der Graph gezeichnet werden. Besonders einfach ist dies für eine lineare Funktion f(x) = a + bx, deren Graph eine Gerade ist. Es genügt die Bestimmung von zwei Punkten, durch die dann die Gerade gelegt wird. Hierbei bedeutet a der O r d i n a t e n a b s c h n i t t und b die S t e i g u n g der Geraden.

Der Fall, daß eine Wertetabelle „beobachtet" wurde, ohne daß die Funktion bekannt ist, und ein Graph gesucht wird, der diese Punkte am besten ausgleicht (Ausgleichskurve, Ausgleichsgerade), gehört zur beschreibenden Statistik und wird in Abschn. 2.3.3 behandelt.

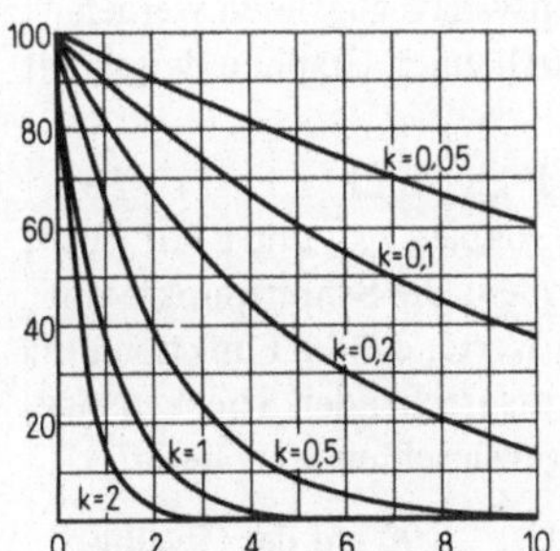

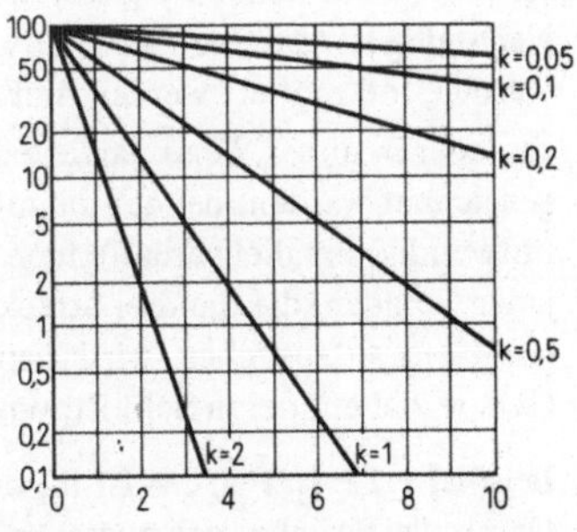

Fig. 1.5 Die Graphen der links für verschiedene k aufgezeichneten Exponential-Funktionen y = 100 e^{-kx} werden in einfach-logarithmischem Papier (rechts) zu Geraden

1.3.8.2 Einfach- und doppelt-logarithmisches Papier Um die in der Medizin häufig auftretenden Exponentialfunktionen besser darzustellen, werden Koordinatensysteme verwendet, bei denen eine Achse logarithmisch eingeteilt (einfachlogarithmisches Papier) ist (Fig. 1.5).

Durch Logarithmieren von

$$y = a \, e^{-kx}$$

erhält man

$$\ln y = \ln a - kx.$$

Wird im einfachlogarithmischen Papier jeweils zur Abszisse x als Ordinate $y^* = \ln y$ aufgetragen, so ergibt sich eine Gerade mit $-k$ als Steigung und $\ln a$ als Ordinatenabschnitt. Doppelt-logarithmisches Papier wird verwendet, wenn die betrachtete Funktion eine Potenz darstellt, da aus $y = x^a$

$$\ln y = a \ln x$$

folgt. Eine Potenz mit dem Exponenten a wird also als eine Gerade mit der Steigung a dargestellt.

***1.3.8.3 Nomographie** Sehr häufig kommen in der Medizin Funktionen zur Anwendung, deren Berechnung langwierig ist, und für die sich daher eine graphische Darstellung, aus der der Wert abgelesen werden kann, empfiehlt. Im mehrvariablen Fall kann man nicht wie im einvariablen Fall den Graphen der Funktion direkt verwenden. Es werden verschiedene Möglichkeiten in der medizinischen Literatur benutzt. Wir werden im folgenden nur den zweivariablen Fall betrachten.

In Abschn. 1.3.7 wurde gezeigt, daß z bei festem y_0 eine einvariable Funktion von x ist, die durch einen gewöhnlichen Graph dargestellt werden kann. Indem man zu verschiedenen Werten von y_0 die Graphen aufträgt, läßt sich eine zweivariable Funktion in einer Ebene zeichnen. Man nennt eine derartige Darstellung eine N e t z t a f e l. Hier kann für jedes x auf dem zu y gehörenden Graphen der Funktionswert z abgelesen werden. Nachteilig ist, daß bei Zwischenwerten von y, die nicht durch einen Graphen dargestellt werden, interpoliert werden muß.

Zu jeder in dieser Weise dargestellten Netztafel kann eine F l u c h t l i n i e n t a f e l gezeichnet werden, bei der die möglichen Werte der drei Variablen x, y und z auf (nicht notwendig) parallel verlaufenden Strecken aufgetragen werden. Die Schnittpunkte mit jeder Geraden, die die drei Strecken schneidet, liefern drei Werte, die die Funktion erfüllen. Um z aufzusuchen, wird man durch x und y auf den entsprechenden Strecken eine Gerade ziehen, deren Schnittpunkt mit der z-Strecke den gewünschten Wert liefert.

Beispiel 1.12 In Fig. 1.6 ist für die Körperhöhen 150, 160, . . ., 190 cm der jeweilige Graph der Beziehungen zwischen der Körperoberfläche und dem Körpergewicht angegeben. Dies stellt eine Netztafel dar. Wenn man anstelle der Werte die Logarithmen aufträgt, also doppelt-logarithmisches Papier verwendet, gehen die Graphen in eine Schar paralleler Geraden über (Fig. 1.7).

In Fig. 1.8 ist dieselbe Beziehung in einer Fluchtlinientafel dargestellt. Um die Körperoberfläche zu erhalten, müssen auf den Strecken für das Körpergewicht und die Körperhöhe die entsprechenden Punkte bestimmt werden. Der Schnittpunkt der durch diese beiden Punkte gelegten Geraden mit der Strecke O ergibt die Körperoberfläche.

Für den 170 cm großen, 70 kg wiegenden Patienten erhält man in dieser Weise eine Körperoberfläche von $1{,}8\ \text{m}^2$.

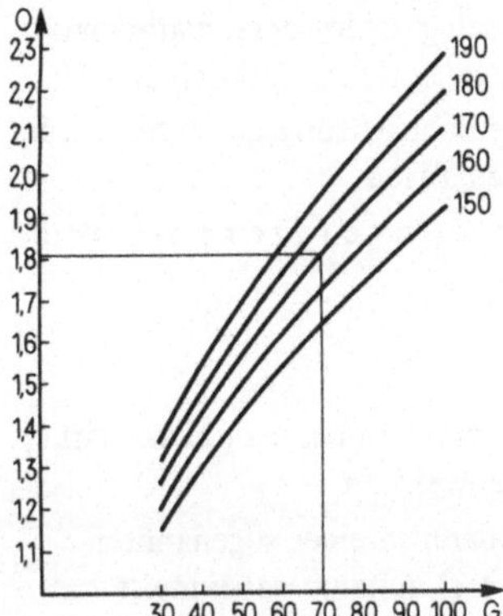

Fig. 1.6 Netztafel zur Bestimmung der Körperoberfläche aus Körperhöhe und Körpergewicht

Fig. 1.7
Netztafel zur Bestimmung der Körperoberfläche
aus Körperhöhe und Körpergewicht auf doppelt-
logarithmischem Papier

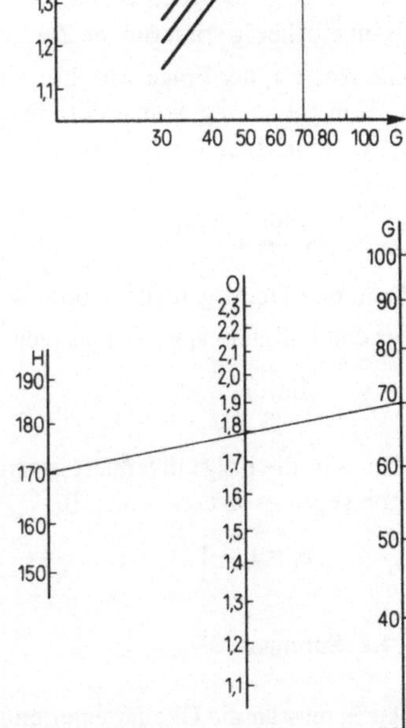

Fig. 1.8
Fluchtlinientafel für die Bestimmung der Körperoberfläche aus Körperhöhe und Körpergewicht

1.4 Folgen und Summen

1.4.1 Folgen

Unter einer endlichen Folge $a_1, a_2, \ldots, a_n$ oder abgekürzt $a_i (i = 1, \ldots, n)$ versteht man
eine durch die Numerierung festgelegte Anordnung (Reihenfolge) von Zahlen a_i. Die
Numerierungsvariable i heißt I n d e x. Natürlich kann die Numerierung auch bei 0 beginnen ($a_0, a_1, \ldots, a_n$ bzw. $a_i (i = 0, 1, \ldots, n)$) oder bei einer anderen Anfangsnummer.
Die Anzahl der Glieder heißt auch Länge der Folge.

Ist die Anzahl der Glieder unendlich, spricht man von einer u n e n d l i c h e n Folge
und schreibt z. B. $a_1, a_2, \ldots$ oder $a_i (i = 1, \ldots)$.

Der Wert des i-ten Gliedes a_i der Folge kann oft durch einen geschlossenen mathematischen Ausdruck dargestellt werden, z. B. bei der Folge $(1, 1/2, 1/3, \ldots)$ durch $a_i = 1/i$. Wir betrachten aber auch Folgen, bei denen die Elemente Beobachtungsdaten sind, z. B. Messungen der Körpertemperatur an aufeinanderfolgenden Tagen.

Eine unendliche Folge kann gegen einen G r e n z w e r t k o n v e r g i e r e n. Er wird mit

$$a = \lim_{i \to \infty} a_i$$

bezeichnet. Dies bedeutet, daß die Glieder der Folge von einem Index n an nicht stärker als eine beliebig vorgegebene Zahl von dem Grenzwert a abweichen.

Alle Werte a_i der Folge von ihrem n-ten Glied an liegen dann in einer sogenannten ϵ - U m g e b u n g von a, d. h. in dem Intervall $(a - \epsilon, a + \epsilon)$. n hängt dabei meist von der vorgegebenen Größe ϵ ab. Die o. a. Folge $a_i = 1/i$ hat den Grenzwert 0

$$\lim_{i \to \infty} \frac{1}{i} = 0.$$

Wenn $n > 1/\epsilon$, liegen alle a_i mit $i \geqslant n$ im Intervall $(-\epsilon, +\epsilon)$.

Für den Fall, daß a_i größer als jede beliebige vorgegebene Größe wird, setzt man

$$\lim_{i \to \infty} a_i = \infty.$$

Man sagt, die Folge divergiert gegen ∞. Es gibt auch Folgen, die weder konvergieren noch gegen ∞ divergieren, z. B.

$$a_i = 1, -1, 1, -1, \ldots = (-1)^i \qquad (i = 1, \ldots).$$

1.4.2 Summen

Häufig müssen die Glieder einer endlichen Folge addiert werden, die Anzahl der Summanden (Länge der Folge) ist dabei meist variabel. Solche Summen werden mit dem S u m m e n z e i c h e n Σ geschrieben. Sei $(a_i : i = 1, \ldots, n)$ eine solche Folge, dann ist die Summe

$$a_1 + a_2 + \ldots + a_n = \sum_{i=1}^{n} a_i.$$

Man liest dies: Summe der a_i, summiert über i von 1 bis n. Der Index i heißt in diesem Zusammenhang Summationsindex. Wieder braucht die Summation nicht bei $i = 1$ zu beginnen, häufig beginnt sie bei $i = 0$ oder irgendeinem $i = k$. Das Summenzeichen kann auch analog verwendet werden, wenn die a_i keine eigentliche Folge bilden. Der Summationsindex i braucht nämlich überhaupt nicht ganze Zahlen als Werte zu durchlaufen.

Ist z. B. eine Funktion g auf einer endlichen Menge A definiert, so kann die Summe aller Funktionswerte als

$$\sum_{x \in A} g(x)$$

geschrieben werden. Dabei ist x der Summationsindex. Er durchläuft alle Elemente der Menge A. Auch braucht, wenn a_i als geschlossener mathematischer Ausdruck gegeben ist, in diesem Ausdruck der Summationsindex nicht unbedingt vorzukommen. Z. B. gilt

$$\sum_{i=1}^{n} 1 = \underbrace{1 + \ldots + 1}_{n \text{ Summanden}} = n \cdot 1 = n.$$

Wenn die Summationsgrenzen aus dem Zusammenhang hervorgehen, werden sie oft weggelassen, z. B. $\sum a_i$ statt $\sum_{i=1}^{n} a_i$ oder einfach $\sum a$.

*1.4.3 Doppelfolgen

Eine endliche Doppelfolge $(a_{ij} : i = 1, \ldots, m; j = 1, \ldots, n)$ ist ein rechteckiges Schema von Zahlen

$$a_{11}, a_{12}, \ldots, a_{1n}$$
$$a_{21}, a_{22}, \ldots, a_{2n}$$
$$\vdots \qquad \vdots$$
$$a_{m1}, a_{m2}, \ldots, a_{mn}.$$

Ein derartiges Schema von Zahlen bezeichnet man auch als M a t r i x.

Die Anzahl der Glieder kann auch in einer oder in beiden Richtungen unbegrenzt sein oder von dem anderen Index abhängen. So bilden die Binomialkoeffizienten

$$a_{ij} = \binom{i}{j}$$

eine Doppelfolge $(\binom{i}{j} : i = 1, \ldots; j = 0, \ldots, i)$, bei der die Anzahl der Glieder der i-ten Zeile $i + 1$ beträgt.

Beispiel 1.13 Die Folge

$$a_{ij} = \left(1 + \frac{1}{i}\right)^{j} \qquad (i = 1, \ldots; j = 1, \ldots)$$

ist in beiden Richtungen unbegrenzt. Im folgenden sind die ersten Glieder angegeben:

i \ j	1	2	3	4	5	...
1	2	4	8	16	32	...
2	1,5	2,25	3,375	5,063	7,594	...
3	1,333	1,778	2,370	3,160	4,214	...
4	1,25	1,563	1,953	2,441	3,052	...
5	1,2	1,44	1,728	2,074	2,489	...
⋮	⋮	⋮	⋮	⋮	⋮	

Sie gibt übrigens die Höhe eines Kapitals vom Betrag 1 nach j Jahren wieder, wenn der Zinsfuß $1/i$ beträgt. Man kann bei dieser Doppelfolge je nach Richtung verschiedene Grenzwerte erhalten: z. B.

$$\lim_{i \to \infty} a_{ij} = 1 \quad \text{in der } j\text{-ten Spalte,}$$

$$\lim_{j \to \infty} a_{ij} = \infty \quad \text{in der } i\text{-ten Zeile.}$$

Die Werte

$$a_{\cdot j} = \lim_{i \to \infty} a_{ij} = 1 \quad (j = 1, \ldots)$$

bilden also eine Folge von Zahlen, die stets den Wert 1 haben. Für deren Grenzwert gilt also

$$\lim_{j \to \infty} a_{\cdot j} = \lim_{j \to \infty} \left(\lim_{i \to \infty} a_{ij} \right) = 1$$

Dieser Wert stimmt nicht mit dem Grenzwert überein, den man erhält, wenn man zunächst den Grenzübergang in der Zeile durchführt, denn es gilt

$$a_{i \cdot} = \lim_{j \to \infty} a_{ij} = \infty \quad (i = 1, \ldots)$$

und damit

$$\lim_{i \to \infty} a_{i \cdot} = \lim_{i \to \infty} \left(\lim_{j \to \infty} a_{ij} \right) = \infty.$$

Man darf also die Grenzübergänge nicht ohne weiteres vertauschen.

Wenn man die Hauptdiagonale betrachtet, also die Folge a_{ii} $(i = 1, \ldots)$ erhält man als Grenzwert, wie hier nicht näher ausgeführt werden kann, die Zahl $e = 2{,}718 \ldots$

$$\lim_{i \to \infty} a_{ii} = e.$$

*1.4.4 Doppelsummen

Die Bildung einer Doppelsumme kann in folgender Weise vorgenommen werden

$$\sum_{i=1}^{n} \sum_{j=1}^{m} a_{ij} = \sum_{i=1}^{n} (a_{i1} + \ldots + a_{im})$$

$$= a_{11} + \ldots + a_{1m}$$
$$+ a_{21} + \ldots + a_{2m}$$
$$\vdots \qquad \qquad \vdots$$
$$+ a_{n1} + \ldots + a_{nm}.$$

Die Summationsgrenzen der zweiten Summe können auch hier vom ersten Index abhängen.

Beispiel 1.14
$$\sum_{m=0}^{n} \sum_{j=0}^{m} \binom{m}{j} = \sum_{m=0}^{n} \left[\binom{m}{0} + \binom{m}{1} + \ldots + \binom{m}{m} \right]$$

$$= \sum_{m=0}^{n} 2^m = 1 + 2 + 2^2 + 2^3 + \ldots + 2^n = 2^{n+1} - 1.$$

1.5 Stetigkeit, Differentiation und Integration

1.5.1 Stetigkeit

Anschaulich bedeutet Stetigkeit einer Funktion, daß ihr Graph keine Sprünge aufweist. Genauer sagt man, daß eine Funktion an einer Stelle x stetig ist, wenn für jede Folge

$$x_1, x_2, \ldots \text{ mit } \lim_{i \to \infty} x_i = x$$

auch die Folge der Funktionswerte

$$f(x_1), f(x_2), \ldots$$

gegen f(x) konvergiert.

Eine Funktion ist in einem Intervall stetig, wenn sie in jedem Punkt des Intervalls stetig ist.

*1.5.2 Interpolation

Wenn wir durch zwei benachbarte Punkte

$$(x_0, f(x_0)) \text{ und } (x_1, f(x_1))$$

des Graphen einer stetigen Funktion eine Gerade legen, dann bilden die Werte auf der Geraden meist eine gute Annäherung an die Werte der Funktion. Aus dem Strahlensatz ergibt sich für die Näherungsgerade g aus a/b = c/d die Beziehung (s. Fig. 1.9)

$$\frac{f(x_1) - f(x_0)}{x_1 - x_0} = \frac{g(x) - f(x_0)}{x - x_0}. \tag{1.2}$$

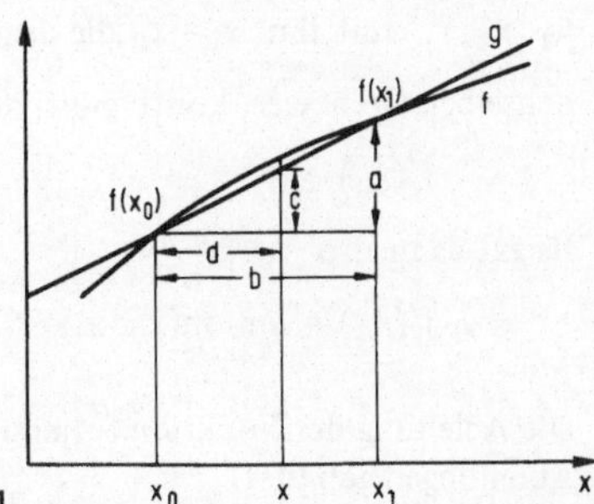

Fig. 1.9
Interpolation der Funktion f zwischen x_0 und x_1

Durch Auflösen nach $g(x)$ erhält man

$$g(x) = f(x_0) + \frac{f(x_1) - f(x_0)}{x_1 - x_0} (x - x_0) = \frac{f(x_0) (x_1 - x) + f(x_1) (x - x_0)}{x_1 - x_0}.$$

Bei einer stetigen Funktion, für die nur an den Werten $x_0, x_1, \ldots$ die Tabellenwerte $f(x_0), f(x_1), \ldots$ vorliegen, ergibt sich so die Möglichkeit, Näherungswerte für die Zwischenwerte x im Intervall (x_0, x_1) zu erhalten, indem mit dieser Formel der Näherungswert $g(x)$ bestimmt wird (lineare Interpolation).

Will man umgekehrt zu einem gegebenen Funktionswert $f(x)$ den Wert x näherungsweise bestimmen, so ist in (1.2) der Näherungswert x^* statt x zu setzen, während statt $g(x)$ der genaue Wert $f(x)$ eingesetzt werden kann. Durch Auflösung nach x^* ergibt sich dann

$$x^* = x_0 + \frac{x_1 - x_0}{f(x_1) - f(x_0)} (f(x) - f(x_0)).$$

1.5.3 Differentiation

1.5.3.1 Differentialquotient Oft interessiert bei einer stetigen Funktion f zu jedem Wert x_0 nicht nur der Wert der Funktion, sondern auch die Steigung der Funktion, das heißt die S t e i g u n g der an den Graph der Funktion im Punkte $(x_0, f(x_0))$ angelegten T a n g e n t e. Diese Steigung heißt der D i f f e r e n t i a l q u o t i e n t oder die A b l e i t u n g der Funktion f an der Stelle x_0. Sie wird mit $f'(x_0)$ oder

$$\left. \frac{df}{dx} \right|_{x=x_0}$$

bezeichnet. Man erhält $f'(x_0)$ durch den folgenden Grenzübergang:

Wenn wir wieder, wie in Abschn. 1.5.2, durch $(x_0, f(x_0))$ und einen benachbarten Punkt $(x_1, f(x_1))$ des Graphen eine Gerade legen, so hat diese die Steigung

$$m(x_0, x_1) = \frac{f(x_1) - f(x_0)}{x_1 - x_0},$$

die auch als D i f f e r e n z e n q u o t i e n t bezeichnet wird. Wenn nun für jede Folge $x_1, x_2, \ldots$ mit $\lim\limits_{i \to \infty} x_i = x_0$ die dazugehörende Folge der Differenzenquotienten gegen denselben Grenzwert konvergiert, dann heißt dieser Grenzwert Differentialquotient

$$f'(x_0).$$

Es gilt dann also

$$f'(x_0) = \lim\limits_{i \to \infty} m(x_0, x_i).$$

Die Ableitung der Funktion f' heißt zweite Ableitung f''. Entsprechend werden höhere Ableitungen gebildet.

***1.5.3.2 Differentiationsregeln** Für einfache Funktionen gibt es geschlossene Ausdrücke für die Differentialquotienten:

$$f(x) = ag(x) + bh(x), \qquad f'(x) = ag'(x) + bh'(x), \qquad (a, b \text{ konstant})$$

$$f(x) = g(h(x)), \qquad f'(x) = g'(h(x))h'(x),$$

$$f(x) = g(x)h(x), \qquad f'(x) = g(x)h'(x) + g'(x)h(x),$$

$$f(x) = x^n, \qquad f'(x) = nx^{n-1},$$

$$f(x) = e^{ax}, \qquad f'(x) = ae^{ax},$$

$$f(x) = a^x, \qquad f'(x) = \ln a \cdot a^x,$$

$$f(x) = \ln x, \qquad f'(x) = \frac{1}{x}.$$

***1.5.3.3 Näherungswerte** Eine differenzierbare Funktion f kann man in der Nähe von x_0 näherungsweise durch die Tangente bestimmen. Aus

$$f'(x_0) \approx \frac{f(x) - f(x_0)}{x - x_0}$$

erhält man

$$f(x) \approx f(x_0) + (x - x_0)f'(x_0).$$

Beispiel 1.15 Sei $f(x) = (1 - x)^n$, dann ist

$$f'(x) = -n(1 - x)^{n-1}.$$

Sei x ein Wert in der Nähe von $x_0 = 0$, dann erhält man als Näherungswert

$$f(x) \approx f(0) + (x - 0)f'(0) = 1 - nx.$$

Ähnlich erhält man in der Nähe von $x_0 = 0$ als erste Näherung

$$\ln(1 + x) \approx x,$$

$$\frac{1}{1 - x} \approx 1 + x, \qquad \frac{1}{1 + x} \approx 1 - x,$$

$$e^x \approx 1 + x, \qquad \sqrt{1 + x} \approx 1 + \frac{1}{2}x,$$

$$\sin x \approx x.$$

Indem man weitere Ableitungen berücksichtigt, bekommt man Zusatzglieder, durch die die Funktion in der Nähe von x_0 beliebig genau dargestellt werden kann

$$f(x) = f(x_0) + (x - x_0)f'(x_0) + \frac{(x - x_0)^2}{2} f''(x_0) + \dots$$

z. B. $$\cos x = 1 - \frac{x^2}{2} + \dots .$$

Eine derartige Darstellung bezeichnet man als Taylor-Entwicklung.

1.5.3.4 Extremwerte der Funktion In einem Maximum oder Minimum der Funktion (Extremwert) hat der Graph eine Tangente mit dem Anstieg Null. Um einen Extremwert der Funktion zu finden, muß eine Nullstelle x_0 der Funktion f' gesucht werden. Ob es sich dabei um ein Maximum oder Minimum handelt, wird durch die zweite Ableitung f'' geklärt. Ist $f''(x_0) > 0$, so handelt es sich um ein Minimum, da der Anstieg der Tangente mit wachsendem x größer wird. Entsprechend ist es ein Maximum, wenn $f''(x_0) < 0$. Auf den Fall $f''(x_0) = 0$ kann hier nicht näher eingegangen werden.

1.5.4 Integration

1.5.4.1 Das bestimmte Integral Der Inhalt der Fläche, die von dem Graphen einer positiven, stetigen Funktion f und der x-Achse zwischen den Werten a und b eingeschlossen ist, heißt das bestimmte I n t e g r a l der Funktion f. Man bezeichnet es als

$$\int_a^b f(x)\,dx.$$

Man erhält es näherungsweise, indem man das Intervall durch n äquidistante Punkte

$$x_1, \ldots, x_n$$

mit

$$x_1 = a + \Delta x$$

$$x_2 = a + 2\,\Delta x$$

$$\vdots$$

und

$$\Delta x = \frac{b-a}{n+1}, \qquad x_0 = a,\ x_{n+1} = b$$

in $n + 1$ Intervalle unterteilt, und jeweils die Rechtecke mit den Endpunkten

$$(x_i, 0),\ (x_{i+1}, 0),\ (x_{i+1}, f(x_i^*)),\ (x_i, f(x_i^*)) \qquad (i = 0, \ldots, n)$$

bildet, wobei x_i^* irgendeinen Punkt des Intervalls $[x_i, x_{i+1}]$ bedeutet (Fig. 1.10). Der Flächeninhalt der gesamten Fläche wird durch die Summe der Flächeninhalte der einzelnen Rechtecke

$$\sum_i f(x_i^*) \cdot \Delta x$$

angenähert. Man betrachtet nun eine Folge derartiger Einteilungen, bei der n gegen unendlich strebt. Die Folge der zu jeder Intervalleinteilung gebildeten Flächeninhalte strebt gegen einen Grenzwert, der als das Integral

$$\int_a^b f(x)\,dx \quad \text{bezeichnet wird.}$$

Wir haben vorausgesetzt, daß die Funktion nur positive Werte annehmen kann. Für den Fall, daß die Funktion auch negative Werte hat, wird der unterhalb der x-Achse liegende

Teil der Fläche mit einem negativen Vorzeichen versehen. Das Integral ist also die Differenz zwischen den oberhalb der x-Achse und den unterhalb der x-Achse liegenden Flächeninhalten.

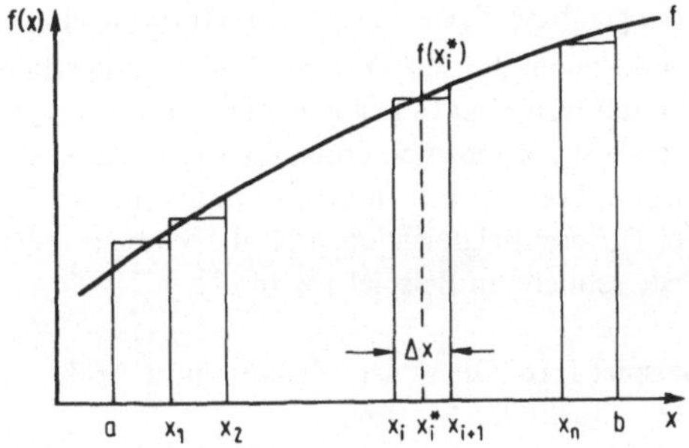

Fig. 1.10
Annäherung des Inhalts
b
$\int\limits_{a}$ f(x) dx der Fläche zwischen

dem Graphen von f und der
x-Achse durch Rechtecke

***1.5.4.2 Die Beziehung zwischen Integral und Differentialquotient** Ist der obere Endpunkt des betrachteten Intervalls nicht fest vorgegeben, sondern variabel, und bezeichnen wir ihn mit x, dann erhält man das Integral als eine Funktion von x

$$F(x) = \int\limits_{a}^{x} f(y)\, dy.$$

Wird diese Funktion in Abhängigkeit von x aufgetragen, so gibt jeder Funktionswert die Fläche unter dem Graph der Funktion f zwischen a und x an.

Wenn man von einem Punkt x_0 zu einem größeren Wert x_1 übergeht, dann nimmt F(x) gerade um den Betrag

$$F(x_1) - F(x_0) = \int\limits_{x_0}^{x_1} f(x)\, dx$$

zu, der durch den Flächeninhalt $f(x_0)\,(x_1 - x_0)$ eines Rechtecks mit der Breite $x_1 - x_0$ und der Höhe $f(x_0)$ angenähert wird. Der Differenzenquotient der Funktion F ist also

$$m(x_0, x_1) = \frac{F(x_1) - F(x_0)}{x_1 - x_0} \approx f(x_0).$$

Wenn man x_1 gegen x_0 konvergieren läßt, bekommt man als Differentialquotienten $F'(x_0)$ gerade den Funktionswert $f(x_0)$. I n t e g r a t i o n ist also die U m k e h r u n g der D i f f e r e n t i a t i o n. Es gilt

$$F'(x) = f(x), \qquad \text{wenn } F(x) = \int\limits_{a}^{x} f(y)\, dy.$$

*1.5.5 Differentialgleichungen

Gleichungen oder Systeme von Gleichungen, in denen neben der Funktion f auch die Ableitung f' bzw. höhere Ableitungen f'', f''', . . . auftreten, heißen Differentialgleichungen bzw. Systeme von Differentialgleichungen.

Funktionen, die eine Differentialgleichung erfüllen, sind nur bis auf bestimmte Konstanten festgelegt (a l l g e m e i n e   L ö s u n g). Die für ein Problem s p e z i e l l e   L ö s u n g ergibt sich durch die sogenannte A n f a n g s b e d i n g u n g. Auf Verfahren, Lösungen zu finden, kann hier nicht näher eingegangen werden. Die Bedeutung der Differentialgleichungen für die Medizin soll an zwei Beispielen gezeigt werden. Das erste schließt an Beispiel 1.8 an.

Beispiel 1.16 Die in dem Zeitabschnitt Δt durch radioaktive Strahlung bewirkte Änderung der radioaktiven Stoffmenge

$$\Delta y = y(t + \Delta t) - y(t)$$

ist der Stoffmenge $y(t)$ zum Zeitpunkt t und dem Zeitabschnitt Δt proportional, d. h.

$$\Delta y = y(t + \Delta t) - y(t) = - ky(t)\Delta t.$$

Nach Grenzübergang $\Delta t \to 0$ ergibt sich die Differentialgleichung

$$y'(t) + ky(t) = 0.$$

Nur die Funktion $y(t) = y_0 e^{-kt}$ erfüllt diese Differentialgleichung, wobei y_0 eine beliebige Konstante bedeutet (allgemeine Lösung). Der Wert y_0 ergibt sich durch die Anfangsbedingung $y_0 = y(0)$. y_0 ist also gleich der Stoffmenge zum Zeitpunkt $t = 0$. Die Zerfallskonstante k wird auch als E l i m i n a t i o n s k o n s t a n t e bezeichnet.

Im folgenden Beispiel wird ein häufig auftretendes K o m p a r t i m e n t m o d e l l behandelt.

Beispiel 1.17 (s. Fig. 1.11, 1.12) Wir gehen von zwei Kompartimenten C_1 und C_2 aus. Zum Zeitpunkt 0 sei im Kompartiment C_1 die Menge M_0 einer bestimmten Substanz enthalten, in C_2 nichts. Von C_1 wechsle die Substanz mit der Eliminationskonstanten k_1 nach C_2 und von C_2 mit k_2 nach draußen. Bezeichnen $B_1(t)$ und $B_2(t)$ die Mengen der Substanz in den Kompartimenten C_1 bzw. C_2 zum Zeitpunkt t, dann erhält man in Analogie zum vorigen Beispiel durch Grenzübergang das Differentialgleichungssystem

$$B_1'(t) = - k_1 B_1(t), \qquad B_2'(t) = k_1 B_1(t) - k_2 B_2(t)$$

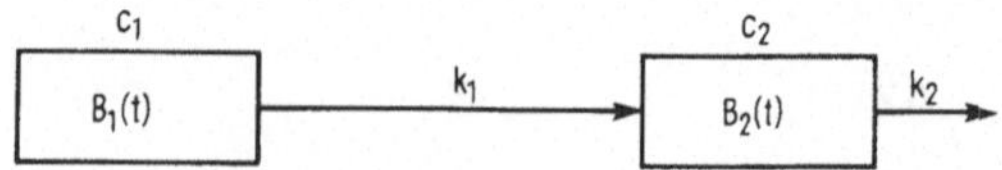

Fig. 1.11 Kompartimentmodell mit zwei Kompartimenten C_1 und C_2 mit den Substanzmengen $B_1(t)$ bzw. $B_2(t)$ zum Zeitpunkt t und den Eliminationskonstanten k_1 und k_2

mit den Anfangsbedingungen

$$B_2(0) = 0, \qquad B_1(0) = M_0.$$

Die Lösung

$$B_1(t) = M_0\, e^{-k_1 t}, \qquad B_2(t) = M_0\, \frac{k_1}{k_1 - k_2}\,(e^{-k_2 t} - e^{-k_1 t}) \quad \text{für } k_1 \neq k_2$$

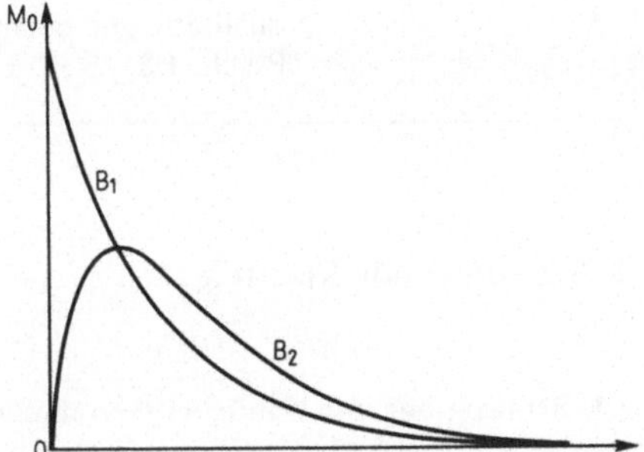

Fig. 1.12
Verlauf der Konzentrationen in zwei Komparti-
menten mit Bateman-Funktion B_2 und reiner
Elimination B_1

erfüllt, wie man durch Differenzieren bestätigen kann, das Differentialgleichungssystem und die Anfangsbedingungen. Die Funktion B_2 bezeichnet man als B a t e m a n - F u n k t i o n.

Für $k_1 = k_2 = k$ ergibt sich entsprechend als Lösung:

$$B_1(t) = M_0\, e^{-kt}, \qquad B_2(t) = M_0\, kt\, e^{-kt}.$$

2   Beschreibende Statistik   *aus GK 2*

2.1   Gesamtheit und Merkmale
2.1.1   Gesamtheit
              Menge der Beobachtungseinheiten;
              Definition nach Zugehörigkeitskriterien
2.1.2   Begriff des Merkmals
              Merkmal, Merkmalsträger, Merkmalsausprägung
2.1.3   Einteilung der Merkmale
              qualitativ und quantitativ; diskret und stetig s. GK 1 Med.
              Psych. 1.3

2 Beschreibende Statistik

2.1 Beobachtung und Häufigkeitsverteilung

2.1.1 Beobachtungseinheit, Gesamtheit und Merkmale

2.1.1.1 Beobachtungseinheit Die kleinste Einheit einer statistischen Auswertung, an der Beobachtungen durchgeführt werden, ist die Beobachtungseinheit (oder Versuchseinheit). Sie kann z. B. der einzelne Patient sein, wenn er nur einmal beobachtet wurde, oder der Patient zu einem bestimmten Zeitpunkt, wenn der Patient mehrfach untersucht wurde.

2.1.1.2 Gesamtheit Die Menge der Beobachtungseinheiten einer Auswertung ist die beobachtete Gesamtheit.

Vor Beginn der Auswertung muß genau festgelegt werden, welche Beobachtungseinheiten zur Gesamtheit gehören. Bei der Auswertung aller Hepatitiskranken an einer Klinik muß z. B. vor Beginn der Auswertung feststehen, ob Patienten, die nur kurzzeitig in der Klinik waren und wieder verlegt wurden, oder Patienten, die wegen anderer schwerer Krankheiten in die Klinik eingewiesen wurden, mit ausgewertet werden sollen oder nicht.

2.1.1.3 Merkmal Eine Beobachtungseinheit besitzt verschiedene M e r k m a l e (Gewicht, Körpergröße, Diagnose etc). Man bezeichnet daher die Beobachtungseinheit auch als M e r k m a l s t r ä g e r .

Die Beobachtungen brauchen nicht für jede Beobachtungseinheit vorzuliegen. Häufig werden gerade klinische Untersuchungen nicht ganz vollständig durchgeführt, z. B. wird man bei einem Ikterus neonatorum in den ersten sechs Lebenstagen bei den meisten Patienten jeden Tag zwei, bei klinischer Besserung der Gelbsucht aber bei einigen Patienten an einem Tag nur eine oder gar keine Bilirubinbestimmung haben. Andererseits kann ein Merkmal gar nicht beobachtbar sein, wenn z. B. die Eiweißausscheidung im Urin das Beobachtungsmerkmal ist, der Patient jedoch aufgrund eines Nierenversagens keinen Urin ausscheidet. Besonders bei einem Merkmal, das als Zeitintervall definiert ist, können sich Schwierigkeiten ergeben, wenn z. B. zur Prüfung der Wirksamkeit eines Medikaments die Dauer der Schmerzfreiheit nach Eingabe gemessen werden soll, aber keine Schmerzen mehr auftreten bzw. Schmerzfreiheit gar nicht eintritt.

2.1.2 Einteilung der Merkmale

2.1.2.1 Qualitative und quantitative Merkmale Jedes Merkmal kann verschiedene M e r k m a l s w e r t e oder M e r k m a l s a u s p r ä g u n g e n annehmen (z. B. das Merkmal „Farbe" die Merkmalsausprägung „rot"). Je nach ihren Eigenschaften werden die Merkmale verschieden behandelt. Man bezeichnet ein Merkmal als q u a n t i t a t i v , wenn seine Ausprägungen durch Messen oder Zählen erfaßt werden, z. B. Hämoglobingehalt, Anzahl der Kinder. Alle übrigen Merkmale heißen q u a l i t a t i v , z. B. Blutgruppen. Vielfach ist die Zuordnung nicht eindeutig, da es eine Reihe von qualitativen Merkmalen gibt, die quantifiziert werden können, z. B. die Spektralfarbe durch die zugehörige Wellenlänge. Andererseits werden oft quantitative Merkmale qualitativ behandelt, z. B. die Größe eines Tumors (buntstecknadelkopfgroß, erbsengroß, kirschgroß, faustgroß etc.).

2.1.2.2 Ordinale und nichtordinale Merkmale Qualitative Merkmale, die nicht eindeutig quantifizierbar sind, heißen o r d i n a l , wenn die Ausprägungen in eine natürliche Reihenfolge gebracht werden können, wie Krankheitszustände, Benotungen und die eben erwähnten Größenangaben; entziehen sich die Ausprägungen einer Anordnung, z. B. Formen der Leukämie oder Religionszugehörigkeit, so sind sie nicht ordinal.

Die Reihenfolge ist natürlich nur von Bedeutung, wenn das Merkmal mehr als zwei Ausprägungen hat.

2.1.2.3 Alternative Merkmale Ein qualitatives Merkmal, das nur zwei Ausprägungen annehmen kann (z. B. vorhanden, nicht vorhanden), bezeichnet man als a l t e r n a t i v e s M e r k m a l . In manchen Fällen wird ein quantitatives oder qualitatives Merkmal in ein alternatives überführt, indem die möglichen Merkmalswerte in zwei Gruppen eingeteilt (d i c h o t o m i s i e r t) werden, z. B. anstelle der Blutdruckangabe in mm Hg die Angabe: Blutdruck normal − Blutdruck erhöht.

2.1.2.4 Diskrete und stetige Merkmale Die Merkmale werden in diskrete und stetige eingeteilt. Diskret ist z. B. die Anzahl der Kinder einer Familie oder die Leukocytenzahl in einer Zählkammer. Allgemein bezeichnet man ein Merkmal als diskret, wenn die Anzahl der Ausprägungen endlich (oder, um auch alle natürlichen Zahlen zu erfassen, höchstens abzählbar) ist.

S t e t i g e Merkmale sind dagegen z. B. Lebensdauer und Körpergröße, die alle Werte in einem Intervall annehmen können. Meist werden die Werte eines stetigen Merkmals in Klassen zusammengefaßt (z. B. Lebensdauer in Jahren, Körpergröße in cm) und damit diskretisiert. Dies ist schon allein aufgrund begrenzter Meßgenauigkeit erforderlich.

2.1.3 Beobachtungen

2.1.3.1 Beobachtungen, Urliste Wir wollen zunächst davon ausgehen, daß wir an verschiedenen Beobachtungseinheiten ein einzelnes Merkmal beobachtet haben. Die gewonnenen Werte, die B e o b a c h t u n g e n , bilden eine Beobachtungsreihe, sie werden in der Reihenfolge ihrer Entstehung mit

$$x_1, x_2, \ldots, x_n$$

bezeichnet. x_1 bedeutet dabei die erste Beobachtung, x_2 die zweite Beobachtung, $\ldots$, x_n die letzte Beobachtung. Statt dessen schreibt man oft kürzer

$$x_i \ (i = 1, \ldots, n),$$

wobei der Index die Nummer der Beobachtungseinheit angibt. Eine Liste dieser Werte heißt U r l i s t e.

2.1.3.2 Alternative Merkmale Bei alternativen Merkmalen kann x_i nur zwei verschiedene Werte annehmen, z. B. +, − oder 1, 0, allgemein A, $\overline{A}$. Hier beschränkt man sich auf die Angabe der Anzahl der Beobachtungseinheiten, bei denen das den Untersucher mehr interessierende Ergebnis A beobachtet wurde. Ihre Anzahl n_A ist die a b s o l u t e H ä u f i g k e i t. Wird diese durch die Gesamtanzahl n aller Beobachtungseinheiten dividiert, dann erhält man die r e l a t i v e H ä u f i g k e i t

$$h_A = \frac{n_A}{n}.$$

2.1.3.3 Quantitative Merkmale Bei quantitativen Merkmalen sind die beobachteten Werte Zahlen. Manchmal werden die Beobachtungen auch der Größe nach angeordnet. In diesem Fall werden die Indizes in Klammern gesetzt, um sie von den die ursprüngliche Reihenfolge wiedergebenden Indizes zu unterscheiden. $x_{(1)}$ ist die kleinste Beobachtung, $x_{(n)}$ die größte. Den Wert $x_{(i)}$ bezeichnet man als i-ten A n o r d n u n g s w e r t. Sind alle Werte verschieden, bezeichnet man den Index als R a n g.

*2.1.3.4 **Bindungen** Treten dem Wert nach gleiche Beobachtungen auf, so spricht man von Bindungen (engl. ties). In diesem Fall ordnet man den Beobachtungen, die dem Wert nach gleich sind, den Durchschnitt der hierfür vorgesehenen Rangzahlen zu (Mittelrangmethode).

Beispiel 2.1 In Tab. 2.1 ist die Urliste der Körpergrößen und Körpergewichte der Hörer einer Freiburger Übungsgruppe angegeben. Die Beobachtungseinheit ist der Ein-

Tab. 2.1 Körpergröße und Körpergewicht einer Freiburger Übungsgruppe

Lfd. Nr.	Körpergröße in cm	Rang	Körpergewicht in kg	Rang
1	176	10	72	10
2	176	10	69	6,5
3	186	21	83	21,5
4	193	22	76	18
5	184	18	79	20
6	174	6	69	6,5
7	168	3	68	5
8	180	14	72	10
9	185	19,5	73	12
10	182	15	74	13
11	178	12	65	4
12	183	16,5	83	21,5
13	185	19,5	75	15,5
14	176	10	75	15,5
15	183	16,5	75	15,5
16	179	13	78	19
17	175	8	72	10
18	157	1	64	2,5
19	167	2	75	15,5
20	171	4	55	1
21	174	6	64	2,5
22	174	6	71	8

zelhörer, das Merkmal, das wir betrachten wollen, die Körpergröße. Es ist $x_1 = 176$, $n = 22$, die kleinste Beobachtung $x_{(1)} = 157$, die größte $x_{(n)} = 193$. Bei mehreren Körpergrößen treten Bindungen auf, z. B. eine Bindung vom Umfang 3 bei dem Wert 174, da

$$x_6 = x_{21} = x_{22} = 174.$$

Der Mittelwert der hierfür vorgesehenen Rangzahlen 5, 6 und 7 ist 6, so daß den drei Beobachtungen die Rangzahl 6 zugeordnet wird.

2.2   eindimensionale Verteilungen   *aus GK 2*

2.2.1   Häufigkeiten

      Absolute und relative Häufigkeiten, Häufigkeitsverteilung, Klassierung

2.2.2   empirische Verteilungsfunktion

      Häufigkeitssumme als empirische Verteilungsfunktion

2.2.3   Maßzahlen bei quantitativen Merkmalen

      Mittelwert, Median, Varianz, Standardabweichung, Variationskoeffizient, Spannweite

2.1.4 Empirische Verteilungsfunktion

Ein grundlegender Begriff in der Statistik ist die Verteilungsfunktion.

2.1.4.1 Die aufsummierte Beobachtungszahl G Wir betrachten als Vorbereitung zunächst die Funktion G, die zu jedem Wert x $(-\infty < x < +\infty)$ die Anzahl der Beobachtungen, die kleiner oder gleich x sind, angibt. Diese Funktion hat den Wert 0 für alle x, die kleiner als der kleinste aufgetretene Wert $x_{(1)}$ sind. Im Intervall $[x_{(1)}, x_{(2)})$, also einschließlich $x_{(1)}$ und ausschließlich $x_{(2)}$, hat sie den Wert 1 usw. und für alle $x \geqslant x_{(n)}$ den Wert n. G ist eine sog. Treppenfunktion, die an jedem beobachteten Wert um 1 größer wird, wenn keine Bindungen auftreten. Haben mehrere Beobachtungseinheiten den gleichen Merkmalswert, treten also Bindungen auf, dann sind die Sprünge größer. Tritt ein Wert x z. B. dreimal auf, so springt G an der Stelle x um 3. Es gilt also

$$G(x) = 0 \qquad\qquad \text{für } x < x_{(1)},$$

$$G(x) = 1 \qquad\qquad \text{für } x_{(1)} \leqslant x < x_{(2)},$$

$$G(x) = 2 \qquad\qquad \text{für } x_{(2)} \leqslant x < x_{(3)},$$

$$\vdots$$

$$G(x) = n - 1 \qquad \text{für } x_{(n-1)} \leqslant x < x_{(n)},$$

$$G(x) = n \qquad\qquad \text{für } x \geqslant x_{(n)}$$

oder kürzer

$$G(x) = i \qquad\qquad \text{für } x_{(i)} \leqslant x < x_{(i+1)} \qquad (i = 0, \ldots, n),$$

wobei wir formal

$$x_{(0)} = -\infty \qquad \text{und} \qquad x_{(n+1)} = +\infty$$

setzen. Wir wollen G als a u f s u m m i e r t e B e o b a c h t u n g s z a h l bezeichnen. Bei manchen Versuchen können nicht die einzelnen Beobachtungswerte x_i, sondern nur G(x) an einer Stelle x festgestellt werden.

Dies ist z. B. bei der Untersuchung eines Pharmakons der Fall. Man geht davon aus, daß für jedes Tier eine individuelle Dosis x_i existiert, bei dem es gerade noch reagiert. Bei einer geringeren Dosis würde es nicht reagieren, bei jeder höheren Dosis aber reagieren. Wird nun eine bestimmte Dosis x verabreicht, so reagieren alle diejenigen Tiere, deren individuelle Dosis höchstens x beträgt, also G(x) Tiere.

2.1.4.2 Die Häufigkeitssumme oder empirische Verteilungsfunktion F_n Da die Funktionen G zweier Beobachtungsreihen mit verschiedenen Beobachtungsumfängen n nicht direkt vergleichbar sind, verwendet man gewöhnlich nicht die Funktion G, sondern die durch n dividierte Funktion, die mit F_n bezeichnet wird. Es gilt:

$$F_n(x) = \frac{G(x)}{n} \qquad \text{für } -\infty < x < +\infty.$$

Sie heißt e m p i r i s c h e V e r t e i l u n g s f u n k t i o n oder H ä u f i g k e i t s -
s u m m e und gibt für jedes x den Anteil der Beobachtungen an, die kleiner oder gleich
x sind. Formal gilt:

$$F_n(x) = \frac{i}{n} \qquad \text{für } x_{(i)} \leqslant x < x_{(i+1)} \qquad (i = 1, \ldots, n).$$

Sie ist wie G(x) keine stetige Funktion, sondern springt an der Stelle $x_{(i)}$ von $(i-1)/n$
auf i/n, wenn dieser Wert nicht mehrfach auftritt.

2.1.5 Graphische Darstellung

Die Beobachtungsreihe x_i (i = 1, . . ., n) könnte man graphisch dadurch darstellen, daß
man auf einer Geraden bei einem festen Punkt beginnend die Werte x_i jeweils abträgt
und durch Punkte, Striche oder Kreuze kennzeichnet. Dieses Verfahren ist allerdings
dadurch beschränkt, daß die Anzahl der Beobachtungen nur klein sein darf und möglichst keine Bindungen auftreten sollten, da es sonst zu unübersichtlich wird (Fig. 2.1).
Daher wird meist der Graph der empirischen Verteilungsfunktion F_n verwendet (Fig.
2.2), da dann diese Schwierigkeiten nicht auftreten.

Fig. 2.1
Darstellung der Verteilung der Körpergröße der Freiburger Übungsgruppe
auf einer Geraden

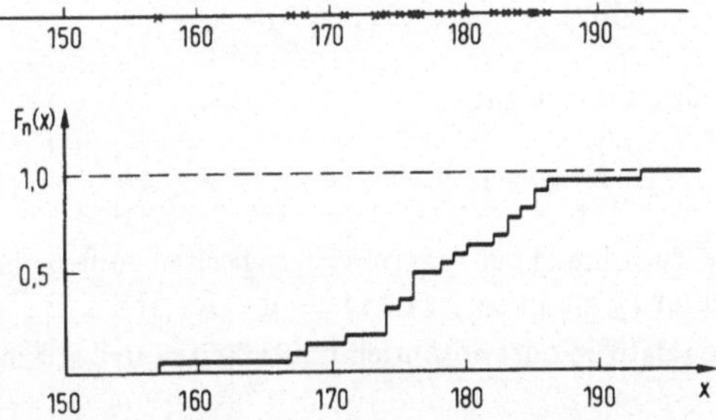

Fig. 2.2
Darstellung der empirischen Verteilungsfunktion F_n der Körpergröße der Freiburger Übungsgruppe

2.1.6 Klassierung

2.1.6.1 Klasse, Klassierung, Klassenmitte, Klassengrenzen Um in einer tabellarischen
Darstellung nicht jeden einzelnen Wert aufzählen zu müssen, teilt man die Beobachtungen
häufig in Klassen ein (Klassierung). Bei diskreten Merkmalen, z. B. Kinderanzahl, können die einzelnen Ausprägungen die Klassen bilden. Aber auch die Beobachtungen von
ursprünglich stetigen Merkmalen werden, wie schon erwähnt, aufgrund der begrenzten
Meßgenauigkeit in Klassen eingeteilt, z. B. die Körpergröße in cm-Klassen. Wenn dies
jedoch zu viele Klassen ergibt, werden oft Klassen mit größeren Klassenbreiten, z. B.
5-cm-Klassen, gebildet. Die Anzahl der Klassen sollte jedoch nicht zu klein sein.

Die Klasse reicht von der unteren Klassengrenze einschließlich bis zur oberen Klassengrenze ausschließlich, also z. B. von 170 cm einschließlich bis unter 175 cm. Die K l a s -

s e n m i t t e ist bei stetigem Merkmal der Mittelwert der beiden Klassengrenzen, in diesem Falle 172,5. Werden bei schon klassierten Werten nachträglich Klassen zusammengefaßt, so ist auf die Bestimmung der Klassenmitte besonders zu achten. Liegen z. B. cm-Klassen vor, so bedeutet 170, daß der gemessene Wert zwischen 169,5 und 170,5 cm lag. Werden die Klassen von 170 cm bis unter 175 cm zu einer 5-cm-Klasse zusammengefaßt, so betragen die Klassengrenzen 169,5 und 174,5, so daß 172 die Klassenmitte ist.

2.1.6.2 Besetzungszahl und relative Häufigkeit Bei insgesamt k Klassen werden wir die einzelnen Klassen mit $1, \ldots, k$ bezeichnen. Die Anzahl der Beobachtungen der Beobachtungsreihe, die in die i-te Klasse fallen, beträgt

$$n_i \qquad (i = 1, \ldots, k)$$

und wird a b s o l u t e   H ä u f i g k e i t oder B e s e t z u n g s z a h l der i-ten Klasse genannt. Die Summe der Besetzungszahlen ist die Gesamtanzahl n der Beobachtungen.

$$\sum_{i=1}^{k} n_i = n_1 + n_2 + \ldots + n_k = n.$$

Werden die Besetzungszahlen n_i durch die Gesamtanzahl n der Beobachtungen dividiert, ergeben sich die   r e l a t i v e n   H ä u f i g k e i t e n   der i-ten Klasse

$$h_i = \frac{n_i}{n} \qquad (i = 1, \ldots, k);$$

für ihre Summe gilt

$$\sum_{i=1}^{k} h_i = 1.$$

Die Zuordnung der relativen Häufigkeiten zu den einzelnen Klassenmitten wird auch als H ä u f i g k e i t s v e r t e i l u n g oder H ä u f i g k e i t s f u n k t i o n bezeichnet. Die relativen oder absoluten Häufigkeiten in den Klassen bestimmen die V e r t e i l u n g.

2.1.6.3 Aufsummierte Besetzungszahl und Häufigkeitssumme Der aufsummierten Beobachtungszahl G entspricht die aufsummierte Besetzungszahl

$$G_1 = n_1,$$
$$G_2 = n_1 + n_2,$$
$$\vdots$$
$$G_i = n_1 + n_2 + \ldots + n_i,$$
$$\vdots$$

Sie gibt die Anzahl der Beobachtungen an, die in die i-te oder in eine darunterliegende Klasse fallen. Durch die Beobachtungszahl n dividiert ergibt sich:

$$H_i = \frac{G_i}{n} = h_1 + \ldots + h_i \qquad (i = 1, \ldots, k).$$

Auch sie heißt H ä u f i g k e i t s s u m m e und entspricht der empirischen Verteilungs-funktion F_n, die oben betrachtet wurde. H_i gibt den relativen Anteil der Beobachtungen an, die kleiner als die obere Grenze der i-ten Klasse sind.

2.1.6.4 Tabellarische und graphische Darstellung Eine Tabelle der Verteilung sollte die Klassengrenzen und die relativen Häufigkeiten enthalten; aber auch die Häufigkeitssummen, die Klassenmitten und die Besetzungszahlen können angegeben werden.

Die Summe der in Tab. 2.2 auf zwei Dezimalstellen angegebenen relativen Häufigkeiten beträgt nicht genau 1,00 sondern 1,01. Dies ist dem Rundungsfehler zuzuschreiben. Man gibt daher als Summe nur 1 (bzw. bei prozentualen Häufigkeiten nur 100) ohne Komma-stellen an.

Tab. 2.2 Verteilung der Körpergrößen einer Freiburger Übungsgruppe bei einer Einteilung in 5-cm-Klassen

Nr. der Klasse	Klassengrenzen	Klassen-mitte	Besetzungs-zahl	relative Häufig-keit	aufsum-mierte Besetzungszahl	Häufig-keits-summe
i			n_i	h_i	G_i	H_i
1	155 bis 159	157	1	0,05	1	0,05
2	160 bis 164	162	0	0	1	0,05
3	165 bis 169	167	2	0,09	3	0,14
4	170 bis 174	172	4	0,18	7	0,32
5	175 bis 179	177	6	0,27	13	0,59
6	180 bis 184	182	5	0,23	18	0,82
7	185 bis 189	187	3	0,14′	21	0,95
8	190 bis 194	192	1	0,05	22	1
Σ			22	1		

H_i wurde aus $H_i = G_i/n$ und nicht aus $H_i = h_1 + \ldots + h_i$ berechnet. Hätte man H_i aus der Summe der abgerundeten relativen Häufigkeiten h_i gebildet, so hätte sich z. B. für H_7 der Wert 0,96 anstatt 0,95 ergeben.

Graphisch werden die Häufigkeiten meist in Form von Stäben (Stabdiagramm) oder, besonders bei stetigen Merkmalen, in Form von Rechtecken (H i s t o g r a m m) dar-gestellt (s. Fig. 2.3). Die entsprechende empirische Verteilungsfunktion F_n ist eine Trep-

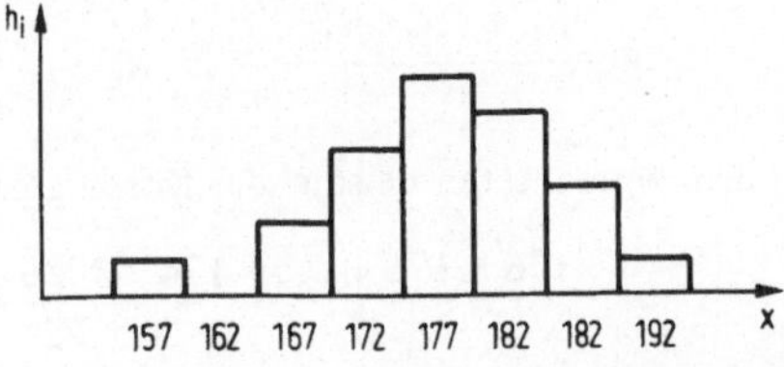

Fig. 2.3
Histogramm der Körpergrößen bei einer
Einteilung in 5-cm-Klassen

penfunktion, deren Graph bei jeder Klassenmitte um den jeweiligen Betrag h_i springt, und bei der Klassenmitte der letzten Klasse den Wert 1 erreicht (Fig. 2.4). Bei einem stetigen Merkmal ist auch eine andere Darstellung üblich. Der Annahme, daß sich die Beobachtungen gleichmäßig über die Klassenbreite verteilen, entspricht es besser, an den oberen Klassengrenzen H_i aufzutragen und deren Endpunkte durch gerade Strecken zu verbinden (Polygonzug) (Fig. 2.5):

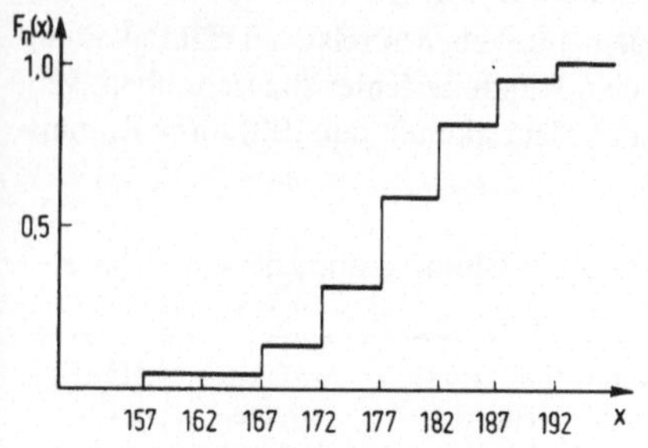

Fig. 2.4 Empirische Verteilungsfunktion der Körpergrößen bei einer Einteilung in 5-cm-Klassen

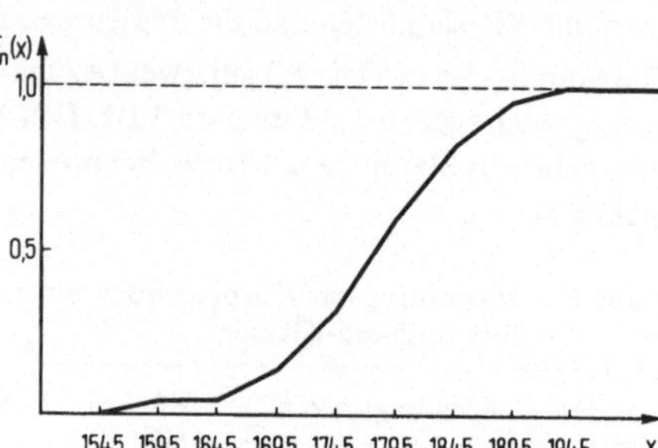

Fig. 2.5 Empirische Verteilungsfunktion der Körpergrößen bei einer Einteilung in 5-cm-Klassen als Polygonzug

2.2 Statistische Maßzahlen

Da nicht für jede Beobachtungsreihe die Urliste, die Tabelle der relativen Häufigkeiten oder ein Histogramm angegeben werden kann, wurden Kennzahlen, sog. statistische Maßzahlen, zur zusammenfassenden Beschreibung der Daten und zum Vergleich verschiedener Beobachtungsreihen entwickelt. Die wichtigsten sind die L o k a l i s a t i o n s - m a ß e , die die mittlere Lage, und die D i s p e r s i o n s m a ß e , die die Breite einer Verteilung kennzeichnen.

2.2.1 Lokalisationsmaße

2.2.1.1 Arithmetisches Mittel Das bekannteste Lokalisationsmaß ist der M i t t e l - w e r t $\bar{x}$, der auch als a r i t h m e t i s c h e s M i t t e l bezeichnet wird. Man berechnet ihn, indem man die Summe der Beobachtungen durch ihre Anzahl n dividiert,

$$\bar{x} = \frac{x_1 + \ldots + x_n}{n} = \frac{1}{n} \sum_{i=1}^{n} x_i \ .$$

In dem betrachteten Beispiel der Körpergröße ist

$$\bar{x} = \frac{176 + 176 + \ldots + 174}{22} = \frac{3906}{22} = 177,55.$$

Bei klassierten Werten bezeichnen wir mit x_i die Klassenmitte der i-ten Klasse. (Dieser Wert ist nicht zu verwechseln mit der i-ten Beobachtung einer Beobachtungsreihe, die wir auch mit x_i bezeichnet haben.) Als Mittelwert $\bar{x}$ ergibt sich dann, weil n_i-mal der Wert x_i zu zählen ist,

$$\bar{x} = \frac{\sum_{i=1}^{k} n_i x_i}{n} = \sum_{i=1}^{k} h_i x_i \ .$$

Dieser Wert ist gleich dem aus den Einzelbeobachtungen berechneten Wert, wenn alle Beobachtungen mit der Klassenmitte ihrer Klasse übereinstimmen, z. B. bei diskreten Merkmalen. Wenn die Beobachtungswerte eines stetigen Merkmals in größere Klassen zusammengefaßt werden, z. B. die Körpergröße in 5-cm-Klassen, dann erhält man nur einen Näherungswert. Die Abweichung ergibt sich durch Rundungen. In dem betrachteten Beispiel ergibt sich, wenn man 5-cm-Klassen einführt, $\bar{x} = 177,45$ statt $177,55$.

*2.2.1.2 **Minimaleigenschaft des Mittelwerts** Der Mittelwert hat folgende Eigenschaft: Man kann sich jede Beobachtung x_i aus zwei Bestandteilen zusammengesetzt denken, einem mittleren Wert m für alle Beobachtungen und einer Abweichung e_i für die einzelne Beobachtung

$$x_i = m + e_i \qquad (i = 1, \ldots, n).$$

Dabei sollte m so gewählt werden, daß die Abweichungen $e_i = x_i - m$ möglichst klein sind. Die auf Gauß (1809) zurückgehende Forderung, die Summe der Abweichungsquadrate von einem zunächst beliebig gewählten m

$$SQ(m) = \sum_i (x_i - m)^2$$

zu minimieren, ergibt für m den Wert $\bar{x}$.

Einen Wert in dieser Weise festzulegen, bezeichnet man als M e t h o d e d e r k l e i n s t e n Q u a d r a t e. Um diese Eigenschaft für $\bar{x}$ nachzuweisen, benutzen wir die folgende Zerlegung[1]):

$$SQ(m) = \sum_{i=1}^{n} (x_i - \bar{x})^2 + n(\bar{x} - m)^2 \qquad \text{für jedes m.}$$

---

[1]) $\displaystyle SQ(m) = \sum (x_i - m)^2 = \sum_{i=1}^{n} (x_i - \bar{x} + \bar{x} - m)^2$

$$= \sum_{i=1}^{n} (x_i - \bar{x})^2 + \sum_{i=1}^{n} 2(x_i - \bar{x})(\bar{x} - m) + \sum_{i=1}^{n} (\bar{x} - m)^2$$

$$= \sum_{i=1}^{n} (x_i - \bar{x})^2 + 2(\bar{x} - m)\left(\sum_{i=1}^{n} x_i - \sum_{i=1}^{n} \bar{x} \right) + n(\bar{x} - m)^2$$

$$= \sum_{i=1}^{n} (x_i - \bar{x})^2 + n(\bar{x} - m)^2, \text{ da } \sum_{i=1}^{n} x_i - n\bar{x} = 0.$$

Diese Zerlegung bezeichnet man als V e r s c h i e b u n g s a t z. Daraus folgt

$$SQ(m) = \sum_{i=1}^{n} (x_i - \bar{x})^2, \qquad \text{wenn } m = \bar{x},$$

$$> \sum_{i=1}^{n} (x_i - \bar{x})^2, \qquad \text{wenn } m \neq \bar{x},$$

Da stets $(\bar{x} - m)^2 \geqslant 0$ und dabei nur den Wert 0 annimmt, wenn $m = \bar{x}$, folgt die Behauptung, daß der Mittelwert derjenige Wert ist, der die Summe der Abweichungsquadrate minimiert.

2.2.1.3 Median Ein weiteres Lokalisationsmaß ist der Median $\tilde{x}$, derjenige Wert, bei dem höchstens die Hälfte der Beobachtungen kleiner und höchstens die Hälfte größer ist. Bei einer ungeraden Anzahl von Beobachtungen ist es gerade der mittlere Wert. Bei einer geraden Beobachtungszahl erfüllen alle Werte zwischen den beiden mittleren Werten diese Forderung. Man nimmt daher meist die Mitte zwischen diesen beiden Werten. Es ist also

$$\tilde{x} = x_{(\frac{n+1}{2})}, \qquad \text{wenn } n \text{ ungerade,}$$

$$\tilde{x} = \frac{x_{(\frac{n}{2})} + x_{(\frac{n+2}{2})}}{2}, \qquad \text{wenn } n \text{ gerade.}$$

Im Beispiel 2.1 ergibt sich

$$\tilde{x} = 0{,}5(x_{(11)} + x_{(12)}) = 0{,}5(176 + 178) = 177.$$

Treten Beobachtungen mit gleichen Werten auf (Bindungen), nennt man entsprechend denjenigen Wert x, bei dem die empirische Verteilungsfunktion F_n von einem Wert unter 1/2 auf einen Wert über 1/2 springt, den Median $\tilde{x}$, für ihn gilt also:

$$F_n(\tilde{x}) \geqslant 1/2$$

und $\qquad F_n(x) \leqslant 1/2 \qquad$ für alle $x < \tilde{x}$.

Wenn z. B. in der Klasse mit dem kleinsten Klassenwert mehr als 50% der Beobachtungen liegen, so ist der Median gleich diesem Wert, obwohl kein kleinerer Wert auftritt.

2.2.1.4 Beeinflussung durch Ausreißer Manchmal treten Meßwerte auf, die soweit von den übrigen Werten entfernt sind, daß fraglich ist, ob sie unter den vorgegebenen Bedingungen wirklich erzielt wurden oder ob ein Registrierfehler vorliegt, z. B. eine Körpergröße von 2,24 m. Man bezeichnet solche Werte als Ausreißer. Ist es nicht mehr möglich zu überprüfen, ob dieser Wert zutrifft oder ob ein Fehler vorliegt, dann kann dieser Wert nur mit Methoden beurteilt werden, die hier nicht besprochen werden. Wird er fälschlicherweise berücksichtigt, so wird das arithmetische Mittel relativ stark von ihm beeinflußt, der Median dagegen kaum. Man nennt diese Eigenschaft des Medians, ausreißerunempfindlich zu sein, R o b u s t h e i t .

2.2.1.5 Quantile Eine auch zu den Lokalisationsmaßen zu zählende Gruppe von Maßen sind die Quantile. Das Q u a n t i l x_q ist derjenige Wert, bei dem die empirische Verteilungsfunktion F_n den Wert q annimmt oder von einem Wert kleiner als q auf einen Wert größer als q springt. Der Median ist das Quantil $x_{0,5}$. Allgemein gilt

$$F_n(x_q) \geqslant q \quad \text{und} \quad F_n(x) \leqslant q \quad \text{für alle } x < x_q.$$

Im Körpergrößenbeispiel 2.1 ist $x_{0,2} = 174$, da

$$F_n(174) = 0{,}32 > 0{,}2 \quad \text{und} \quad F_n(x) < 0{,}2 \quad \text{für alle } x < 174.$$

Den Wert x_q gewinnt man auch, wenn man in der graphischen Darstellung der Häufigkeitssumme H auf der y-Achse q aufsucht und den Schnittpunkt der Geraden y = q und der Häufigkeitssumme bestimmt. Das Quantil ist dann die Abszisse dieses Schnittpunktes.

$x_{0,25}$ und $x_{0,75}$ heißen Quartile,

$x_{0,1}$, $x_{0,2}$ usw. Dezile und

$x_{0,01}$ usw. Prozentpunkte der Verteilung.

2.2.2 Dispersionsmaße

2.2.2.1 Spannweite Das einfachste Dispersionsmaß zur Beschreibung der Breite einer Verteilung ist die Spannweite r, die Differenz zwischen der größten und kleinsten Beobachtung

$$r = x_{(n)} - x_{(1)}.$$

Der Anschaulichkeit stehen zwei Nachteile gegenüber. Die Spannweite r ist sehr ausreißerempfindlich, und es ist zu erwarten, daß r mit der Größe der Beobachtungsreihe wächst. Wenn man statt der Verteilung der Körpergröße der 22 Studenten die Verteilung von 1 000 Studenten betrachtet, so wird r größer sein. Ohne besondere Annahmen ist es nicht möglich, die Spannweiten zweier verschieden umfangreicher Beobachtungsreihen zu vergleichen.

2.2.2.2 Varianz und Standardabweichung Die bekanntesten Dispersionsmaße sind die Varianz und ihre Wurzel, die Standardabweichung. Man bezeichnet die Summe der Abweichungsquadrate Σe_i^2 um $m = \bar{x}$ als SQ. Die aufgrund der Beobachtungen berechnete V a r i a n z , oft empirische Varianz genannt, erhält man, indem man SQ durch die um 1 verringerte Anzahl der Beobachtungen dividiert:

$$s^2 = \frac{SQ}{n-1} = \frac{\Sigma (x_i - \bar{x})^2}{n-1}.$$

Die Division durch $n - 1$ erfolgt, um den Einfluß der Beobachtungsanzahl auszuschalten (s. auch Abschn. 4.4.3.2).

Die Wurzel s aus der Varianz wird als empirische S t a n d a r d a b w e i c h u n g bezeichnet.

Zu einer für die Berechnung geeigneteren Form gelangt man mit Hilfe des Verschiebungssatzes (Abschn. 2.2.1.2), bei dem man $m = 0$ setzt:

$$s^2 = \frac{\sum x_i^2 - \frac{(\sum x_i)^2}{n}}{n - 1}.$$

Bei klassierten Werten erhält man in entsprechender Weise, indem die Klassenmitte x_i n_i-fach gezählt wird, die folgende Berechnungsformel

$$s^2 = \frac{\sum n_i x_i^2 - \frac{(\sum n_i x_i)^2}{n}}{n - 1}.$$

Bei einer Zusammenfassung zu größeren Klassen ergeben sich ähnlich wie beim Mittelwert Abweichungen zu den aus den ursprünglichen Daten errechneten Ergebnissen.

Für die Verteilung der Körpergrößen (Beispiel 2.1) ergeben sich folgende Werte:

Die Summe der Abweichungsquadrate beträgt

$$SQ = 176^2 + \ldots + 174^2 - \frac{(176 + \ldots + 174)^2}{22} = 1269{,}45.$$

Daraus ergibt sich als Varianz

$$s^2 = \frac{1269{,}45}{21} = 60{,}45$$

mit der empirischen Standardabweichung

$$s = 7{,}77.$$

Bei einer Zusammenfassung in 5-cm-Klassen ergibt sich als Varianz

$$s^2 = 64{,}07.$$

2.2.2.3 Variationskoeffizient Bei Beobachtungen, die nur positive Werte annehmen, wird als Dispersionsmaß auch die Standardabweichung in Prozenten des Mittelwerts angegeben. Man nennt diese Größe Variationskoeffizient v:

$$v = 100 \, \frac{s}{\bar{x}} \, \%.$$

Er wird verwendet, wenn es Gründe dafür gibt, anzunehmen, daß die Standardabweichung proportional zum Mittelwert ist.

2.2.3 Formen einer Verteilung

Zwei Verteilungen, die den gleichen Mittelwert und die gleiche Varianz haben, können
sich in der Form unterscheiden. In Fig. 2.6 sind einige Formen dargestellt, die als
i-förmig, linksschief, rechtsschief, symmetrisch, glockenförmig, mehrgipflig, u-förmig,
gleichverteilt bezeichnet werden. Bei einer rechtsschiefen Verteilung ist der Mittelwert
größer als der Median, bei einer symmetrischen Verteilung fallen Mittelwert und Median
zusammen. Glockenförmige Verteilungen und Gleichverteilungen sind auch symmetrisch.

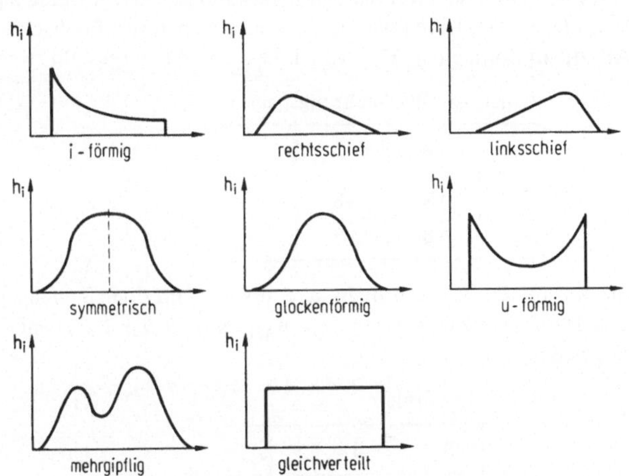

Fig. 2.6
Verschiedene Typen
von Verteilungen

2.3   **zweidimensionale Verteilungen**   *aus GK 2*
2.3.1   tabellarische und zeichnerische Darstellung
         Kontingenztafel (speziell Vierfeldertafel), Korrelationsdia-
         gramm (Punktwolke)
2.3.2   Regression
         lineare und nichtlineare Regression, Kenntnis beider Regres-
         sionsbeziehungen, Bedeutung der Regressionskoeffizienten
2.3.3   Korrelation
         empirischer Korrelationskoeffizient als Abhängigkeitsmaß-
         zahl für den linearen Zusammenhang

2.3 Zweidimensionale Verteilungen

Im vorhergehenden Abschnitt wurde davon ausgegangen, daß an jeder Beobachtungseinheit nur ein einziges Merkmal zu beobachten ist. Dies trifft nur selten zu. Im allgemeinen werden mehrere Merkmale gleichzeitig betrachtet. Wir werden uns im folgenden

jedoch nur mit zwei Merkmalen befassen und dabei zunächst alternative, dann qualitative und erst als letztes quantitative Merkmale betrachten.

2.3.1 Zwei alternative Merkmale

2.3.1.1 Vierfeldertafel Bei zwei alternativen Merkmalen mit den Ausprägungen A und $\overline{A}$ bzw. B und $\overline{B}$ (z. B. das Merkmal Geschlecht mit den Ausprägungen A männlich und $\overline{A}$ weiblich und das Merkmal Familienstand mit den Ausprägungen B verheiratet und $\overline{B}$ unverheiratet) haben wir vier mögliche Typen von Beobachtungspaaren AB, $A\overline{B}$, $\overline{A}B$, $\overline{A}\overline{B}$, die in Form einer V i e r f e l d e r t a f e l dargestellt werden können.

Typen von Beobachtungspaaren

	B	$\overline{B}$
A	AB	$A\overline{B}$
$\overline{A}$	$\overline{A}B$	$\overline{A}\overline{B}$

Die Anzahl der Beobachtungspaare, die den einzelnen Typen zuzuordnen sind, bilden jeweils die Besetzungszahlen n_{AB}, $n_{A\overline{B}}$ usw. Sie werden ebenfalls in einer Vierfeldertafel dargestellt.

Besetzungszahlen

	B	$\overline{B}$	Σ
A	n_{AB}	$n_{A\overline{B}}$	n_A
$\overline{A}$	$n_{\overline{A}B}$	$n_{\overline{A}\,\overline{B}}$	$n_{\overline{A}}$
Σ	n_B	$n_{\overline{B}}$	n

2.3.1.2 Randverteilungen Die Verteilungen der beiden getrennten Merkmale bezeichnet man als R a n d v e r t e i l u n g e n. Dabei bilden

$$n_A = n_{AB} + n_{A\overline{B}}, \qquad n_{\overline{A}} = n_{\overline{A}B} + n_{\overline{A}\,\overline{B}}$$

die Besetzungszahlen der Ausprägungen A und $\overline{A}$ des ersten Merkmals und

$$n_B = n_{AB} + n_{\overline{A}B}, \qquad n_{\overline{B}} = n_{A\overline{B}} + n_{\overline{A}\,\overline{B}}$$

die Besetzungszahlen der Ausprägungen B und $\overline{B}$ des zweiten Merkmals. Die relativen Häufigkeiten (relative Randhäufigkeiten) betragen

$$h_A = \frac{n_A}{n}, \qquad h_{\overline{A}} = \frac{n_{\overline{A}}}{n} \qquad \text{bzw.} \qquad h_B = \frac{n_B}{n}, \qquad h_{\overline{B}} = \frac{n_{\overline{B}}}{n}.$$

2.3.1.3 Bedingte Verteilungen Neben den Randverteilungen für die beiden Merkmale lassen sich sogenannte bedingte Verteilungen angeben. Die Größen

$$h_{A|B} = \frac{n_{AB}}{n_B}, \qquad h_{\overline{A}|B} = \frac{n_{\overline{A}B}}{n_B}$$

bilden ebenfalls eine Verteilung, die Verteilung von A und $\overline{A}$ unter der Voraussetzung, daß gleichzeitig auch B aufgetreten ist. Ebenso kann man die folgenden weiteren bedingten Verteilungen bilden:

$$h_{A|\overline{B}} = \frac{n_{A\overline{B}}}{n_{\overline{B}}}, \qquad h_{\overline{A}|\overline{B}} = \frac{n_{\overline{A}\,\overline{B}}}{n_{\overline{B}}} \; ;$$

$$h_{B|A} = \frac{n_{AB}}{n_A}, \qquad h_{\overline{B}|A} = \frac{n_{A\overline{B}}}{n_A} \; ;$$

$$h_{B|\overline{A}} = \frac{n_{\overline{A}B}}{n_{\overline{A}}}, \qquad h_{\overline{B}|\overline{A}} = \frac{n_{\overline{A}\,\overline{B}}}{n_{\overline{A}}} \; .$$

Beispiel 2.2 Sei A blondes Haar, $\overline{A}$ dunkles Haar, B blaue Augen und $\overline{B}$ braune Augen, dann wurden als Verteilung unter 88 Studenten einer Vorlesung folgende Werte erhalten:

Augen Haar	blau (B)	braun ($\overline{B}$)	Σ
blond (A)	35	4	39
dunkel ($\overline{A}$)	18	31	49
Σ	53	35	88

Die Randverteilungen geben jeweils die Verteilung der Augenfarbe und die Verteilung der Haarfarbe bei den Studenten an.

Randverteilung der Haarfarbe

	Besetzungs-zahl	Rand-häufigkeit
blond (A)	$n_A = 39$	$h_A = 0{,}44$
dunkel ($\overline{A}$)	$n_{\overline{A}} = 49$	$h_{\overline{A}} = 0{,}56$
Σ	$n = 88$	1

Randverteilung der Augenfarbe

	Besetzungs-zahl	Rand-häufigkeit
blau (B)	$n_B = 53$	$h_B = 0{,}60$
braun ($\overline{B}$)	$n_{\overline{B}} = 35$	$h_{\overline{B}} = 0{,}40$
Σ	$n = 88$	1

Bedingte Verteilung der Haarfarbe unter blauäugigen (B) Studenten

	Besetzungs-zahl	bedingte Häufigkeit
blond (A)	$n_{AB} = 35$	$h_{A|B} = 0{,}66$
dunkel ($\overline{A}$)	$n_{\overline{A}B} = 18$	$h_{\overline{A}|B} = 0{,}34$
Σ	$n_B = 53$	1

Die bedingte Verteilung $h_{A|B}$ und $h_{\overline{A}|B}$ gibt die Verteilung der Haarfarbe unter blauäugigen Studenten an. Daneben kann man die bedingte Verteilung der Haarfarbe unter braunäugigen und die Verteilung der Augenfarbe unter blonden bzw. der Augenfarbe unter dunklen Studenten bilden.

2.3.2 Kontingenztafel

Wir betrachten jetzt zwei qualitative Merkmale, die jeweils in k bzw. ℓ Ausprägungen vorliegen. Z. B. sei die Art der Operation das eine Merkmal und die Art der Narkose das zweite. Insgesamt haben wir k ℓ Klassen, die durch die Indexpaare (i, j) (i = 1, . . ., k; j = 1, . . ., ℓ) symbolisiert werden. Die k Klassen des ersten Merkmals und die ℓ Klassen des zweiten Merkmals werden dabei als Randklassen bezeichnet. Die Anzahl der Beobachtungen in der Klasse (i, j), die also zur i-ten Randklasse des ersten Merkmals und zur j-ten Randklasse des zweiten Merkmals gehören, sei n_{ij} (Besetzungszahl, absolute Häufigkeit). Die Anzahlen n_{ij} können in Form einer K o n t i n g e n z t a f e l dargestellt werden.

Kontingenztafel

i \ j	1	2	...	ℓ	Σ
1	n_{11}	n_{12}	...	$n_{1\ell}$	$n_{1.}$
2	n_{21}	n_{22}	...	$n_{2\ell}$	$n_{2.}$
$\vdots$	$\vdots$	$\vdots$	$\vdots$	$\vdots$	$\vdots$
k	n_{k1}	n_{k2}	...	$n_{k\ell}$	$n_{k.}$
Σ	$n_{.1}$	$n_{.2}$	...	$n_{.\ell}$	n

Die Anzahl der Beobachtungen, die in die Randklassen fallen, die absoluten Randhäufigkeiten, erhält man durch Summierung über die Zeilen bzw. Spalten. Ein Punkt bedeutet, daß über den entsprechenden Index summiert wurde.

$$n_{i.} = \sum_{j=1}^{\ell} n_{ij} \qquad i = 1, . . ., k \qquad \text{(Zeilensumme)},$$

$$n_{.j} = \sum_{i=1}^{k} n_{ij} \qquad j = 1, . . ., \ell \qquad \text{(Spaltensumme)},$$

$$n = \sum_{i} n_{i.} = \sum_{j} n_{.j} = \sum_{i} \sum_{j} n_{ij}$$

$$h_{ij} = \frac{n_{ij}}{n}$$

ist die relative Häufigkeit der Klasse (i, j).

$$h_{i.} = \frac{n_{i.}}{n} \qquad i = 1, \ldots, k$$

$$\text{bzw.} \qquad h_{.j} = \frac{n_{.j}}{n} \qquad j = 1, \ldots, \ell$$

sind die relativen Randhäufigkeiten, die jeweils den Anteil der Beobachtungseinheiten in den zugehörigen Randklassen wiedergeben. Neben h_{ij}, dem relativen Anteil der Klasse (i, j) an der Gesamtzahl n, lassen sich wieder weitere relative Anteile

$$\frac{n_{ij}}{n_{i.}} \qquad j = 1, \ldots, \ell \qquad \text{an der i-ten Zeile}$$

$$\text{und} \qquad \frac{n_{ij}}{n_{.j}} \qquad i = 1, \ldots, k \qquad \text{an der j-ten Spalte}$$

bilden. Diese Verteilungen bezeichnet man wie bei der Vierfeldertafel als bedingte Verteilungen.

Wenn $k = \ell = 2$, dann ergibt sich als Spezialfall einer Kontingenztafel die Vierfeldertafel.

Als Beispiel wird ein Auszug der regionalen Diagnosehäufigkeiten einer in Baden-Württemberg durchgeführten Vorsorgestudie verwendet.

Beispiel 2.3 In Tab. 2.3 sind die absoluten und relativen Häufigkeiten von drei Diagnosegruppen bei den Allgemeinen Ortskrankenkassen Mannheim (1), Karlsruhe (2) und Stuttgart (3), die bei der Vorsorgestudie festgestellt wurden, angegeben.

Tab. 2.3 Regionale Diagnosehäufigkeiten in einer Vorsorgestudie (Auszugsweise aus „Modell einer allgemeinen Vorsorgeuntersuchung", Stuttgart 1970)

Angegeben werden neben den Besetzungszahlen n_{ij} die relativen Häufigkeiten $h^{1)}$, bezogen auf die Anzahl der Fälle in den einzelnen Ortskrankenkassen (bedingte Verteilung)

	AOK Mannheim		AOK Karlsruhe		AOK Stuttgart		Gesamt	
	n_{i1}	h	n_{i2}	h	n_{i3}	h	$n_{i.}$	$h_{i.}$
Endokrine Störungen	351	0,21	324	0,23	741	0,28	1416	0,25
Nervenkrankheiten und psychische Erkrankungen	202	0,12	155	0,11	359	0,14	716	0,12
Kreislauferkrankungen	1127	0,67	938	0,66	1549	0,58	3614	0,63
Σ	1680	1	1417	1	2649	1	5746	1

———————

[1]) Eigentlich $h_{ij|.j} = \dfrac{n_{ij}}{n_{.j}}$.

Tab. 2.3 zeigt eine Aufgliederung nach Diagnosen und einzelnen Ortskrankenkassen. Neben den die eigentliche Kontingenztafel darstellenden absoluten Häufigkeiten sind auch die relativen Häufigkeiten angegeben, die die bedingten Verteilungen der Diagnosen in den einzelnen Ortskrankenkassen wiedergeben. In gleicher Weise lassen sich auch die bedingten Verteilungen der Ortskrankenkassen bei den einzelnen Diagnosen bilden.

2.3.3 Quantitative Merkmale

2.3.3.1 Graphische Darstellung Wir wollen im folgenden den Fall betrachten, daß beide Merkmale quantitativ und stetig sind, z. B. Körpergröße und Körpergewicht. Die Merkmale seien mit X und Y, die Beobachtungspaare mit $(x_1, y_1), \ldots, (x_n, y_n)$ bezeichnet. Ähnlich wie wir eindimensionale Beobachtungen auf einer Geraden durch Punkte oder Kreise kennzeichnen können, so werden Beobachtungspaare in der x, y-Ebene als Punkte eingezeichnet. Die entstehende Menge von Punkten bezeichnet man als Punktwolke.

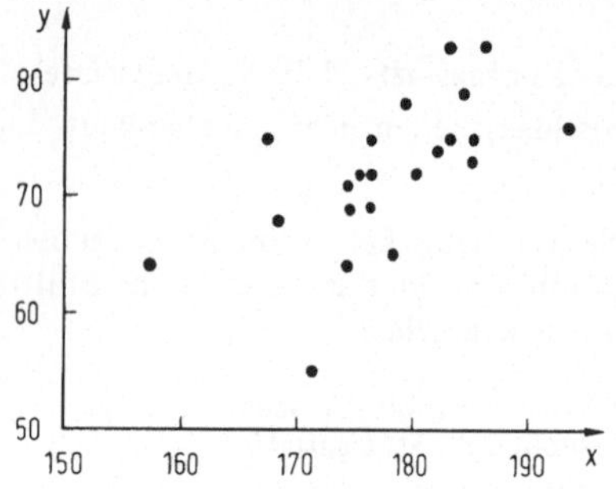

Fig. 2.7
Darstellung der Körpergrößen und der Körpergewichte von 22 Hörern des Beispiels 2.1 als Punktwolke

Tab. 2.4 Korrelationstabelle der 22 Hörer von Beispiel 2.1 bei Einteilung der Körpergrößen in Klassen von 10 cm und des Körpergewichts in Klassen von 10 kg mit den bedingten Mittelwerten $\bar{y}_x$ (berechnet aus Tabelle 2.1)

Größe in cm		Nr. der Klasse i	1	2	3	4	5	
Gewicht in kg		Klassengrenzen	150 bis 159	160 bis 169	170 bis 179	180 bis 189	190 bis 199	
Nr. der Klasse j	Klassengrenzen	Klassenmitte	154,5	164,5	174,5	184,5	194,5	Σ
4	80 bis 89	84,5	–	–	–	2	–	2
3	70 bis 79	74,5	–	1	5	6	1	13
2	60 bis 69	64,5	1	1	4	–	–	6
1	50 bis 59	54,5	–	–	1	–	–	1
		Σ	1	2	10	8	1	22
		$\bar{y}_x$	64	71,5	69,0	76,8	76	

Beispiel 2.4 In Tab. 2.1 ist neben der Körpergröße auch das Körpergewicht der 22 Hörer angegeben. Diese Beobachtungspaare sind in Fig. 2.7 graphisch dargestellt.

2.3.3.2 Tabellarische Darstellung Sind die Merkmale diskret oder sind sie durch Klassenbildung diskretisiert worden, so lassen sich die Beobachtungsanzahlen in den einzelnen Klassen in Form einer sogenannten K o r r e l a t i o n s t a b e l l e (Tab. 2.4) darstellen, ähnlich der Kontingenztafel im Falle qualitativer Beobachtungen.

2.3.3.3 Randverteilungen und bedingte Verteilungen Wie im qualitativen Fall können hier verschiedene Arten eindimensionaler Verteilungen gebildet werden, die beiden Randverteilungen und die k bzw. ℓ bedingten Verteilungen. Da es sich um quantitative Merkmale handelt, lassen sich auch Mittelwert und Varianz für jede Verteilung bestimmen. Die Mittelwerte der Randverteilungen werden mit $\bar{x}$ und $\bar{y}$ bezeichnet, der bedingte Mittelwert von Y für eine spezielle Klasse mit der Klassenmitte x mit $\bar{y}_x$, entsprechend mit $\bar{x}_y$ der bedingte Mittelwert von X für eine Klasse mit der Klassenmitte y.

2.3.3.4 Regressionsgerade von Y auf X Wir wollen uns mit Maßzahlen beschäftigen, die den Zusammenhang zwischen den beiden Merkmalen beschreiben. Werden die Mittelwerte $\bar{y}_x$ der verschiedenen x-Klassen in einem x, y-Koordinatensystem eingetragen, so erkennt man, daß in vielen Fällen die Werte angenähert auf einer Geraden liegen (Fig. 2.8). Die Gerade, die den Verlauf der bedingten Mittelwerte am besten wiedergibt, bezeichnet man als R e g r e s s i o n s g e r a d e. Für die Berechnung gehen wir von den nichtklassifizierten Beobachtungen aus. Die Regressionsgerade ist nämlich diejenige Gerade, die die Punktwolke am besten ausgleicht in dem Sinne, daß die Abstände in der y-Richtung nach der Methode der kleinsten Quadrate minimiert werden. Wir versuchen, die Beobachtungspaare durch die Beziehung $y_i = a + bx_i + e_i$ darzustellen, wobei a und b geeignete Konstanten sind und e_i die Abweichung des Ordinatenwerts y_i von $a + bx_i$ bedeutet (Fig. 2.9). Ähnlich wie wir den Mittelwert festlegen, indem wir m so bestimmen, daß $\Sigma (x_i - m)^2$ ein Minimum ergibt, so werden hier a und b so bestimmt, daß

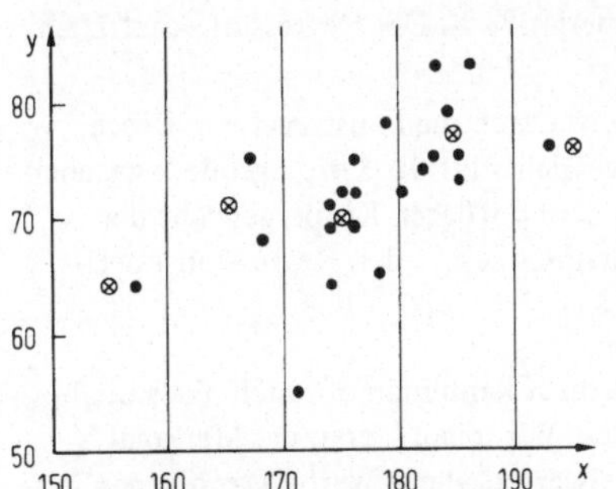

Fig. 2.8 Punktwolke mit Einteilung des Merkmals X in Klassen, Bildung der Klassenmittelwerte (⊕), die angenähert auf einer Geraden liegen

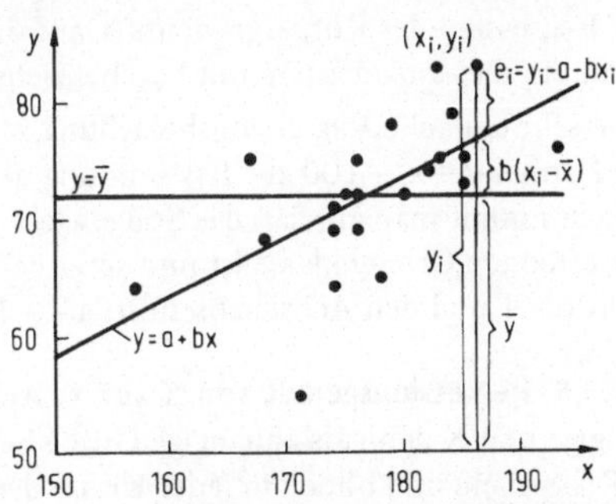

Fig. 2.9 Aufteilung von $y_i = \bar{y} + b(x_i - \bar{x}) + e_i$ $= a + bx_i + e_i$ in die dem Mittelwert $(\bar{y})$, der Regression $(b(x_i - \bar{x}))$ und dem Rest (e_i) zuzuordnenden Teilstrecken

$\Sigma e_i^2 = \Sigma (y_i - a - b\,x_i)^2$ ein Minimum ist. Dieses Minimum ergibt sich, wie man zeigen kann, für

$$b = \frac{SP}{SQ_x} \quad \text{mit } SP = \Sigma x_i y_i - \frac{\Sigma x_i\, \Sigma y_i}{n} \quad \text{und} \quad SQ_x = \Sigma x_i^2 - \frac{(\Sigma x_i)^2}{n}$$

und $a = \bar{y} - b\bar{x}$.

Diese Werte sind in die Regressionsgerade

$$y = a + bx$$

einzusetzen.

Im klassifizierten Fall braucht die Regressionsgerade keinen einzigen Punkt $(x, \bar{y}_x)$ zu berühren. Liegen aber alle bedingten Mittelwerte auf einer Geraden, so ist die Regressionsgerade diese Gerade.

b bezeichnet man als R e g r e s s i o n s k o e f f i z i e n t e n. Der Zähler des Ausdruckes ist die Summe SP der Abweichungsprodukte. Wenn X = Y ist, so ist diese Summe gleich der Summe SQ der Abweichungsquadrate. Anstelle von SP findet man auch die Bezeichnung S_{xy} und anstelle von SQ_x die Bezeichnung $S_x{}^2$. Die durch $n - 1$ dividierte Summe der Abweichungsprodukte wird als empirische K o v a r i a n z s_{xy} bezeichnet, die analog in die Varianz s^2 übergeht, wenn die beiden Merkmale identisch sind. Man kann also b in der Form

$$b = \frac{SP}{SQ_x} = \frac{s_{xy}}{s_x^2}$$

beschreiben. Der Regressionskoeffizient gibt die mittlere Änderung im Merkmal Y an, wenn zu Beobachtungseinheiten übergegangen wird, die im Merkmal X eine Einheit größer sind. Hierbei geht man davon aus, daß man den Wert x der Körpergröße X wählen kann. X nennt man daher unabhängige Variable. Das Körpergewicht Y wird dann für festes x betrachtet und Y als abhängige Variable bezeichnet. Man spricht auch von der Regression des Körpergewichts Y auf die Körpergröße X. Der Regressionskoeffizient wird, um dies anzudeuten, mit b_{yx} bezeichnet.

Eine sehr einfache Regressionsbeziehung ist übrigens durch die Faustregel von Broca, die Formel $y = x - 100$ zur Bestimmung des Sollgewichts für die Körpergröße x gegeben. Hierzu nimmt man an, daß das Sollgewicht gleich dem mittleren Körpergewicht der betreffenden Größenklasse ist und setzt der Einfachheit halber den Regressionskoeffizient $b = 1$ und den Achsenabschnitt $a = -100$.

2.3.3.5 Regressionsgerade von X auf Y Anstelle von X kann man oft auch Y als unabhängige und X dann als abhängige Größe betrachten. Wir teilen hierzu das Merkmal Y in Klassen ein und bilden in jeder Klasse den Mittelwert $\bar{x}_y$ der x-Werte. Dann liegen diese Mittelwerte meist auch angenähert auf einer Geraden, die aber mit der oben berechneten Regressionsgeraden von Y auf X nicht übereinstimmt (Fig. 2.10). Im Beispiel würden wir die Individuen nach Körpergewichtsklassen einteilen und in jeder Körpergewichtsklasse die mittlere Körpergröße berechnen; die Konstanten a und b in der Regressionsgeraden werden in ähnlicher Weise bestimmt. Es ergibt sich, daß wir ein Minimum der Quadrate der Abstände in der x-Richtung erhalten, wenn wir

$$b_{xy} = \frac{SP}{SQ_y},$$

$$a_x = \bar{x} - b_{xy}\,\bar{y}$$

wählen. Die Regressionsgerade von X auf Y lautet dann

$$x = a_x + b_{xy}\,y.$$

b_{xy} gibt an, um wieviel das Merkmal X im Mittel zunimmt, wenn man zu Beobachtungseinheiten übergeht, die im Merkmal Y eine Einheit größer sind.

Hier wird deutlich, daß die Sprechweise: „b_{xy} gibt an, um wieviel X im Mittel zunimmt, wenn Y um eine Einheit größer wird", zu vermeiden ist. Man wird nicht größer, wenn man mehr ißt.

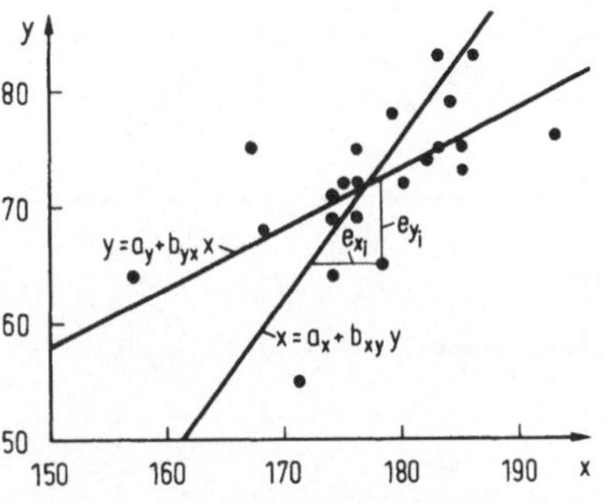

Fig. 2.10
Abweichung e_{y_i} des Punktes (x_i, y_i) von der Regression Y auf X und Abweichung e_{x_i} des Punktes von der Regression von X auf Y. Die Regressionsgeraden sind so bestimmt, daß $\Sigma\, e_{y_i}^2$ (bzw. $\Sigma\, e_{x_i}^2$) ein Minimum ergeben

2.3.3.6 Der Korrelationskoeffizient r Beide Regressionskoeffizienten hängen vom Maßstab ab. Im Beispiel hat b_{yx} die Dimension kg/cm und b_{xy} die Dimension cm/kg. Ein von den benutzten Maßeinheiten unabhängiges Abhängigkeitsmaß ist der K o r r e l a - t i o n s k o e f f i z i e n t

$$r = \frac{SP}{\sqrt{SQ_x\ SQ_y}} = \frac{s_{xy}}{s_x s_y}\,.$$

Die beiden Regressionsgeraden fallen um so weiter auseinander, je kleiner der Korrelationskoeffizient ist. Wenn r = 0 ist, dann ist SP und damit auch b = 0, d. h. die Regressionsgerade von Y auf X läuft parallel zur x-Achse. Die Regressionsgerade von X auf Y schneidet diese genau senkrecht in $(\bar{x}, \bar{y})$. Ein positives r bedeutet, daß bei großen x-Werten der Mittelwert der y-Werte größer ist als bei kleinen x-Werten. Man spricht von positiver Korrelation. Umgekehrt bedeutet ein negatives r, daß bei großen x-Werten der Mittelwert der y-Werte kleiner ist. Bei positiver Korrelation haben beide Regressionsgeraden einen positiven Anstieg, bei negativer Korrelation fallen beide Regressionsgeraden. r kann nur Werte im Intervall [−1, +1] annehmen. Wenn r = 1 oder r = −1, liegen alle Punkte auf einer Geraden. Wir erhalten dann nur eine einzige Regressionsgerade.

Bisher sind wir davon ausgegangen, daß die bedingten Mittelwerte einigermaßen linear verlaufen. Dies ist nicht notwendig der Fall. Es treten durchaus Fälle auf, bei denen die bedingten Mittelwerte von Y in Abhängigkeit von X einen gekrümmten oder sogar wellenförmigen Verlauf zeigen. Hier ist die Bildung der Regressionsgeraden nicht sinnvoll (Fig. 2.11).

In manchen Fällen sind die Varianzen der beiden Merkmale fast gleich, z. B. beim Vergleich der Körpergrößen von Vater und Sohn. In diesem Fall stimmen der Korrelationskoeffizient und beide Regressionskoeffizienten in etwa überein.

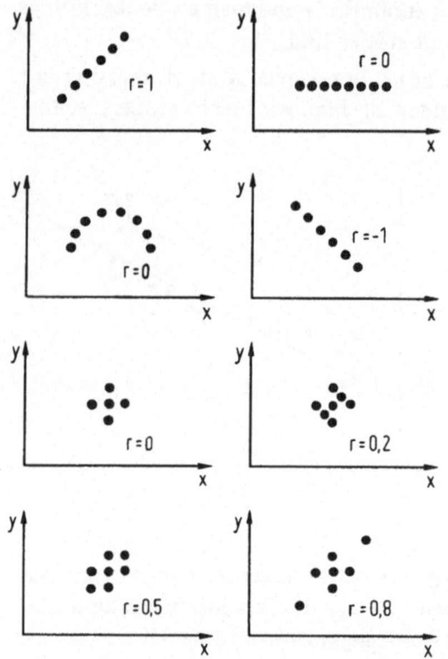

Fig. 2.11
Einige Beispiele für Punktwolken, die zu vorgegebenen Korrelationskoeffizienten gebildet wurden

Für die 22 Hörer (Beispiel 2.1) erhält man

$$b_{yx} = \frac{SP}{SQ_x} = 0,5084, \qquad b_{xy} = 0,7296,$$

$$a_y = \overline{y} - b_{yx}\overline{x} = -18,1, \quad a_x = 124,9,$$

$$r = \frac{SP}{\sqrt{SQ_x SQ_y}} = 0,6090$$

und die Regressionsgeraden

$$y = -18,1 + 0,5084\,x, \quad x = 124,9 + 0,7296\,y.$$

*2.3.4 Mehrdimensionale Verteilungen

Meist werden mehr als zwei Merkmale jeder Beobachtungseinheit beobachtet, z. B. Größe, Gewicht, Alter, Blutdruck systolisch, Blutdruck diastolisch, Blutsenkung usw. bei jedem Patienten. Der Beobachtungswert des j-ten Merkmals an der i-ten Beobachtungseinheit wird mit $x_i^{(j)}$ bezeichnet (i = 1, . . ., n; j = 1, . . ., m). Diese Werte können als Matrix, also in einem rechteckigen Schema von Zahlen (Abschn. 1.4.3), dargestellt werden, in dem die Zeilen den Beobachtungseinheiten und die Spalten den Merkmalen entsprechen.

Darstellung von mehreren Merkmalen in einer Matrix. $x_i^{(j)}$ bedeutet den Beobachtungswert des j-ten Merkmals am i-ten Merkmalsträger (Beobachtungseinheit).

$$\begin{pmatrix} x_1^{(1)} & x_1^{(2)} & \cdots & x_1^{(m)} \\ x_2^{(1)} & x_2^{(2)} & \cdots & x_2^{(m)} \\ \vdots & \vdots & \vdots\vdots & \vdots \\ x_n^{(1)} & x_n^{(2)} & \cdots & x_n^{(m)} \end{pmatrix}$$

Die linearen Abhängigkeiten zwischen den einzelnen Merkmalen werden in einer K o r r e l a t i o n s m a t r i x dargestellt. Der Korrelationskoeffizient zwischen dem j-ten und k-ten Merkmal steht in der Zeile j und der Spalte k. Die Diagonale enthält nur Einsen, da die Korrelation jedes Merkmals mit sich selbst 1 beträgt. Da $r_{jk} = r_{kj}$, ist die Matrix symmetrisch (zur Hauptdiagonale). Für die Darstellung genügen daher die Werte oberhalb der Hauptdiagonale, auf deren Angabe man sich aus Platzgründen oft beschränkt.

Zwei Darstellungen einer Korrelationsmatrix

$$\begin{pmatrix} 1 & r_{12} & \cdots & r_{1m} \\ r_{12} & 1 & \cdots & r_{2m} \\ \cdot & \cdot & \cdots & \cdot \\ r_{1m} & r_{2m} & \cdots & 1 \end{pmatrix} \quad \text{bzw.} \quad \begin{pmatrix} r_{12} & r_{13} & \cdots & r_{1m} \\ & r_{23} & \cdots & r_{2m} \\ & & & \cdot \\ & & & r_{m-1,m} \end{pmatrix}$$

2.4   **Charakterisierung von Sachverhalten durch statistische Maßzahlen**   *aus*

2.4.1   demographische Maßzahlen   *GK 2*
         s. GK 1 Med. Psych. 9.1

2.4.2   Risikoschätzung
         Beispiel: Pearl-Index

2.4.3   klinisch übliche Quotienten
         Ist-Soll-Quotienten (z. B. Übergewicht)

2.4.4   häufige Fehler
         Wahl ungeeigneter Bezugsgrößen

Siehe hierzu Abschn. 3.2, 3.6.3, 4.2.3, 4.4.5, 4.7, 5.3.1 und 5.3.2.5

3   **Wahrscheinlichkeitsrechnung**   *aus GK 2*

3.1   **Grundbegriffe**

3.1.1   zufällig und determiniert
           Unterscheidung zwischen deterministischem und zufälligem Modell

3.1.2   Wahrscheinlichkeit
           Wahrscheinlichkeit als Maß für das Eintreten eines Ereignisses (z. B. Wahrscheinlichkeit für das Eintreten einer Knabengeburt, Sterbewahrscheinlichkeit) Abhängigkeit von der Ergebnismenge

3.1.3   Bestimmung der Wahrscheinlichkeit
           Bestimmung mit Hilfe des Gleichwahrscheinlichkeitsmodells (Laplace-Experiment) oder Schätzung z. B. aus relativen Häufigkeiten (siehe 4.4)

3.1.4   Additionssatz
           Kenntnis der Rechenregel

3 Wahrscheinlichkeitsrechnung

3.1 Grundbegriffe

3.1.1 Übergang von der beschreibenden Statistik zur Wahrscheinlichkeitsrechnung

In der b e s c h r e i b e n d e n S t a t i s t i k haben wir mathematische Hilfsmittel kennengelernt, mit denen gegebene Datenmengen beschrieben werden. Dabei stellt man sich auf den Standpunkt, daß eine fest gegebene Menge von Daten angefallen ist und nun vorliegt. Beim Übergang zur W a h r s c h e i n l i c h k e i t s r e c h n u n g wechseln wir nun diesen Standpunkt. Wir versetzen uns in die Situation der Gewinnung der Daten, in der wir also Daten erst erwarten, und betrachten Modelle für den Anfall möglicher Daten.

3.1.2 Die Begriffe „zufällig" und „determiniert"

Wenn jemand ein Experiment vorbereitet hat und sich anschickt, das Ergebnis zu beobachten, dann sind zweierlei Situationen denkbar. In dem einen Fall ist nur ein Ergebnis möglich, das durch die Versuchsbedingungen eindeutig bestimmt ist. Wer die Theorie beherrscht, kann das Ergebnis vorhersagen, ebenso wer das Experiment schon einmal gemacht hat. Und sooft man das Experiment unter denselben Bedingungen wiederholt, wird man genau dasselbe Ergebnis beobachten. Wir nennen solche Ergebnisse d e t e r -

m i n i e r t , z. B. kommen viele Experimente des physikalischen Praktikums diesem Ideal sehr nahe. Im anderen Falle aber sind mehrere Ergebnismöglichkeiten denkbar, von denen sich keine vorhersagen läßt. Wenn man das Experiment unter denselben Bedingungen wiederholt, beobachtet man nicht immer dasselbe Ergebnis, d. h. unterschiedliche Ergebnisausprägungen sind möglich. Solche Ergebnisse nennen wir z u f ä l l i g . Und mit diesem Typ haben wir es in den biologischen und medizinischen Wissenschaften meistens zu tun. Das kann freilich daran liegen, daß es nicht gelingt, die auf das Ergebnis einwirkenden Umstände vollständig zu erfassen, als Bedingungen zu formulieren und bei Wiederholungen genau zu reproduzieren. Dabei soll es für uns unwesentlich sein, ob die Bedingungen prinzipiell nicht erfaßbar sind, wie beim Zerfall eines Atoms einer radioaktiven Substanz, oder ob wir nur einen damit verbundenen unverhältnismäßig hohen Aufwand vermeiden wollen, wie beim Verzicht auf messende Kontrolle vielfältiger Umwelteinflüsse bei Blutdruckmessungen. Außerdem können wir auch gewisse Bedingungen deswegen unbeachtet lassen, weil unser Interesse ausdrücklich nicht auf sie gerichtet ist, wie z. B. die Individualität des Patienten, wenn wir verallgemeinernde Aussagen über eine bestimmte Krankheit machen wollen.

Für unsere Überlegungen ist ein Experiment durch seine Beschreibung definiert, und als Bedingungen gilt nur das, was in dieser Beschreibung ausdrücklich formuliert ist. Nur von solchen Bedingungen kann man sinnvollerweise verlangen, daß sie bei Wiederholungen des Experiments eingehalten werden sollen.

3.1.3 Die praktische Rolle der Wahrscheinlichkeitsrechnung

Im Zusammenspiel mit der beschreibenden und der schließenden Statistik hat die Wahrscheinlichkeitsrechnung eine zweifache Rolle:

Erstens hat sie die realen Sachverhalte, die wir mit statistischen Methoden bearbeiten wollen, in mathematischen Modellen unter Einbeziehung der Zufälligkeit zu beschreiben. Wir nennen solche Modelle s t o c h a s t i s c h oder zufällig im Unterschied zu deterministischen Modellen ohne Einbeziehung der Zufälligkeit. Dabei wird das Phänomen der Zufälligkeit durch den Begriff der Wahrscheinlichkeitsverteilung beschrieben.

Zweitens hat sie den Zusammenhang zwischen Wahrscheinlichkeitsverteilungen von Größen im Modell mit Wahrscheinlichkeitsverteilungen von Größen in einer Stichprobe rechnerisch zu erfassen. So wird der Rückschluß von Aussagen über die Stichprobe auf Urteile über das Modell ermöglicht.

3.1.4 Ergebnismenge

Zum vollständigen Überblick über eine Situation, die zur Gewinnung von Daten führt, gehört nicht nur die Formulierung der Bedingungen, sondern auch ein Inventar von Ergebnissen, in dem mindestens alle möglicherweise auftretenden Ergebnisse enthalten sein müssen. Die Menge all dieser möglichen Ergebnisse oder Beobachtungen nennen wir E r g e b n i s m e n g e und bezeichnen sie mit dem Buchstaben S.

Beispiel 3.1 Sprechen wir von der Wahrscheinlichkeit, an einer bestimmten Krankheit K zu sterben, so ist entscheidend, ob wir dies im Rahmen einer Ergebnismenge meinen, die alle möglichen Todesursachen umfaßt, worunter die Krankheit K nur eine unter vielen ist, oder einer Ergebnismenge, die alle möglichen Konsequenzen der Krankheit K umfaßt, worunter der Tod nur eine unter mehreren ist. Im ersten Fall spricht man von M o r t a l i t ä t , im zweiten von L e t a l i t ä t .

3.1.5 Ereignisse

Unter E r e i g n i s s e n versteht man Teilmengen der Ergebnismenge S. Die Teilmengen, die nur aus einem einzigen Element bestehen, nennen wir E l e m e n t a r e r e i g n i s s e . Ferner sind zu irgendwelchen Ereignissen A, B auch die Vereinigung $A \cup B$ und der Durchschnitt $A \cap B$ sowie die Komplementärmengen $\overline{A}$ und $\overline{B}$ stets wieder Ereignisse.

Schließlich sind die leere Menge $\emptyset$ und die volle Menge S Ereignisse. Die leere Menge $\emptyset$ heißt das „u n m ö g l i c h e   E r e i g n i s “ und die volle Menge S heißt das „s i c h e r e   E r e i g n i s “.

3.1.6 Wahrscheinlichkeitsmaße

Wenn ein Experiment wiederholt durchgeführt wurde, kann man für jedes Ereignis die relative Häufigkeit seines Eintretens feststellen. Indem wir im voraus über mögliche Ereignisse sprechen, wollen wir all diesen Ereignissen Zahlen zuordnen, die Eigenschaften wie relative Häufigkeiten haben. Diese den Ereignissen zugeordneten Zahlen nennen wir W a h r s c h e i n l i c h k e i t e n . Bei einer gegebenen Ergebnismenge S heißt jede Funktion P, die jedem Ereignis A eine reelle Zahl P(A) zuordnet und die gewisse zusätzliche Eigenschaften hat, ein Wahrscheinlichkeitsmaß auf S.

Hilfreich ist, sich ein Wahrscheinlichkeitsmaß vorzustellen als eine Masse mit dem Gewicht 1, die auf die einzelnen Ergebnisse verteilt ist.

Die geforderten Eigenschaften sind am Vorbild der relativen Häufigkeiten abzulesen. Wir wollen die wichtigsten im Abschn. 3.1.7 als „Rechenregeln" kennenlernen. Grundsätzlich gibt es zu einem gegebenen Ergebnisraum sehr viele verschiedene Wahrscheinlichkeitsmaße. Unter diesen eines auszuwählen und damit Wahrscheinlichkeiten zahlenmäßig anzugeben, ist von Fall zu Fall die Angelegenheit einer speziellen Modellannahme oder einer empirischen Feststellung.

Beispiel 3.2 a) Für M o d e l l a n n a h m e : Der „echte Würfel" ist das Modell eines Würfels, bei dem die Wahrscheinlichkeit für jede der sechs möglichen Augenzahlen gleich groß ist.

b) Für e m p i r i s c h e   F e s t s t e l l u n g : Wenn wir bei einem realen Würfel nicht wissen, ob er dem Modell des echten Würfels entspricht, setzen wir nach einer größeren Anzahl von Würfen die ermittelten relativen Häufigkeiten näherungsweise für die Wahrscheinlichkeiten ein. Wir betrachten diese Werte als Meßwerte, ähnlich wie die Meßwerte für irgendeine physikalische Größe, die ja alle grundsätzlich von einer gewissen beschränkten Genauigkeit sind.

3.1.7 Rechenregeln

Wenn man, wie wir es hier tun, die wahrscheinlichkeitstheoretischen Begriffe den analogen Begriffen der beschreibenden Statistik gegenüberstellt, dann entsprechen die Ausprägungen eines Merkmals den Elementarereignissen einer Ergebnismenge. Man kann sich leicht klar machen, daß die relativen Häufigkeiten stets Zahlen zwischen 0 und 1 einschließlich dieser Grenzen sind und daß dabei das unmögliche Ereignis die relative Häufigkeit 0, das sichere Ereignis aber die relative Häufigkeit 1 hat. Ferner muß man die relative Häufigkeit eines Ereignisses von 1 subtrahieren, um die relative Häufigkeit des Komplementärereignisses zu erhalten, und erhält schließlich die relative Häufigkeit einer Vereinigung zweier Ereignisse, indem man die relativen Häufigkeiten der beiden Ereignisse addiert und davon die relative Häufigkeit, mit der beide Ereignisse gemeinsam auftreten, abzieht. Diese Regeln fordert man auch formal für Wahrscheinlichkeiten. In dieser Form werden sie im folgenden zusammengefaßt:

$$0 \leqslant P(A) \leqslant 1 \qquad \text{für alle Ereignisse A,} \tag{3.1}$$

$$P(\emptyset) = 0, \tag{3.2}$$

$$P(S) = 1, \tag{3.3}$$

$$P(\overline{A}) = 1 - P(A) \qquad \text{für alle Ereignisse A,} \tag{3.4}$$

$$P(A \cup B) = P(A) + P(B) - P(A \cap B) \qquad \text{für alle Ereignisse A und B.} \tag{3.5}$$

Die letzte Regel nennt man den A d d i t i o n s s a t z. Ein Spezialfall davon ist

$$P(A \cup B) = P(A) + P(B), \text{ wenn } A \cap B = \emptyset. \tag{3.6}$$

Man kann sich diese Regel statt an relativen Häufigkeiten auch an Flächeninhalten veranschaulichen; denn diese verhalten sich ebenso (siehe Fig. 3.1). Haben die Flächen A und B einen leeren Durchschnitt (d. h. überschneiden sie sich nicht), dann ist der Inhalt der Vereinigung (Gesamtfläche) gleich der Summe der beiden Flächeninhalte (Fig. 3.1a). Überschneiden sich die Flächen A und B in der Teilmenge $A \cap B$ (in Fig. 3.1b schraffiert), dann ist die Summe der beiden Flächeninhalte um den schraffierten Inhalt größer als der Flächeninhalt der Vereinigung.

Fig. 3.1
Veranschaulichung des Additionssatzes an Flächeninhalten.
a) stellt zwei disjunkte Mengen dar, in
b) ist der Durchschnitt schraffiert

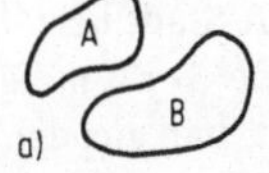

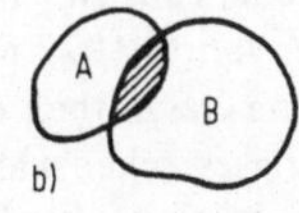

Den Additionssatz kann man auch auf mehr als zwei Ereignisse verallgemeinern, indem man ihn mehrfach hintereinander anwendet. Wir wollen nur den Spezialfall für sich gegenseitig ausschließende Ereignisse angeben:

$$P(A_1 \cup \ldots \cup A_n) = \sum_{i=1}^{n} P(A_i), \tag{3.7}$$

wenn für alle $i \neq j$

$$A_i \cap A_j = \emptyset.$$

Zwei Ereignisse A und B zerlegen die Ergebnismenge S in vier Teilmengen (vgl. Abschn. 1.1.2), deren Wahrscheinlichkeiten in einer V i e r f e l d e r t a f e l dargestellt werden können.

Vierfeldertafel

	B	$\bar{B}$	
A	$P(A \cap B)$	$P(A \cap \bar{B})$	$P(A)$
$\bar{A}$	$P(\bar{A} \cap B)$	$P(\bar{A} \cap \bar{B})$	$P(\bar{A})$
	$P(B)$	$P(\bar{B})$	1

Ähnlich wie in den Vierfeldertafeln der beschreibenden Statistik die Randbesetzungszahlen, treten die Randwahrscheinlichkeiten als Zeilensummen bzw. Spaltensummen auf (vgl. Abschn. 2.3.1).

3.1.8 Einfache stochastische Modelle

3.1.8.1 Das Modell des „echten Würfels" Die Ergebnismenge ist $S = \{1, \ldots, 6\}$. Das Idealbild eines gewöhnlichen Spielwürfels soll so symmetrisch sein, daß die Wahrscheinlichkeit, daß die Augenzahl k fällt, für alle $k = 1, \ldots, 6$ gleich groß ist. Aus Regel (3.3) und (3.7) folgt

$$\sum_{k=1}^{6} P(k) = 1.$$

Da alle $P(k)$ denselben Wert haben sollen, gilt $P(k) = 1/6$ für jedes $k = 1, \ldots, 6$.

Aus Regel (3.7) folgt dann z. B. weiter, daß die Wahrscheinlichkeit, eine gerade Zahl zu würfeln, $P(\{2, 4, 6\}) = 1/2$ ist usw.

3.1.8.2 Modell der statistischen Erhebung Häufig ist die Aufmerksamkeit des Untersuchers auf eine bestimmte Gesamtheit von Menschen gerichtet, z. B. alle Neugeborenen des Jahres 1973 in A-Stadt usw. In der Statistik nennt man eine solche wohlumschriebene Gesamtheit eine G r u n d g e s a m t h e i t oder P o p u l a t i o n. Zu Beobachtungszwecken wählt man aus der Population eine Person aus, an der dann ein bestimmtes Merkmal beobachtet wird. Für unser Beispiel wollen wir annehmen, daß das Geschlecht registriert wird, also ein Merkmal mit nur zwei Ausprägungen, männlich (δ) und weiblich (φ). Wir sprechen von zufälliger Auswahl einer Person aus der Population, wenn beim Auswahlverfahren jede zur Population gehörige Person dieselbe Wahrscheinlichkeit hat, ausgewählt zu werden. Diese z u f ä l l i g e A u s w a h l wird für die Methoden der schließenden Statistik stets vorausgesetzt. Oft ist aber diese Zufälligkeit in der Praxis nicht gewährleistet (s. Abschn. 3.4.1.2).

Durch Anwendung der Rechenregeln erhält man folgendes: Wenn N die Anzahl der Personen in der Population ist, dann wird jede Person mit der Wahrscheinlichkeit $1/N$ ausgewählt, denn die Summe all dieser Wahrscheinlichkeiten muß 1 ergeben. Ferner interessiert die Wahrscheinlichkeit eines bestimmten Beobachtungsergebnisses an der ausgewählten Person, also z. B. die Wahrscheinlichkeit $P(♀)$, daß die ausgewählte Person weiblich ist. In der Population als Ergebnismenge ist das Ereignis „weiblich" gerade die Teilmenge aller weiblichen Personen. Sei N_1 die Anzahl der weiblichen Personen in der Population, dann ergibt die Summe der Wahrscheinlichkeiten, über alle weiblichen Personen gebildet, gerade N_1/N. – Dies ist also die Wahrscheinlichkeit $P(♀)$. Zugleich ist es aber die relative Häufigkeit der weiblichen Personen in der Population. Die zufällige Auswahl stellt somit einen wichtigen Zusammenhang zwischen Wahrscheinlichkeiten und relativen Häufigkeiten her. Wenn ein Individuum aus einer Population zufällig ausgewählt und an ihm ein Merkmal beobachtet wird, so ist bei diesem Experiment die Wahrscheinlichkeit eines Ereignisses gleich seiner relativen Häufigkeit in der Population. Dieses Modell wird auch angewendet, wenn es sich keineswegs um eine Gesamtheit von Personen, sondern von anderen Einheiten handelt, z. B. Erkrankungsfälle (dabei kann ein Patient mehrere Fälle liefern), Geburten (dabei ist eine Mehrlingsgeburt nur e i n e Einheit), Karteikarten, Krankenblätter, Blutproben und andere Objekte.

3.1.8.3 Modelle der Mehrfachauswahl Wenn zweimal hintereinander ein Patient aus einer Patientenpopulation ausgewählt bzw. eine Karteikarte aus einer Kartei gezogen wird, dann muß man die beiden Fälle unterscheiden, ob für die zweite Auswahl der zuerst ausgewählte Patient in der Population belassen bzw. die zuerst gezogene Karteikarte zurückgesteckt wird (Auswahl mit Zurücklegen), oder ob der zuerst ausgewählte Patient aus der Population entfernt bzw. die Karteikarte nicht zurückgesteckt wird (Auswahl ohne Zurücklegen). Wenn die Population aus N Patienten besteht, worunter sich R Raucher befinden, und wenn die Auswahl stets zufällig erfolgt, dann ist nach Abschn. 3.1.8.2 für den zuerst ausgewählten Patienten R/N die Wahrscheinlichkeit, daß er ein Raucher ist. Für die zweite Auswahl ist im Falle ohne Zurücklegen die Population durch Entfernung eines Patienten verändert worden und je nachdem, ob dieser Patient Raucher war oder nicht, ist die neue relative Häufigkeit der Raucher $(R-1)/(N-1)$ oder $R/(N-1)$. Dies ist dann auch die Wahrscheinlichkeit, als zweiten einen Raucher auszuwählen, die also dann davon abhängt, ob der erste Patient Raucher war oder nicht. Im Falle mit Zurücklegen wird die Population nicht verändert, und ob nun der erste Patient Raucher war oder nicht, die Wahrscheinlichkeit, daß der zweite Raucher ist, beträgt wieder R/N.

Diese Unterschiede fallen ins Gewicht, wenn R eine kleine Zahl ist. Bei großen Populationen (großes N) und nicht extrem seltenen Ereignissen (großes R) kann man oft den Fall ohne Zurücklegen näherungsweise wie den rechnerisch einfacheren Fall mit Zurücklegen behandeln.

3.2 **Unabhängigkeit und bedingte Wahrscheinlichkeit** *aus GK 2*

3.2.1 Unabhängigkeit

     Abhängigkeit und Unabhängigkeit zweier Ereignisse in einem
     Vierfelderschema; relatives Risiko; Abhängigkeit von Beob-
     achtungen (z. B. bei Mehrfachmessungen und Verläufen)

3.2.2 bedingte Wahrscheinlichkeit

     bedingte Wahrscheinlichkeit als Wahrscheinlichkeit bezogen
     auf einen Teil der Ergebnismenge; Anwendungen (Mortalität,
     Letalität; Spezifität, Sensitivität)

3.2.3 Multiplikationssatz

     Wahrscheinlichkeit für das gleichzeitige Eintreten zweier
     Ereignisse auch bei Abhängigkeit

3.2.4 Bayessche Formel

     Prinzip des Bayesschen Rückschlusses (z. B. Schluß vom
     Symptom auf die Krankheit)

3.2 Unabhängigkeit und bedingte Wahrscheinlichkeit

3.2.1 Begriffsbildungen

Unter den oben besprochenen Rechenregeln ist keine, die es gestattet, die Wahrscheinlichkeit $P(A \cap B)$ eines Durchschnitts zweier Ereignisse durch $P(A)$ und $P(B)$ auszu-
drücken. Es kann auch gar keine solche Rechenregel geben, denn die Wahrscheinlichkeit
$P(A \cap B)$ kann bei gleichen $P(A)$ und $P(B)$ sehr verschiedene Werte haben, und darin
drückt sich eine Beziehung zwischen den Ereignissen A und B aus.

Sei das Experiment z. B. die Entnahme einer Blutprobe und Bestimmung des Blut-
zuckers; sei dabei dás Ereignis A, daß die Glukosekonzentration pathologisch hoch
und B, daß sie pathologisch niedrig ist, dann ist $P(A \cap B) = 0$, ganz gleich, welche Werte
$P(A)$ und $P(B)$ haben. Sei das Experiment die Auswahl eines Patienten aus dem Patientengut des vergangenen Jahres einer Arztpraxis: sei dabei A das Ereignis, daß dieser
Patient wegen einer Virusinfektion behandelt wurde und B, daß er wegen Grippe behandelt wurde, dann ist $P(A \cap B) = P(B)$, ganz gleich, welche Werte $P(A)$ und $P(B)$ haben.

Dies sind zwei offensichtliche, weil extreme, Beispiele abhängiger Ereignisse. Interessant
ist der Bereich zwischen diesen Extremen. Dort gibt es den wichtigen Spezialfall, daß
$P(A \cap B) = P(A) P(B)$ ist. In diesem Falle nennen wir A und B u n a b h ä n g i g. Das
wollen wir nun genauer verstehen:

Das Experiment sei die Auswahl einer Person aus einer Patientenpopulation. Sei B das
Ereignis, daß der Patient weiblich ist, sei das Ereignis A eine bestimmte Diagnose und
seien wieder die verschiedenen Kombinationsmöglichkeiten und ihre Wahrscheinlichkeiten in einer Vierfeldertafel angeordnet.

	B (weiblich)	$\overline{B}$ (männlich)	
A	$P(A \cap B)$	$P(A \cap \overline{B})$	$P(A)$
$\overline{A}$	$P(\overline{A} \cap B)$	$P(\overline{A} \cap \overline{B})$	$P(\overline{A})$
	$P(B)$	$P(\overline{B})$	1

Extreme Abhängigkeit liegt hier z. B. vor, wenn die Diagnose A „Schwangerschaft"
lautet, starke Abhängigkeit aber auch bei Hämophilie oder bei Rotgrün-Blindheit, woran
aus genetischen Gründen zwar nicht ausschließlich, aber überwiegend Männer erkranken.
Wann würde man nun eine Diagnose als vom Geschlecht unabhängig bezeichnen? Doch
offensichtlich dann, wenn die bedingte Verteilung innerhalb der Spalte der weiblichen
Patienten dieselbe ist, wie innerhalb der Spalte der männlichen Patienten, und damit
auch in der Randspalte, wenn also

$$\frac{P(A \cap B)}{P(B)} = \frac{P(A \cap \overline{B})}{P(\overline{B})} = \frac{P(A)}{1} \quad \text{bzw.} \quad \frac{P(\overline{A} \cap B)}{P(B)} = \frac{P(\overline{A} \cap \overline{B})}{P(\overline{B})} = \frac{P(\overline{A})}{1} \qquad (3.8)$$

gilt.

Diese Quotienten sind die b e d i n g t e n Wahrscheinlichkeiten innerhalb der Spalten.
Man hat dafür eine besondere Schreibweise:

$$P(A|B) = \frac{P(A \cap B)}{P(B)}$$

wird gelesen: „Wahrscheinlichkeit von A bedingt durch B". Man nennt dabei das Ereignis B die Bedingung.

Bei festem B ist $P(A|B)$ wieder ein Wahrscheinlichkeitsmaß mit B als Ergebnismenge,
das die Regeln 3.1 bis 3.7 erfüllt, z. B. $P(\overline{A}|B) = 1 - P(A|B)$.

Bei U n a b h ä n g i g k e i t sollte (3.8) gelten. Durch Multiplikation mit $P(B)$ ergibt
sich

$$P(A \cap B) = P(A)\,P(B). \qquad (3.9)$$

Deshalb definieren wir die Unabhängigkeit durch diese Gleichung.

Dies bedeutet, daß bei Unabhängigkeit

$$P(A|B) = \frac{P(A \cap B)}{P(B)} = \frac{P(A)\,P(B)}{P(B)} = P(A)$$

gilt, $P(A|B)$ also nicht mehr von B abhängt.

Für beliebige Ereignisse A und B gilt statt (3.9) eine Regel, die von der Definition der
bedingten Wahrscheinlichkeit Gebrauch macht:

$$P(A \cap B) = P(A|B)\,P(B). \qquad (3.10)$$

Man nennt sie den M u l t i p l i k a t i o n s s a t z.

Beispiel 3.3 (L e t a l i t ä t) Die Ergebnismenge S bestehe aus allen abgeschlossenen Lebensgeschichten einer menschlichen Population. K sei eine Krankheit, die man nur einmal bekommen kann. A sei das Ereignis, an der Krankheit K zu sterben, B sei das Ereignis, die Krankheit K zu bekommen. Dann nennt man P(A) die **M o r t a l i t ä t** und P(B) die **M o r b i d i t ä t** bezüglich K. Die bedingte Wahrscheinlichkeit P(A|B) heißt Letalität von K. Und es gilt:

$$\text{Mortalität} = \text{Morbidität} \cdot \text{Letalität}, \qquad P(A \cap B) = P(A) = P(B)\, P(A|B).$$

In diesem Fall ist nämlich $A \subseteq B$, so daß $A \cap B = A$ und damit $P(A \cap B) = P(A)$. Durch Mehrfacherkrankungen an K kompliziert sich das Modell. Obige Gleichung gilt dann nur noch näherungsweise.

3.2.2 Fehldiagnosen

Auf Grund einer diagnostischen Methode wird angenommen, daß ein Patient eine bestimmte Krankheit K habe oder nicht. Diese Diagnose stimmt nicht in jedem Fall mit der Wirklichkeit überein. Es können zwei Typen von Fehldiagnosen auftreten. Man nennt die Diagnose **f a l s c h   p o s i t i v**, wenn irrtümlich von einem Patienten angenommen wird, daß er die Krankheit habe, obwohl er sie nicht hat. Man nennt sie **f a l s c h   n e g a t i v**, wenn von einem Patienten mit der Krankheit angenommen wird, daß er sie nicht habe.

Krankheit wird Krankheit liegt	nicht angenommen $\overline{D}$	angenommen D
nicht vor $\overline{K}$	richtig negativ	falsch positiv
vor K	falsch negativ	richtig positiv

Die folgenden bedingten Wahrscheinlichkeiten spielen eine Rolle bei der Beurteilung der Güte einer diagnostischen Methode:

Die bedingte Wahrscheinlichkeit, daß ein Gesunder fälschlich für krank gehalten wird, ist $P(D|\overline{K})$. Die komplementäre bedingte Wahrscheinlichkeit, daß ein Gesunder als gesund erkannt wird, ist $P(\overline{D}|\overline{K})$ und wird **S p e z i f i t ä t** der diagnostischen Methode genannt. Eine Methode ist also um so spezifischer, je geringer für Gesunde die Wahrscheinlichkeit falsch positiver Ergebnisse ist.

Die bedingte Wahrscheinlichkeit, daß ein Kranker fälschlich für gesund gehalten wird, ist $P(\overline{D}|K)$. Die komplementäre bedingte Wahrscheinlichkeit, daß ein Kranker als solcher erkannt wird, ist $P(D|K)$ und wird **S e n s i t i v i t ä t** der diagnostischen Methode genannt.

Eine Methode ist also um so sensitiver, je geringer für Kranke die Wahrscheinlichkeit falsch negativer Ergebnisse ist.

3.2.3 Relatives Risiko

Bedingte Wahrscheinlichkeiten werden auch benötigt, um das Risiko einer Erkrankung bei Vorhandensein von schädigenden Faktoren zu definieren.

Sei K das Ereignis, im nächsten Jahr an einer bestimmten Krankheit, z. B. Lungenkrebs, zu erkranken, und R das Ereignis, daß ein gewisser Faktor, z. B. Rauchen, vorliegt, dann ist die bedingte Wahrscheinlichkeit $P(K|R)$ die Wahrscheinlichkeit, daß bei einer rein zufällig ausgewählten Person aus der dem Risiko R ausgesetzten Gesamtheit die Krankheit auftritt. $P(K|\overline{R})$ ist entsprechend die Wahrscheinlichkeit für das Auftreten der Krankheit bei einer Person aus der Gesamtheit derjenigen, die R nicht ausgesetzt sind.

Die Differenz

$$\delta = P(K|R) - P(K|\overline{R})$$

bezeichnet man als z u s c h r e i b b a r e s   R i s i k o (attributable risk), den Quotienten der beiden Wahrscheinlichkeiten

$$\rho = \frac{P(K|R)}{P(K|\overline{R})}$$

als das r e l a t i v e   R i s i k o des Faktors R. Der Faktor ist ein R i s i k o f a k t o r , wenn $\rho > 1$ bzw. $\delta > 0$ ist.

Statt des Ereignisses, im nächsten Jahr an der betrachteten Krankheit zu erkranken, wird auch das Ereignis, die Krankheit in einem gewissen Zeitpunkt zu haben, oder das Ereignis, an der Krankheit zu sterben, als K verwendet.

Beispiel 3.4 Aufgrund einer Untersuchung von 40000 britischen Ärzten berechneten Doll und Hill[1]) eine Mortalitätsrate, d. h. eine Schätzung der Wahrscheinlichkeit $P(K|R)$, als starker Raucher an der Krankheit K im nächsten Jahr zu sterben (s. Tab. 3.1).

Tab. 3.1 Jährliche Mortalitätsrate für starke Raucher und Nichtraucher in ‰

	Starke Raucher (≥ 25 Zig/d)	Nichtraucher	Zuschreibbares Risiko	Relatives Risiko
Lungenkrebs	2,27	0,07	2,20	32
Herz-Kreislauf-erkrankungen	9,93	7,32	2,61	1,4

---

[1]) D o l l , R.; H i l l , A. B.: Mortality in relation to smoking: ten years' observations of British doctors. Brit. Med. J. 1 (1964) 1399–1410

Da die Wahrscheinlichkeit, als Nichtraucher an Lungenkrebs zu sterben, sehr klein ist, ist das relative Risiko viel größer als das relative Risiko bei Herz-Kreislauf-Erkrankungen, die auch bei Nichtrauchern häufig als Todesursache auftreten. Anders verhält es sich mit dem zuschreibbaren Risiko: Die Wahrscheinlichkeit, durch das Rauchen an einer Herz-Kreislauf-Erkrankung zu sterben, ist etwas größer als die, an Lungenkrebs zu sterben.

3.2.4 Bayessche Formel

3.2.4.1 Die Formel für je zwei Ereignisse In einer Vierfeldertafel mit den Ereignissen A, $\bar{A}$ bzw. B und $\bar{B}$ haben wir zwei Arten von bedingten Wahrscheinlichkeiten, die bedingten Wahrscheinlichkeiten der B-Ereignisse unter der Bedingung eines A-Ereignisses z. B. $P(B|A)$ und die bedingten Wahrscheinlichkeiten für die A-Ereignisse unter der Bedingung der B-Ereignisse z. B. $P(A|B)$. Oft lassen sich die bedingten Wahrscheinlichkeiten der ersten Art relativ leicht angeben, obwohl die der zweiten Art für das Problem wichtiger sind. Seien z. B. A und $\bar{A}$ Krankheiten und B bzw. $\bar{B}$ Symptome, so ist es relativ leicht, die Wahrscheinlichkeit zu bestimmen, mit denen das Symptom B bei der Krankheit A auftritt, also $P(B|A)$. Der Arzt benötigt aber die Wahrscheinlichkeit $P(A|B)$, mit der die Patienten die Krankheit A haben, wenn ein Symptom B vorliegt. Diese Umrechnung kann mit Hilfe der Bayesschen Formel erfolgen. Dabei wird zunächst davon ausgegangen, daß $P(B|A)$ und $P(B|\bar{A})$ bekannt sind. Nach der Definition der bedingten Wahrscheinlichkeit ist

$$P(A|B) = \frac{P(A \cap B)}{P(B)}.$$

Indem das Ereignis B in die beiden disjunkten Ereignisse $A \cap B$ und $\bar{A} \cap B$ zerlegt wird, erhält man für den Nenner

$$P(B) = P(A \cap B) + P(\bar{A} \cap B).$$

Wendet man den Multiplikationssatz auf die einzelnen Summanden an, so ergibt sich

$$P(B) = P(A)\, P(B|A) + P(\bar{A})\, P(B|\bar{A}).$$

Damit erhalten wir die **B a y e s s c h e   F o r m e l**

$$P(A|B) = \frac{P(A)\, P(B|A)}{P(A)\, P(B|A) + P(\bar{A})\, P(B|\bar{A})}. \tag{3.11}$$

Daran sieht man, daß man außer den gegebenen bedingten Wahrscheinlichkeiten noch $P(A)$ kennen muß. Man nennt $P(A)$ die Wahrscheinlichkeit a priori, $P(A|B)$ dagegen die Wahrscheinlichkeit a posteriori von A.

Beispiel 3.5 Sei z. B. F das Symptom Fieber und I die Diagnose Infektion. Nehmen wir an, es seien folgende bedingte Wahrscheinlichkeiten bekannt (die Zahlen sind willkürlich):

$$P(F|I) = 0{,}9 \qquad P(F|\bar{I}) = 0{,}2$$

$$P(\bar{F}|I) = 0{,}1 \qquad P(\bar{F}|\bar{I}) = 0{,}8.$$

Ferner sei $P(I) = 0,3$, dann ergibt sich

$$P(I|F) = \frac{0,9 \cdot 0,3}{0,9 \cdot 0,3 + 0,2 \cdot 0,7} = \frac{0,27}{0,41} \approx 0,66.$$

Liegt also das Symptom Fieber vor, so ist die Wahrscheinlichkeit a posteriori für das Bestehen einer Infektion 0,66, während die Wahrscheinlichkeit a priori nur 0,3 betrug. Ist die Wahrscheinlichkeit a priori sehr extrem, so kann man überraschende Ergebnisse erhalten.

Beispiel 3.6 Zur Prüfung, ob eine Krankheit K vorliegt, wird ein klinischer Test verwendet. A bezeichnet das Ereignis, daß eine zufällig ausgewählte Person die Krankheit hat, B bezeichnet das Ereignis, daß der Test positiv ausfällt. Sei $P(B|A) = P(\overline{B}|\overline{A}) = 0,99$. Wenn $P(A) = 0,001$, und wenn eine Massenuntersuchung durchgeführt wird, dann gibt $P(A|B)$ den Anteil unter den „Positiven" an, die die Krankheit tatsächlich haben. Es ist

$$P(A|B) = \frac{0,99 \cdot 0,001}{0,99 \cdot 0,001 + 0,01 \cdot 0,999} = \frac{0,00099}{0,01098} \approx 0,09.$$

Auch wenn der Test stets mit 99% Wahrscheinlichkeit die richtige Entscheidung liefert, beträgt bei einer relativ so seltenen Krankheit (0,1%) die Wahrscheinlichkeit nicht einmal 10%, daß Patienten, bei denen die Krankheit aufgrund des Tests angenommen wird, sie auch wirklich haben.

3.2.4.2 Verallgemeinerung auf mehr als zwei Ereignisse Eine entsprechende Formel gilt, wenn nicht zwei Ereignisse A und $\overline{A}$, sondern k sich gegenseitig ausschließende Ereignisse $A_1, \ldots, A_k$ vorliegen. Bezeichnet man mit $A_1, \ldots, A_k$ die verschiedenen Krankheiten und mit B einen bestimmten Symptomkomplex und ist $P(A_i)$ und $P(B|A_i)$ bekannt, dann kann man mit Hilfe von

$$P(A_i|B) = \frac{P(A_i)\,P(B|A_i)}{\displaystyle\sum_{m=1}^{k} P(A_m)\,P(B|A_m)}$$

die Wahrscheinlichkeit berechnen, daß die Krankheit A_i vorliegt, wenn der Symptomkomplex B beobachtet worden ist.

3.2.4.3 Bayessches Postulat Bei der Anwendung der Bayesschen Formel ist es oft schwierig, eine realistische Annahme über die Wahrscheinlichkeit a priori $P(A)$ bzw. $P(A_i)$ $(i = 1, \ldots, k)$ zu treffen. So können die Wahrscheinlichkeiten für das Auftreten der Krankheiten von sehr vielen örtlichen, zeitlichen u. a. Faktoren abhängen, so daß eine Bestimmung von $P(A)$ nur sehr schwer möglich ist. Manchmal wird vorgeschlagen, alle Wahrscheinlichkeiten a priori gleichzusetzen (Bayessches Postulat), im Falle von zwei Ereignissen A und $\overline{A}$ also $P(A) = P(\overline{A}) = 0,5$. Gegen dieses eigentlich durch nichts begründete Vorgehen sind jedoch ernste Bedenken anzumelden.

3.3   Verteilungen   *aus GK 2*

3.3.1   Verteilungsfunktion

Funktion zur Gewinnung von Wahrscheinlichkeitsaussagen über eine Zufallsvariable (Anwendung: Dosiswirkungskurven, Überlebenszeiten)

3.3.2   Parameter

Erwartungswert (z. B. Lebenserwartung), Varianz, Additivität der Varianz bei unabhängigen Zufallsvariablen, Varianz von Mittelwerten, Quantil, Median (ED 50, Halbwertszeit)

3.3 Verteilungen

3.3.1 Zufallsvariable

Wird jedem Ergebnis s einer Ergebnismenge eine Zahl $X(s)$ zugeordnet, so nennt man die Zuordnung X eine Zufallsvariable. Beim Experiment der Auswahl einer Person aus einer Population ist die Ergebnismenge die Menge aller Personen. Wird jeweils bei der ausgewählten Person die Körpergröße in cm bestimmt, so wird dadurch jeder Person eine Zahl zugeordnet. Sei M eine geeignete Menge von Zahlen, z. B. die Menge der Zahlen im Intervall (160, 170), dann ist $P(M)$ die Wahrscheinlichkeit, ein Ergebnis s mit $X(s) \in M$ zu erhalten[1]), im Beispiel also die Wahrscheinlichkeit, eine Person auszuwählen, die eine Körpergröße zwischen 160 cm und 170 cm besitzt. Durch P ist die Verteilung der Zufallsvariablen gegeben. Man sagt auch, $P(M)$ sei die Wahrscheinlichkeit, daß die Zufallsvariable X einen Wert der Menge M annimmt.

Auch eine Funktion g einer Zufallsvariablen X ist im allgemeinen wieder eine Zufallsvariable $Y = g(X)$. Wird z. B. die in cm ausgedrückte Körpergröße X in m ausgedrückt, so erhalten wir die Zufallsvariable $Y = 0{,}01\,X$.

Um Verteilungen von Zufallsvariablen darzustellen, benutzen wir die Hilfsmittel der folgenden Abschnitte.

3.3.2 Wahrscheinlichkeitsfunktion

Besteht die Menge M aus einem einzigen Punkt x, so bezeichnet man die Wahrscheinlichkeit, daß die Zufallsvariable X den Wert x annimmt, mit $P(X = x)$ oder $P(x)$. Diese Funktion von x wird oft Wahrscheinlichkeitsfunktion genannt. Sie entspricht bei diskreten Zufallsvariablen der Häufigkeitsfunktion in der beschreibenden Statistik (s. Abschn. 2.1.6.2). Die einzelnen Werte, die die Zufallsvariable X annehmen kann, für die also $P(x) > 0$ ist, werden oft der Größe nach durchnumeriert $(x_1, x_2, \ldots)$.

---

[1]) Formal ist $P(M) = P(\{s : X(s) \in M\})$.

3.3.3 Verteilungsfunktion

Besteht die Menge M aus allen Werten, die kleiner oder gleich einem Wert x sind, so wird die Wahrscheinlichkeit, daß X einen Wert aus M annimmt, mit $F(x)$ bezeichnet. Es ist also

$$F(x) = P(X \leqslant x).$$

Für diskrete Zufallsvariable ist die Verteilungsfunktion F treppenförmig, dann ist $F(x)$ die Summe der $P(x_i)$ über alle i mit $x_i \leqslant x$

$$F(x) = \sum_{x_i \leqslant x} P(x_i).$$

Für stetige Zufallsvariable ist F eine stetige Funktion. In jedem Fall ist F eine monotone Funktion, d. h. für $y \leqslant x$ ist auch $F(y) \leqslant F(x)$ mit den Grenzwerten $F(-\infty) = 0$ und $F(+\infty) = 1$. Die Verteilungsfunktion entspricht der Häufigkeitssumme F_n in der beschreibenden Statistik (s. Abschn. 2.1.4.2).

Ist M ein Intervall, das den rechten, aber nicht den linken Endpunkt enthält

$$M = \{x : a < x \leqslant b\};$$

so ist $P(X \in M) = F(b) - F(a).$

3.3.4 Wahrscheinlichkeitsdichte

Bei den praktisch vorkommenden stetigen Zufallsvariablen hat die Verteilungsfunktion F (fast überall) eine Ableitung f, so daß sich F als Integral über f darstellen läßt

$$F(x) = \int_{y=-\infty}^{x} f(y)\, dy.$$

Die Funktion f wird Dichte oder Wahrscheinlichkeitsdichte genannt. Der Zusammenhang läßt sich auch geometrisch deuten. An jeder Stelle x gibt der Wert $F(x)$ den Inhalt des links von x liegenden Flächenstücks zwischen dem Graph der Dichte f und der x-Achse an (s. Fig. 3.2).

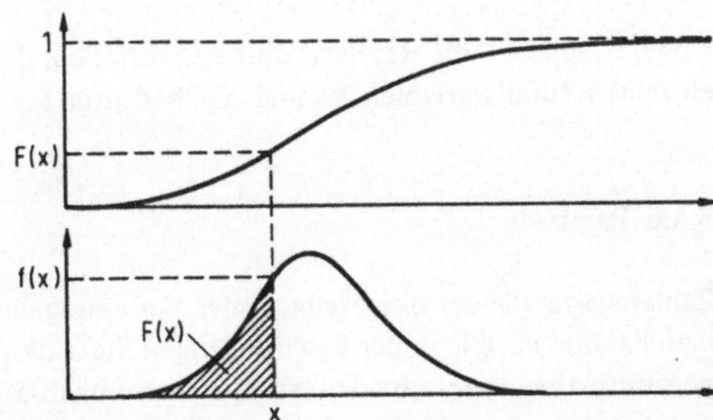

Fig. 3.2
Beispiel für Verteilungsfunktion F
und Dichte f einer stetigen Verteilung

Die Wahrscheinlichkeit, daß X einen Wert aus dem Intervall M annimmt, ist gleich der Fläche unter dem Graphen von f zwischen den Intervallgrenzen a und b (s. Fig. 3.3)

$$P(X \in M) = \int_a^b f(x)\,dx = F(b) - F(a).$$

Ist a = b, so erhält man die Wahrscheinlichkeit, daß die Zufallsvariable X den Wert a annimmt. Sie ist F(a) − F(a) = 0. Bei stetigen Verteilungen gilt also für alle x für die Wahrscheinlichkeitsfunktion P(x) = 0.

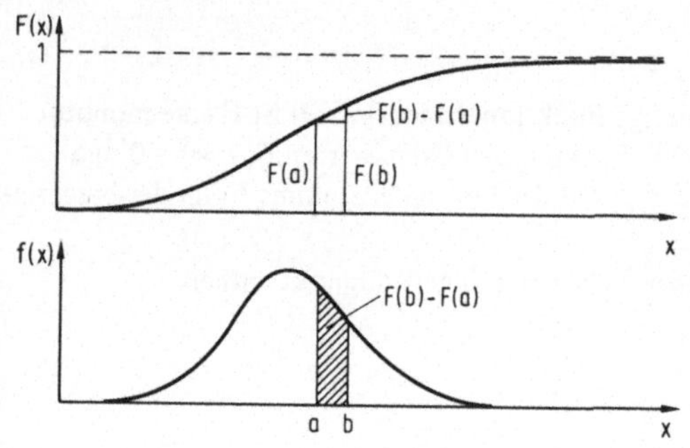

Fig. 3.3
Wahrscheinlichkeit P(a < X ≤ b), daß X einen Wert zwischen a und b annimmt, als Fläche unter f und Differenz F(b) − F(a) der Verteilungsfunktionswerte

3.3.5 Mehrvariable Verteilungen

Dem Umstand, daß in einem Datenmaterial zu jeder Beobachtungseinheit mehrere Größen vorliegen, entsprechen wahrscheinlichkeitstheoretisch mehrere Zufallsvariable. Wir betrachten nur zwei Zufallsvariable X_1 und X_2, z. B. Körpergröße und Körpergewicht. Die Wahrscheinlichkeit, daß X_1 nicht größer als x_1 und gleichzeitig X_2 nicht größer als x_2 ist, sei

$$F(x_1, x_2) = P(X_1 \leq x_1 ; X_2 \leq x_2).$$

Für das Folgende ist der Fall von Wichtigkeit, daß die beiden Variablen unabhängig sind. Das trifft zu, wenn für alle x_1 und x_2 gilt

$$F(x_1, x_2) = F_1(x_1)\,F_2(x_2),$$

wobei F_1 und F_2 die Randverteilungsfunktionen, d. h. die Verteilungsfunktionen der einzelnen Zufallsvariablen X_1 und X_2, bedeuten (analog Abschn. 2.3.3.3).

3.3.6 Parameter

Zahlenwerte, die der Beschreibung der Verteilung einer Zufallsvariablen dienen, nennt man Parameter. Wie in der beschreibenden Statistik zwischen Lokalisations- und Dispersionsmaßen unterscheiden wir zwischen Lokalisations- und Dispersionsparametern.

3.3.6.1 Erwartungswert Der wichtigste Lokalisationsparameter ist der Erwartungswert, der für diskrete Zufallsvariable durch

$$E(X) = \sum_i x_i \, P(x_i)$$

definiert ist. Ein Vergleich mit der in Abschn. 2.2.1.1 gegebenen Formel zur Berechnung von $\bar{x}$ bei klassierten Daten zeigt, daß der Erwartungswert das wahrscheinlichkeitstheoretische Analogon zum Mittelwert $\bar{x}$ der beschreibenden Statistik ist. Für Zufallsvariablen mit der Dichte f lautet die Definition

$$E(X) = \int_{-\infty}^{\infty} xf(x) \, dx.$$

Anstelle von $E(X)$ wird oft abkürzend μ_X verwendet. Dabei wird die als Index verwendete Variable weggelassen, wenn diese aus dem Zusammenhang hervorgeht

$$E(X) = \mu_X = \mu.$$

Man bildet nicht nur den Erwartungswert von Zufallsvariablen, sondern auch den Erwartungswert von Funktionen g von Zufallsvariablen. Im diskreten Fall also

$$E(g(X)) = \sum g(x_i) \, P(x_i).$$

Die im folgenden angegebenen Rechenregeln können hier im einzelnen nicht hergeleitet werden. Sie sind aber meistens plausibel.

Für jedes Paar von Zufallsvariablen X und Y und beliebigen Konstanten a und b gilt

$$E(aX + b) = aE(X) + b, \tag{3.12}$$

$$E(X + Y) = E(X) + E(Y) \quad \text{und} \quad E(X - Y) = E(X) - E(Y) \tag{3.13}$$

3.3.6.2 Median Der Median $\tilde{\mu}$ einer stetigen Zufallsvariablen X ist entsprechend wie in Abschn. 2.2.1.3 definiert durch

$$F(\tilde{\mu}) = \frac{1}{2}.$$

Bei diskreten Zufallsvariablen kann der Median nur wieder durch die beiden Ungleichungen

$$F(\tilde{\mu}) \geqslant \frac{1}{2} \quad \text{und} \quad F(x) \leqslant \frac{1}{2} \quad \text{für alle } x < \tilde{\mu}$$

dargestellt werden.

3.3.6.3 Quantile Das q-Quantil ist eine Verallgemeinerung des Medians. Für jedes q zwischen 0 und 1 ist das q-Quantil für stetige Zufallsvariable definiert als diejenige Zahl x_q, für die gilt

$$F(x_q) = q.$$

Allgemein gilt entsprechend Abschn. 2.2.1.5

$$F(x_q) \geqslant q \quad \text{und} \quad F(x) \leqslant q \quad \text{für alle } x < x_q.$$

3.3.6.4 Varianz Der wichtigste Dispersionsparameter ist die Varianz. Das Quadrat der Abweichung einer Zufallsvariablen X von ihrem Erwartungswert μ ist selbst eine Zufallsvariable, nämlich $Q = (X - \mu)^2$. Den Erwartungswert dieser Zufallsvariablen Q nennt man die Varianz von X und bezeichnet sie mit Var(X), also

$$\mathrm{Var}(X) = E((X - \mu)^2).$$

Für diskrete Zufallsvariable ist dies

$$\mathrm{Var}(X) = \sum_i (x_i - \mu)^2 \cdot P(x_i),$$

für stetige Zufallsvariable mit der Dichte f

$$\mathrm{Var}(X) = \int_{-\infty}^{+\infty} (x - \mu)^2 \, f(x) \, dx.$$

Anstelle von Var(X) wird abkürzend oft σ_X^2 bzw. σ^2 verwendet. σ ist die Standardabweichung der Zufallsvariablen. Für die Varianz gelten, ohne daß sie hier abgeleitet werden, entsprechend (3.12) und (3.13) folgende Rechenregeln

$$\mathrm{Var}(aX + b) = a^2 \, \mathrm{Var}(X). \tag{3.14}$$

Wenn X, Y unabhängig, dann ist

$$\mathrm{Var}(X + Y) = \mathrm{Var}(X) + \mathrm{Var}(Y) \quad \text{und} \quad \mathrm{Var}(X - Y) = \mathrm{Var}(X) + \mathrm{Var}(Y). \tag{3.15} \tag{3.16}$$

Bei Abhängigkeit kann als Zusatzglied die der empirischen Kovarianz (Abschn. 2.3.3.4) entsprechende Kovarianz

$$\mathrm{Cov}(X, Y) = E((X - \mu_X)(Y - \mu_Y))$$

auftreten. Die Formel lautet allgemein

$$\mathrm{Var}(X + Y) = \mathrm{Var}(X) + \mathrm{Var}(Y) + 2 \, \mathrm{Cov}(X, Y).$$

Für unabhängige Zufallsvariable $X_1, \ldots, X_n$, die alle die gleiche Varianz σ^2 haben, gilt

$$\mathrm{Var}(X_1 + \ldots + X_n) = n\sigma^2. \tag{3.17}$$

Der Korrelationskoeffizient ρ_{XY} zwischen X und Y ist entsprechend Abschn. 2.3.3.6

$$\rho_{XY} = \frac{\mathrm{Cov}(X, Y)}{\sqrt{\mathrm{Var}(X) \, \mathrm{Var}(Y)}}.$$

***3.3.6.5 Fehlerfortpflanzungsgesetz** Für differenzierbare Funktionen g gilt näherungsweise

$$E(g(X)) \approx g(\mu) + \frac{\mathrm{Var}(X)}{2} \, g''(\mu), \qquad \mathrm{Var}(g(X)) \approx \mathrm{Var}(X) \, g'^2(\mu).$$

Z. B. $\mathrm{Var}(\ln X) \approx \dfrac{\mathrm{Var}(X)}{\mu^2}, \quad \text{da} \quad \dfrac{d(\ln X)}{d X} = \dfrac{1}{X}.$

<table>
<tr><td>

3.4   spezielle Verteilungen   *aus GK 2*

3.4.1   Normalverteilung

              häufig auftretende Verteilung (siehe 3.5.2); am Graph
der Dichtefunktion kann Erwartungswert und Standard-
abweichung abgelesen werden. Bestimmung der Quantile
mit Hilfe der Quantiltabellen der Standardnormalvertei-
lung

3.4.2   Binomialverteilung

              Beispiele für Anwendungsmöglichkeiten (z. B. Anzahl
der Therapieerfolge, Nebenwirkungen)

</td></tr>
</table>

3.4 Spezielle Verteilungen

Aus der großen Zahl von speziellen Verteilungen, die in stochastischen Modellen
Anwendung finden, wird hier nur eine Auswahl besonders einfacher und wichtiger
Verteilungen dargestellt.

3.4.1 Gleichverteilung

3.4.1.1 Eigenschaften Kann eine Zufallsvariable nur endlich viele Werte annehmen
und haben alle Werte dieselbe Wahrscheinlichkeit, dann nennt man die Verteilung eine
diskrete Gleichverteilung. Sei N die Anzahl der möglichen Werte der Zufallsvariablen,
dann folgt aus den Rechenregeln, daß die Wahrscheinlichkeit für jeden Einzelwert $1/N$
sein muß.

Beispiel 3.7 Bei einem sogenannten „echten" Würfel ist die Augenzahl X eine Zufallsgröße mit diskreter Gleichverteilung. Für $i = 1, \ldots, 6$ ist $P(X = i) = 1/6$ (s. 3.1.8.1). Von
einem realen Würfel kann man nicht erwarten, daß die Verteilung der Augenzahlen
exakt eine Gleichverteilung ist. Von einem gefälschten Würfel erwartet man sogar eine
andere Verteilung.

Allgemein gilt für eine gleichverteilte Zufallsvariable, die Werte auf den ganzen Zahlen
$1, 2, \ldots, N$ annimmt,

$$P(X = i) = \frac{1}{N} \qquad \text{für } i = 1, 2, \ldots, N.$$

Die Verteilungsfunktion lautet

$$F(x) = 0 \qquad \text{für } x < 1,$$

$$= \frac{i}{N} \qquad \text{für } i \leqslant x < i + 1 \qquad (i = 1, \ldots, N - 1),$$

$$= 1 \qquad \text{für } x \geqslant N.$$

Der Erwartungswert ist

$$E(X) = \sum_{i=1}^{N} i\,\frac{1}{N} = \frac{N+1}{2}, \quad da \quad \sum_{i=1}^{N} i = \frac{N(N+1)}{2},$$

und nach einigen Zwischenrechnungen erhält man für die Varianz

$$Var(X) = \sum_{i=1}^{N} \left(i - \frac{N+1}{2}\right)^2 \frac{1}{N} = \frac{N^2-1}{12}.$$

Im Würfelbeispiel 3.7 ist $N = 6$; $E(X) = 3,5$, $Var(X) = \dfrac{35}{12} = 2,917$ und $\sigma = 1,708$.

3.4.1.2 Zufallszahlen Beim Experiment der Auswahl eines Individuums aus einer Population nannten wir die Auswahl zufällig, wenn jedes Element der Population dieselbe Wahrscheinlichkeit hat, ausgewählt zu werden (s. Abschn. 3.1.8.2). Dies ist nicht durch wahlloses Zugreifen gewährleistet. Greift man z. B. aus einem Stall mit Versuchstieren (Ratten) aufs Geratewohl eine Ratte heraus, dann erwischt man mit hoher Wahrscheinlichkeit nicht die vitalste, sondern eine von den trägeren. Dieser Auswahl aufs Geratewohl gegenüber die zufällige Auswahl zu garantieren, bedeutet einen nicht unerheblichen Aufwand, wie z. B. die im Fernsehen übertragene Ziehung der Lottozahlen sichtbar darstellt. Das für die Praxis übliche Mittel zu diesem Zweck ist die Benützung von Zufallszahlentabellen. Eine daraus abgelesene Ziffer entspricht einer Realisation einer Zufallsvariablen mit diskreter Gleichverteilung, die die Werte von 0 bis 9 annehmen kann, mit $E(X) = 4,5$ und $Var(X) = 99/12 = 8,25$. Durch Ablesen von 2 oder 3 Ziffern erhält man gleichverteilte Zufallszahlen von 0 bis 99 oder von 0 bis 999. Das Zuordnungsverfahren ist in Abschn. 4.3.2 beschrieben.

3.4.2 Binomialverteilung

3.4.2.1 Zweipunkte-Verteilung Die Wahrscheinlichkeit, daß ein zufällig aus einer Patientenpopulation ausgewählter Patient Raucher ist, sei p. Diesem Experiment kann man eine Zufallsvariable X zuordnen, die den Wert 1 annimmt, wenn der Patient Raucher ist, und den Wert 0, wenn er Nichtraucher ist. Man nennt eine derartige Variable Indikator-Variable. Für sie gilt

$$P(0) = q \qquad mit\ q = 1 - p,$$

$$P(1) = p.$$

Ihre Verteilung bezeichnet man auch als B e r n o u l l i - V e r t e i l u n g.
Der Erwartungswert ist

$$E(X) = \sum x\,P(x) = 0 \cdot q + 1 \cdot p = p$$

und die Varianz

$$Var(X) = \sum (x - p)^2\,P(x) = (0 - p)^2\,q + (1 - p)^2 \cdot p$$
$$= p^2 q + q^2 p = pq(p + q) = pq.$$

3.4.2.2 Binomialverteilung Wiederholen wir das Auswahlexperiment an derselben Population zweimal unabhängig voneinander, so ist die Wahrscheinlichkeit, daß beide Patienten Raucher sind, nach (3.9) gleich p^2. Die Wahrscheinlichkeit, daß beide Nichtraucher sind, ist entsprechend q^2. Die Wahrscheinlichkeit, daß genau einer Raucher ist, ist gleich der Wahrscheinlichkeit, daß der erste Patient Raucher ist und der zweite nicht oder der erste nicht, aber der zweite, also $pq + qp = 2pq$.

Allgemein sei bei n-maliger unabhängiger Wiederholung der Auswahl die Zufallsvariable X definiert, die den Wert k annimmt, wenn sich unter den n ausgewählten Patienten genau k Raucher befinden. Dabei handelt es sich nur dann um unabhängige Wiederholungen desselben Experiments, wenn die jeweils ausgewählten Patienten nicht aus der Population entfernt werden, so daß die Möglichkeit, sie wieder auszuwählen, weiter besteht (vgl. 3.1.8.3). Die möglichen Werte von X sind die Zahlen von 0 bis n. Die Verteilung dieser Zufallsgröße heißt Binomialverteilung und wird durch die Wahrscheinlichkeitsfunktion

$$P(X = k) = \binom{n}{k} p^k q^{n-k} \qquad k = 0, 1, \ldots, n \tag{3.18}$$

gegeben.

Würden nämlich die ersten k Patienten Raucher und die folgenden $n - k$ Patienten Nichtraucher sein, so hätte dies Ereignis (A) nach (3.9) die Wahrscheinlichkeit $P(A) = p^k q^{n-k}$. Die gleiche Wahrscheinlichkeit hat aber auch jede andere Anordnung von Rauchern und Nichtrauchern, bei denen nur die Anzahl der Raucher k beträgt. Um die Wahrscheinlichkeit P(k) zu erhalten, ist P(A) mit der Anzahl der Möglichkeiten zu multiplizieren, aus n Patienten k Patienten auszuwählen. Dies ist nach Abschn. 1.2.3 $\binom{n}{k}$. Daraus ergibt sich (3.18).

Für den Erwartungswert und die Varianz benutzen wir, daß die binomialverteilte Zufallsvariable als Summe von n unabhängigen Zufallsvariablen aufgefaßt werden kann, die der Zweipunkteverteilung folgen. Daraus folgt

$$E(X) = np \qquad \text{und} \qquad Var(X) = npq.$$

Als binomialverteilt kann die Anzahl der Knaben in Familien mit n Kindern ($p \approx 0{,}51$) und die Anzahl der erbkranken Kinder in Familien mit n Kindern, bei denen beide Eltern heterozygot sind ($p = 0{,}25$), angesehen werden. Die Verteilung ist schwierig zu berechnen. Wir werden in Abschn. 3.4.3 und in Abschn. 3.4.2.3 zwei Verteilungen kennenlernen, die näherungsweise anstelle der Binomialverteilung benutzt werden können, wenn n groß ist bzw. n groß und p klein ist.

***3.4.2.3 Poissonverteilung** Für die Poissonverteilung gilt

$$P(X = k) = \frac{\lambda^k}{k!}\, e^{-\lambda} \qquad k = 0, 1, \ldots .$$

Dabei ist $e = 2{,}718\ldots$ die Basis der natürlichen Logarithmen. λ ist ein Parameter. Es gilt

$$E(X) = \lambda \qquad \text{und} \qquad Var(X) = \lambda.$$

Für kleine p und große n kann die Binomialverteilung mit den Parametern n und p durch die Poissonverteilung mit dem Parameter λ = np angenähert werden.

Beispiel 3.8 Für n = 100 und p = 0,01 erhält man bei Binomialverteilung

$$P(X = 1) = \binom{100}{1} 0,01 \cdot 0,99^{99} = 0,370.$$

Mit λ = np = 1 ergibt sich bei Poissonverteilung der Wert

$$P(X = 1) = \frac{1^1}{1!} e^{-1} = 0,368.$$

Beispiele für poissonverteilte Zufallsvariable sind: Anzahl der zerfallenden Atome einer radioaktiven Substanz pro Minute; Anzahl der Zellteilungen in einer Zellkolonie während einer kurzen Beobachtungszeit. Nicht poissonverteilt ist im allgemeinen die Anzahl der Impulse (Spikes) einer Nervenzelle während einer kurzen Registrierzeit.

3.4.3 Normalverteilung

3.4.3.1 Wahrscheinlichkeitsdichte und Parameter In der Statistik hat die Normalverteilung, die oft auch nach Gauß Gaußverteilung genannt wird, eine große Bedeutung, weil sich viele in der Praxis auftretende Verteilungen näherungsweise durch sie darstellen lassen und weil bei zahlreichen statistischen Verfahren vorausgesetzt wird, daß sie vorliegt. Die Wahrscheinlichkeitsdichte ist durch

$$f(x) = \frac{1}{\sqrt{2\pi}\,\sigma}\, e^{-\frac{(x-\mu)^2}{2\sigma^2}}$$

gegeben. Hierbei sind π = 3,14 . . . und e = 2,718 . . . Konstanten und μ und σ Parameter. Zu jedem Parameterpaar (μ, σ) mit $-\infty < \mu < +\infty$ und $\sigma > 0$ gibt es eine Normalverteilung $N(\mu, \sigma^2)$.

Für einen Punkt x = μ + z und den von μ gleich weit entfernten Punkt x′ = μ − z gilt f(x) = f(x′). Dies bedeutet, daß die Verteilung s y m m e t r i s c h bezüglich μ ist. μ ist also Erwartungswert und Median der Verteilung. σ ist, wie hier nicht gezeigt wird, die Standardabweichung, σ^2 also die Varianz. Die graphische Darstellung der Dichte ist eine sog. Glockenkurve mit dem Maximum an der Stelle μ und den Wendepunkten an den Stellen $\mu - \sigma$ und $\mu + \sigma$ (s. Fig. 3.4). Die Verteilungsfunktion F ist eine monoton wachsende Funktion mit F(μ) = 0,5.

Das Integral

$$F(x) = \int_{-\infty}^{x} f(y)\, dy$$

läßt sich nicht geschlossen darstellen, sondern nur numerisch integrieren. Dabei genügt es, die Berechnungen für ein Parameterpaar durchzuführen. Man hat hierzu meist die sogenannte Standardnormalverteilung mit μ = 0 und σ = 1 gewählt.

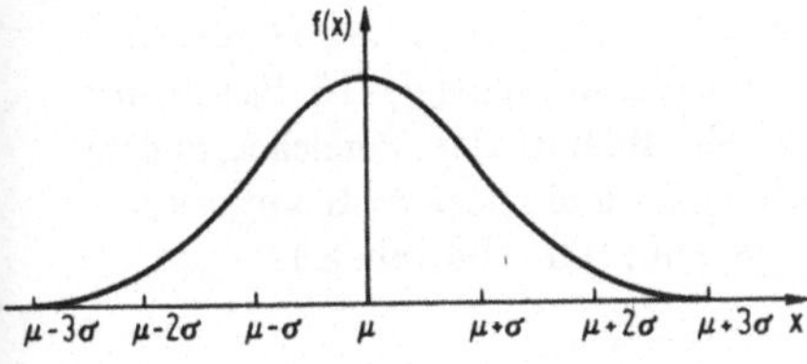

Fig. 3.4 Normalverteilung mit dem Mittelwert
μ und der Varianz σ^2

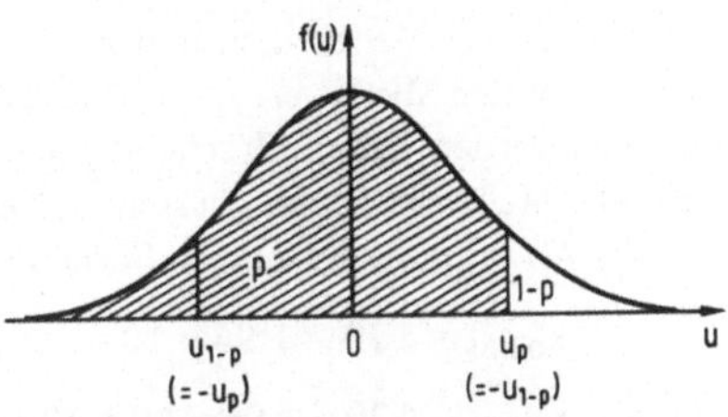

Fig. 3.5 Wegen der Symmetrie der Verteilung
ist der Abstand der Quantile
u_p und u_{1-p} von 0 gleichgroß

3.4.3.2 Standardnormalverteilung und ihre Tabellierung Die Standardnormalverteilung
hat die Wahrscheinlichkeitsdichte

$$f(u) = \frac{1}{\sqrt{2\pi}}\, e^{-u^2/2} \qquad -\infty < u < +\infty.$$

Man bezeichnet die zugehörige Zufallsvariable meist mit U und die Variable mit u, um
sie von x zu unterscheiden. Einige Werte der Verteilungsfunktion enthält Tab. 8.1. Die
Tabellen liegen in zwei verschiedenen Formen vor:

1. Zu in konstanten Abständen angegebenen Werten von u sind die Werte F(u)
(manchmal auch $1 - F(u)$ oder $F(u) - 1/2$) aufgeführt. Dabei beschränkt man sich auf
die positiven Werte von u, z. B. 0; 0,01; 0,02; . . .

Wie sich aus der Symmetrie der Verteilung um Null ergibt, ist die Wahrscheinlichkeit,
daß U größer als u ist, gleich der Wahrscheinlichkeit, daß U kleiner als $-u$ ist. Also:

$$P(U < -u) = P(U > u), \qquad \text{so daß} \quad F(-u) = 1 - F(u);$$

z. B. ist für u = 1 die Verteilungsfunktion $F(1) = 0{,}841$, so daß $F(-1) = 1 - 0{,}841 = 0{,}159$
beträgt.

2. Bei der zweiten Form werden zu in konstanten Abständen vorgegebenen p die Quantile u_p angegeben. Auch hier kann man sich wegen der Symmetrie auf die Quantile mit
$p > 1/2$ beschränken, da $u_p = -u_{1-p}$ beträgt, wie Fig. 3.5 zu entnehmen ist.

Liegt eine Normalverteilung mit dem Mittelwert μ und der Varianz σ^2 vor, dann ergibt
sich eine Standardnormalverteilung durch die Transformation

$$u = \frac{x - \mu}{\sigma}. \qquad (3.19)$$

Will man zu einem gegebenen x den Wert F(x) bestimmen, so ist in der Tabelle der
Standardnormalverteilung an der Stelle $u = (x - \mu)/\sigma$ nachzusehen.

Soll umgekehrt das Quantil x_p bestimmt werden, das nur von einem vorgegebenen
Anteil p der Verteilung unterschritten wird, so ist u_p der Tabelle zu entnehmen und
daraus

$$x_p = \mu + u_p \sigma \qquad (3.20)$$

zu berechnen.

Beispiel 3.9 Ein Merkmal, z. B. der systolische Blutdruck, habe in einer gegebenen Gesamtheit den Mittelwert $\mu = 120$ und die Standardabweichung $\sigma = 10$. Es soll angenommen werden, daß die Verteilung normal ist. Zur Bildung eines Bereiches, in dem 95% aller Meßwerte liegen, müssen die Quantile $x_{0,025}$ und $x_{0,975}$ bestimmt werden. Aus der Anwendung der obigen Formel ergibt sich mit Hilfe von Tab. 8.1

$$x_{0,025} = 120 - 1,96 \times 10 = 100,4$$

und $$x_{0,975} = 120 + 1,96 \times 10 = 139,6.$$

*** 3.4.3.3 Das Wahrscheinlichkeitspapier** Ein zeichnerisches Hilfsmittel zur Beurteilung, ob eine Verteilung annähernd normal ist, das aber auch zur näherungsweisen Bestimmung der Parameter verwendet werden kann, ist das Wahrscheinlichkeitspapier.

Würde man in der xu-Ebene zu jedem Wert x_p den Wert $u_p = (x_p - \mu)/\sigma$ angeben, so würde man eine Gerade erhalten, die die x-Achse im Punkte $x = \mu$ schneidet und den Anstieg $1/\sigma$ besitzt.

Beim Wahrscheinlichkeitspapier wird die Ordinate jedoch statt mit den Werten u_p der standardisierten Normalverteilung mit den Prozentwerten p selbst beschriftet, deren Skala dadurch verzerrt wird (s. Fig. 3.6). Wird nun in diesem Papier eine Verteilungsfunktion aufgetragen, indem zu verschiedenen Werten von x die Werte $p = F(x)$ als Ordinate aufgetragen werden, so ergibt sich, wenn die Verteilung normal ist, eine Folge von Punkten, die auf einer Geraden liegen. Aus ihrem Anstieg und dem Schnittpunkt mit der Geraden $p = 0,5$ lassen sich Standardabweichung und Mittelwert bestimmen (Beispiel hierfür in Abschn. 4.7.1.3).

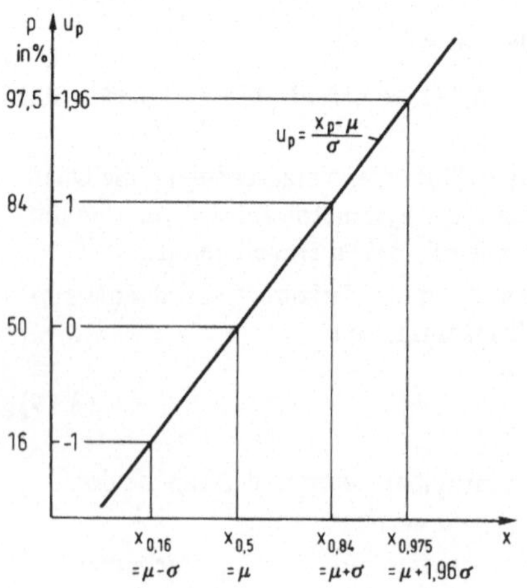

Fig. 3.6
Lineare Beziehung zwischen x_p und u_p. Beim Wahrscheinlichkeitspapier ist als Ordinate p in % aufgetragen

3.5   Grenzwertsätze   *aus GK 2*

3.5.1 Gesetz der großen Zahlen

　　　　　der Mittelwert von sehr vielen unabhängigen Beobachtungen
　　　　　unterscheidet sich (unter allgemeinen Bedingungen) prak-
　　　　　tisch nicht von dem Erwartungswert

3.5.2 zentraler Grenzwertsatz

　　　　　Normalverteilung als asymptotische Verteilung der geeignet
　　　　　normierten Summe von unabhängigen Zufallsvariablen;
　　　　　daher Grenzverteilung vieler Prüf- und Schätzgrößen

3.5 Grenzwertsätze

3.5.1 Gesetz der großen Zahlen

Eine Folge von u n a b h ä n g i g e n Zufallsvariablen $X_1, X_2, \ldots, X_n, \ldots$ mit gleicher Verteilung sei gegeben, z. B. eine Folge von Geburten, wobei $X = 0$ bedeutet, daß
ein Mädchen, und $X = 1$, daß ein Knabe geboren wurde. Es kann sich aber auch um
stetige Zufallsvariable, z. B. eine Folge von Messungen $X_1, X_2, \ldots$ des Blutdrucks bei
einer Gruppe von Studenten handeln. Bei jeder Zufallsvariablen sei μ der Erwartungswert und σ die Standardabweichung. Nach (3.13) und (3.15) hat die Summe
$S_n = X_1 + \ldots + X_n$ den Erwartungswert und die Varianz

$$E(S_n) = n\mu \quad \text{bzw.} \quad Var(S_n) = n\sigma^2.$$

Wird nun der Mittelwert $\overline{X}_n = S_n/n$ gebildet, so ist dieser wieder eine Zufallsvariable mit
dem Erwartungswert $E(\overline{X}_n) = \mu$ und der Varianz

$$Var(\overline{X}_n) = Var\left(\frac{S_n}{n}\right) = \frac{n\sigma^2}{n^2} = \frac{\sigma^2}{n}.$$

Stellen wir uns nun vor, daß die Anzahl n der Zufallsvariablen, aus denen der Mittelwert
$\overline{X}_n$ gebildet wird, laufend größer wird. Dann bleibt der Erwartungswert des Mittelwertes
$\overline{X}_n$ unverändert, die Varianz wird jedoch immer kleiner, sie strebt gegen 0. Mit wachsendem n nähert sich die Verteilung von $\overline{X}_n$ einer Verteilung, bei der der Wert μ mit der Wahrscheinlichkeit 1 angenommen wird. Man sagt kurz: „$\overline{X}_n$ s t r e b t s t o c h a s t i s c h
gegen μ". Dies ist die Aussage des G e s e t z e s d e r g r o ß e n Z a h l e n[1]).

---

[1]) Genauer kann man zeigen, daß für jede ϵ-Umgebung von μ gilt

$$P(|\overline{X}_n - \mu| \geqslant \epsilon) \leqslant \frac{\sigma^2}{n\epsilon^2}.$$

Dies bedeutet also, daß die Wahrscheinlichkeit, daß eine Abweichung von μ auftritt,
die außerhalb einer ϵ-Umgebung liegt, mit wachsendem n gegen Null geht. Im Gegensatz zum Grenzwert einer Zahlenfolge bei dem wir sagen können, daß von einer bestimmten Größe n an kein Wert außerhalb einer vorgegebenen ϵ-Umgebung liegt, können wir
hier nur sagen, daß von einem bestimmten n ab die Wahrscheinlichkeit, daß der Wert
außerhalb der ϵ-Umgebung liegt, kleiner ist als irgendein vorgegebener Wert.

3.5.2 Zentraler Grenzwertsatz

Während das Gesetz der großen Zahlen aussagt, daß mit wachsendem Beobachtungsumfang der Mittelwert gegen den Erwartungswert μ strebt, ist der Inhalt des sogenannten zentralen Grenzwertsatzes, daß unter Bedingungen, die im folgenden noch näher betrachtet werden, eine Summe von Zufallsvariablen a s y m p t o t i s c h   n o r m a l - v e r t e i l t ist. Asymptotisch bedeutet hier, daß die Anpassung an eine Gaußsche Normalverteilung um so besser ist, je größer die Anzahl n der Summanden ist.

Sei S_n eine Summe von n unabhängigen identisch verteilten Zufallsvariablen mit gemeinsamer Varianz σ^2, dann ist

$$U_n = \frac{S_n - n\mu}{\sqrt{n}\,\sigma}$$

asymptotisch verteilt nach N(0, 1), also mit dem Erwartungswert 0 und der Varianz 1. Unabhängigkeit und identische Verteilung sind nicht unbedingt erforderlich. Auch die Summe von verschieden verteilten und sogar abhängigen Zufallsvariablen kann unter gewissen Voraussetzungen asymptotisch normalverteilt sein.

Auch die Verteilung des Mittelwertes ist entsprechend asymptotisch normalverteilt; da $S_n = n\,\overline{X}_n$, ergibt sich nach Division durch n, daß auch

$$U_n = \frac{\overline{X}_n - \mu}{\sigma}\,\sqrt{n}$$

asymptotisch einer N(0, 1)-Verteilung folgt.

*3.5.3 Anwendung auf die Binomialverteilung

Die in Abschn. 3.4.2.2 definierte binomialverteilte Zufallsvariable X kann als Summe von n Zufallsvariablen, die der Zweipunkteverteilung mit $\mu = p$ und $\sigma^2 = p(1-p)$ folgen, aufgefaßt werden. Entsprechend Abschn. 3.5.2 gilt für die relative Häufigkeit $\frac{X}{n}$, daß

$$U = \frac{\frac{X}{n} - p}{\sqrt{p(1-p)}}\,\sqrt{n}$$

asymptotisch einer Normalverteilung N(0, 1) folgt. Damit ist es z. B. möglich, die Wahrscheinlichkeit anzugeben, mit der bei n = 10000 eine relative Häufigkeit X/n außerhalb einer 1% Umgebung von p liegt, d. h. daß

$$\left|\frac{X}{n} - p\right| > 0{,}01$$

gilt (s. Fig. 3.7). Da man zeigen kann, daß

$$\sqrt{p(1-p)} \leqslant 0{,}5 \quad \text{für} \quad 0 < p < 1,$$

ergibt sich für das Quantil

$$u_q = \frac{0{,}01\,\sqrt{n}}{\sqrt{p(1-p)}} \geqslant \frac{0{,}01\,\sqrt{10000}}{0{,}5} = 2$$

und nach Tab. 8.1

$$q \geqslant 0{,}977.$$

Da sowohl eine Unterschreitung als auch eine Überschreitung berücksichtigt werden muß, ist die gesuchte Wahrscheinlichkeit höchstens $2(1-q) = 0{,}045$.

Fig. 3.7

Dichtefunktion f der relativen Häufigkeit $\dfrac{X}{n}$ für

große n in der Nähe von p mit $p' = p + \dfrac{u_q \cdot 0{,}5}{\sqrt{n}}$

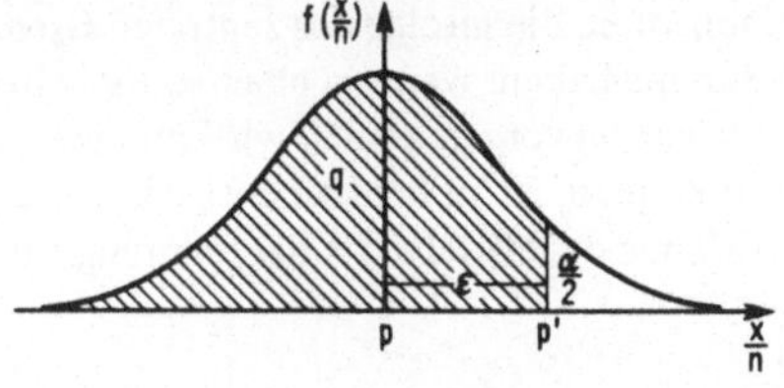

Mit Hilfe dieser Formel kann auch umgekehrt der S t i c h p r o b e n u m f a n g abgeschätzt werden, der notwendig ist, um eine Wahrscheinlichkeit mit einer vorgegebenen Genauigkeit α schätzen zu können. Sei

$$\epsilon = \left| \frac{X}{n} - p \right|$$

die Abweichung, die nur mit der Wahrscheinlichkeit α überschritten werden soll, dann

ergibt sich für $q = 1 - \dfrac{\alpha}{2}$ in Tab. 8.1 der Wert für das entsprechende u_q. Für u_q gilt

andererseits nach der obigen Gleichung

$$u_q \geqslant \frac{\epsilon\,\sqrt{n}}{0{,}5},$$

aufgelöst nach dem Stichprobenumfang n ergibt sich

$$n \leqslant \frac{0{,}25 \cdot u_q^2}{\epsilon^2}.$$

Diese Formel gibt nur genaue Werte, wenn das wahre p in der Nähe von 0,5 liegt. Bei sehr kleinen oder sehr großen p ist der benötigte Stichprobenumfang geringer.

3.5.4 Entstehung von normalen und logarithmisch normalen Verteilungen

Nicht nur die Summe und der Mittelwert von Zufallsvariablen, sondern auch viele empirische Merkmale sind annähernd normalverteilt, z. B. die Körpergröße. Dabei nimmt man an, daß zahlreiche kleine Einflüsse wie genetische und Umwelteinflüsse sowie Meßfehler unabhängig und a d d i t i v auf die Merkmale einwirken. Daneben gibt es aber auch Merkmale mit Verteilungen, die sehr stark von der Normalverteilung abweichen. Besonders häufig findet man schiefe Verteilungen, bei denen der Median und der Erwartungswert weit auseinanderliegen, z. B. die bei der Bestimmung der Leukocytenzahl aus einer Blutprobe nach der Zählkammermethode resultierende Verteilung oder die Verteilung von individuellen letalen Dosen bei pharmakologischen Experimenten. Diese Verteilungen können oft in Verteilungen übergeführt werden, die angenähert normal sind, wenn die Beobachtungswerte durch ihre Logarithmen ersetzt werden. Man kann dies dadurch erklären, daß die einzelnen Einflüsse nicht additiv, sondern m u l t i p l i - k a t i v wirken. Durch Übergang zu den Logarithmen erhält man dann additive Komponenten, die infolge des zentralen Grenzwertsatzes eine annähernd normalverteilte Summe haben. Wenn in einer statistischen Analyse jedoch eine logarithmische Transformation vorgenommen wird, um die statistischen Standardverfahren besser anwenden zu können, ist zu berücksichtigen, daß der Mittelwert der Logarithmen nicht der Logarithmus des Mittelwerts der ursprünglichen Beobachtungen ist.

3.6 Einige stochastische Modelle

*3.6.1 Optimale Untersuchungsmethode bei einer seltenen Reaktion

Bei Routineblutuntersuchungen auf eine seltene Reaktion, z. B. Wassermannreaktion, kann es zweckmäßig sein, anstatt jede einzelne Probe zu untersuchen, die Proben in m Gruppen von je n Proben einzuteilen, von jeder Probe einer Gruppe einen Teil zusammenzuschütten, zu untersuchen und nur, wenn das Gemisch der n Teilproben positiv reagiert, jede der n Proben der Gruppe noch einmal getrennt zu untersuchen. Wir wollen nun den Umfang n einer Gruppe bestimmen, der hierfür am günstigsten ist. Dies ist dasjenige n, bei dem die erwartete Anzahl $E(X)$ der Untersuchungen möglichst klein ist. Sei p die Wahrscheinlichkeit, daß eine Probe positiv ist, dann ist die Wahrscheinlichkeit, daß alle n Proben einer Gruppe negativ sind, $(1 - p)^n$; die Wahrscheinlichkeit des Gegenereignisses, daß mindestens eine positiv reagiert, ist $1 - (1 - p)^n$. Im ersten Fall wird nur eine Untersuchung ($x = 1$), im zweiten Fall werden dagegen $x = n + 1$ benötigt. Sei die Gesamtanzahl der zu untersuchenden Proben N, dann gibt es $m = N/n$ Gruppen und der Erwartungswert der Anzahl X der Untersuchungen beträgt:

$$E_n(X) = \frac{N}{n}(1 \cdot (1 - p)^n + (n + 1)(1 - (1 - p)^n)) = N\left(1 + \frac{1}{n} - (1 - p)^n\right).$$

Es ist nicht möglich, einen geschlossenen Ausdruck für das Minimum von $E_n(X)$ in Abhängigkeit von n anzugeben. Man muß den Erwartungswert für verschiedene Werte von n bestimmen. Ist z. B. $p = 0{,}01$, dann ergeben sich die in Tab. 3.2 angegebenen Werte.

Der beste Wert ist in diesem Fall $n = 11$.

Wenn p klein ist, erhält man einen Hinweis auf die Lösung, indem man $(1 - p)^n$ in eine

Binomialreihe entwickelt,

$$(1 - p)^n = 1 - np + \binom{n}{2} p^2 + \ldots \approx 1 - np,$$

n als differenzierbare Veränderliche ansieht und das Minimum durch Nullsetzen der Ableitung von

$$\frac{E_n(X)}{N} \approx 1 + \frac{1}{n} - 1 + np = \frac{1}{n} + np$$

sucht. Für

$$\frac{dE_n(X)/N}{dn} \approx \frac{-1}{n^2} + p = 0$$

ergibt sich $n \approx \sqrt{1/p}$ und für das Minimum $\approx 2\sqrt{p}$, für $p = 0,01$ also als Näherungswert $n = 10$ und $E_n(X)/N = 0,2$.

Tab. 3.2 Relativer Anteil $E_n(X)/N$ der zu erwartenden Untersuchungen bei jeweils n zusammengeschütteten Proben und der Wahrscheinlichkeit $p = 0,01$ für eine positive Reaktion

n	$\dfrac{E_n(X)}{N}$
2	0,5199
5	0,2490
10	0,19562
11	0,19557
12	0,1969
20	0,2321

*3.6.2 Anteil der eineiigen Zwillinge

In Tab. 3.3 ist die Geschlechtsverteilung der Zwillinge, die in den Jahren 1950 bis 1960 in der Bundesrepublik Deutschland geboren wurden, angegeben.

Dies deutet darauf hin, daß jeder Typ etwa mit der Wahrscheinlichkeit 1/3 auftritt. In anderen Zeiten und anderen Ländern oder bei einer Aufteilung nach dem Alter der Mütter erhält man aber andere relative Häufigkeiten. Dies liegt an der unterschiedlichen Wahrscheinlichkeit für eineiige (EZ) und zweieiige Zwillinge (ZZ). Wir wollen die Wahrscheinlichkeit dafür, daß eine Zwillingsgeburt eineiig ist, mit r bezeichnen

$$P(EZ) = r,$$

dann ist $P(ZZ) = 1 - r$.

Tab. 3.3 Verteilung der Zwillinge, die in der BRD von 1950
           bis 1960 geboren wurden

Zwillingsgeburten	Anzahl	Anteil
2 Knaben (mm)	36189	0,3347
1 Knabe, 1 Mädchen (mw)	37881	0,3503
2 Mädchen (ww)	34068	0,3150
	108138	1

Die Wahrscheinlichkeit für eine Knabengeburt sei p, unabhängig davon, ob es sich um
eineiige oder um zweieiige Zwillinge handelt, die Wahrscheinlichkeit für eine Mädchen-
geburt $q = 1 - p$. Dann ergeben sich (Bedingung eineiig bzw. zweieiig) die bedingten
Wahrscheinlichkeiten für das Auftreten der Geschwistertypen wie folgt:

$$P(mm|EZ) = p, \quad P(mm|ZZ) = p^2,$$

$$P(mw|EZ) = 0, \quad P(mw|ZZ) = 2pq,$$

$$P(ww|EZ) = q, \quad P(ww|ZZ) = q^2.$$

Da sich die Anzahl der männlich-männlichen Zwillinge aufteilt in eineiige und zweieiige,
ergibt sich

$$P(mm) = P(mm, EZ) + P(mm, ZZ)$$

und nach Anwendung des Multiplikationssatzes (3.10)

$$P(mm) = P(EZ)\,P(mm|EZ) + P(ZZ)\,P(mm|ZZ) = rp + (1 - r)p^2.$$

In entsprechender Weise ergeben sich Wahrscheinlichkeiten für die beiden anderen
Typen

$$P(mw) = \quad (1 - r)\,2pq,$$

$$P(ww) = rq + (1 - r)\,q^2.$$

Wir haben daher drei Gleichungen für die unbekannten Wahrscheinlichkeiten r und p.
Allerdings ist, da der Gesamtanteil 1 ergibt, eine Gleichung aus den beiden anderen
abzuleiten, so daß nur zwei unabhängige Gleichungen mit zwei Unbekannten vorliegen.
Nun gilt

$$P(mm) + \frac{P(mw)}{2} = rp + (1 - r)p^2 + (1 - r)pq = p$$

so daß r mit dem so erhaltenen p aus

$$r = 1 - \frac{P(mw)}{2p(1 - p)}.$$

berechnet werden kann.

Die für die Bundesrepublik Deutschland gewonnenen relativen Häufigkeiten für die drei
Typen werden ausreichend genau mit den entsprechenden Wahrscheinlichkeiten für

diese Zeit in der Bundesrepublik übereinstimmen. Wir erhalten unter dieser Annahme

$$p = 0,3347 + \frac{0,3503}{2} = 0,5098, \qquad r = 1 \; \frac{0,3503}{2 \cdot 0,5098 \cdot 0,4902} = 0,2991.$$

Hätte man der Einfachheit halber $p = 0,5$ gesetzt, so wäre

$$r = 1 - 2P(mw) \qquad \text{(Weinbergsche Formel)}$$

und in unserem Fall $r = 1 - 2 \cdot 0,3503 = 0,2994$, also fast der gleiche Wert.

Unter der Voraussetzung, daß das Geschlechtsverhältnis bei eineiigen und zweieiigen Zwillingen gleich ist, erhalten wir also aus den relativen Anteilen der Zwillingstypen die Wahrscheinlichkeit dafür, daß eine Zwillingsgeburt eineiig ist. Sie betrug in den Fünfziger Jahren in der Bundesrepublik Deutschland etwa 0,3.

3.6.3 Sterbetafel

Eine Sterbetafel beschreibt die Verteilung der L e b e n s d a u e r n. Um Kommastellen zu vermeiden, wird mit einer sehr großen Anzahl ℓ_0 von Lebendgeborenen begonnen, meist wird $\ell_0 = 10^5$ gesetzt. ℓ_x ist dann die Anzahl der Lebenden, die das Alter x erreichen, d. h. den x-ten Geburtstag erleben. x läuft dabei über die ganzen Zahlen von 0 bis ω. ω ist das letzte in der Sterbetafel berücksichtigte Alter, in der allgemeinen deutschen Sterbetafel 1962 z. B. 100 Jahre. $d_x = \ell_x - \ell_{x+1}$ ist die Anzahl der Toten des Alters x, d. h. diejenigen Lebendgeborenen, die zwischen ihrem x-ten und $(x + 1)$-ten Geburtstag gestorben sind. Es gilt

$$\ell_0 = \sum_{x=0}^{\omega} d_x, \qquad \ell_\omega = d_\omega, \qquad \ell_{\omega+1} = 0,$$

$_0q_x = d_x/\ell_0$ ist die Wahrscheinlichkeit eines Lebendgeborenen, im Alter x zu sterben.

Die Werte $_0q_x$ bilden eine Wahrscheinlichkeitsverteilung, d. h., es gilt $\sum_{x=0}^{\omega} \, _0q_x = 1$. Für

die Verteilungsfunktion der Lebensdauer gilt

$$F(x) = 1 - \ell_x/\ell_0 = 1 - p_{0x} \qquad (x = 0, 1, \ldots, \omega),$$

wobei $p_{0x} = \ell_x/\ell_0$ die Wahrscheinlichkeit eines Lebendgeborenen, das Alter x zu erreichen, ist.

$q_x = d_x/\ell_x$ ist die einjährige S t e r b e w a h r s c h e i n l i c h k e i t, d. h. die Wahrscheinlichkeit eines Lebendgeborenen, im Alter x zu sterben, unter der Bedingung, daß er seinen x-ten Geburtstag erlebt hat.

$$p_x = 1 - q_x$$

ist die einjährige Überlebenswahrscheinlichkeit, d. h. die Wahrscheinlichkeit eines Lebendgeborenen, den $(x + 1)$-ten Geburtstag zu erleben, wenn er seinen x-ten Geburtstag erlebt hat.

Die L e b e n s e r w a r t u n g e_0 ist der Erwartungswert der Lebensdauer. Da die im Alter x, d. h. zwischen dem x-ten und (x + 1)-ten Geburtstag Gestorbenen, im Mittel x + 1/2 Jahre alt werden, wenn die Verteilung der Todesfälle in dem Intervall eine Gleichverteilung ist, wird die Lebenserwartung angenähert durch

$$e_0 = \sum_{x=0}^{\omega} \left(x + \frac{1}{2} \right) \frac{d_x}{\ell_0} = \frac{1}{2} + \frac{1}{\ell_0} \sum_{x=0}^{\omega} x d_x$$

$$= \frac{1}{2} + \frac{1}{\ell_0} [d_1 +$$

$$d_2 + d_2 +$$

$$\vdots$$

$$d_\omega + d_\omega + \ldots + d_\omega]$$

gegeben. Da

$$\ell_i = d_i + d_{i+1} + \ldots + d_\omega$$

erhält man

$$e_0 = \frac{1}{2} + \frac{1}{\ell_0} [\ell_1 + \ell_2 + \ldots + \ell_\omega] = \frac{1}{2} + \frac{1}{\ell_0} \sum_{x=1}^{\omega} \ell_x = \frac{1}{2} + \sum_x p_{0x}.$$

Diese Formel trifft deshalb nur näherungsweise zu, weil z. B. die im ersten Lebensjahr Gestorbenen häufiger am Anfang des Jahres, also gleich nach der Geburt sterben.

In ähnlicher Weise kann man auch die Lebenserwartung eines x-jährigen berechnen.

$$e_x = \frac{1}{2} + \frac{1}{\ell_x} \sum_{y=x+1}^{\omega} \ell_y.$$

Die Wahrscheinlichkeiten können aufgrund eines Modells bestimmt werden. Meist werden sie aber mit statistischen Methoden geschätzt.

4   Statistische Methoden, Versuchsplanung   *aus GK 2*

4.1   Stichprobe

4.1.1   Begriff

Stichprobe als Teil einer Grundgesamtheit oder als Folge von Beobachtungen, die bei n-facher unabhängiger Wiederholung eines Versuches gewonnen wurden

4.1.2   Zufallsstichprobe

Zufallsstichprobe und selektierte Stichprobe, Einfluß der Selektion auf die Verallgemeinerungsfähigkeit (Beispiel: Fehlerquellen beim Schluß von einer Stichprobe einer Krankenhauspopulation auf die Gesamtbevölkerung)

4.1.3   geschichtete Stichprobe

Beispiele für zweckmäßige und nicht zweckmäßige Schichtung (z. B. nach Alter, Geschlecht, Krankheitsstadium, Schweregrad, Risikofaktoren)

4 Statistik

4.1 Stichprobe

Abweichend von der beschreibenden Statistik, die im wesentlichen nur auf die übersichtlichere Darstellung eines großen Datenmaterials mit Hilfe einer Datenreduktion abzielt, wollen die statistischen Schlußweisen aus Stichproben Kenntnisse über Gesamtheiten gewinnen. Vorausgesetzt sind dabei sinnvolle Modellvorstellungen und Hypothesen. Als dritte Zielsetzung ist die explorative zu unterscheiden, die solche Modelle und Hypothesen zu gewinnen trachtet.

4.1.1 Grundlagen

4.1.1.1 Begriff der Stichprobe Wird ein Versuch unter gleichen Bedingungen n-mal unabhängig wiederholt, so bezeichnet man die n Ergebnisse als Stichprobe. In Abschn. 3.1.8 wurden zwei Modelle für derartige Versuche untersucht, die Modelle des echten Würfels und der statistischen Erhebung. Auf das Letztgenannte soll im folgenden ausführlicher eingegangen werden.

4.1.1.2 Gesamtheit und Stichprobe Die Zusammenfassung aller Beobachtungseinheiten, über die eine Aussage gemacht werden soll, bezeichnet man als G e s a m t h e i t. Beobachtungen an solchen Gesamtheiten, z. B. Volkszählungen, nennt man T o t a l e r h e - b u n g e n. Bei S t i c h p r o b e n werden nicht alle Einheiten der Gesamtheit untersucht. Gründe dafür, anstelle einer Totalerhebung der Gesamtheit nur eine Stichprobe zu untersuchen, können sein

1. hohe Kosten der Erhebung
2. lange Dauer der Erhebung
3. Unzugänglichkeit eines Teils der Gesamtheit.

Der Aufwand einer Untersuchung sollte in angemessenem Verhältnis zum Ergebnis stehen. Die Erhebung darf nicht länger laufen, als die aus ihr zu ziehenden Schlüsse und allenfalls zu treffenden Maßnahmen dies erlauben. Auch sollten sich die Umstände während der Erhebung nicht ändern, was bei längerer Dauer möglich wäre.

Im folgenden werden wir immer von einer Gesamtheit ausgehen, die praktisch als unendlich angesehen werden kann. Aus einer solchen Gesamtheit werde eine Zufallsstichprobe entnommen. Bei einer Zufallsstichprobe hat jede Beobachtungseinheit der Gesamtheit die gleiche Wahrscheinlichkeit, in die Stichprobe zu gelangen.

4.1.1.3 Zufallsstichprobe Z u f a l l s s t i c h p r o b e n lassen sich mit Hilfe von Zufallszahlen (vgl. Abschn. 3.4.1.2) gewinnen. Soll z. B. aus der Bevölkerung eines Wohngebietes mit 8 200 Einwohnern eine Zufallsstichprobe vom Umfang 410 entnommen werden („Auswahlsatz" 0,05), dann entnimmt man einer Tabelle 4-stellige Zufallszahlen, die die Nummern der auszuwählenden Einheiten bezeichnen. Zufallszahlen über 8 199 werden ausgelassen, die Zufallszahl 0000 der 8 200. Einheit zugewiesen.

Voraussetzung dieses Verfahrens ist, daß die Einheiten der Gesamtheit numeriert sind. Ein anderes Verfahren, das bei nicht durchnumerierten Beobachtungseinheiten einen etwas geringeren Aufwand erfordert, besteht darin, z. B. bei einem Auswahlsatz von 1%, jede 100. Einheit auszuwählen (sogenannte s y s t e m a t i s c h e Stichprobe).

Bei anderen Surrogaten einer Zufallsauswahl erhält man meist einseitig ausgewählte (selektierte) Stichproben: Bei einer Auswahl von Einheiten, deren Familienname mit einem bestimmten Buchstaben beginnen, muß beachtet werden, daß der Anfangsbuchstabe C in Hamburg z. B. dreimal häufiger auftritt als in München. Bei einer Auswahl nach dem Geburtstag ist zu bedenken, daß der Anteil der Ausländer bei Personen, die am 1. eines Monats geboren sind, viel höher ist als bei an anderen Tagen Geborenen[1]).

Ähnliche Verzerrungen gelten z. B. auch für ein Auswahlverfahren, das alle an einem bestimmten Wochentag stationär aufgenommenen Patienten in die Stichprobe einbezieht: An Montagen werden relativ weniger akute Fälle aufgenommen.

4.1.2 Schätzen und Testen

Der Inhalt der s c h l i e ß e n d e n Statistik ist das Bemühen, möglichst genaue Aussagen über die Gesamtheit, die nicht vollständig untersucht werden kann, anhand von Zufallsstichproben zu erhalten. Die Berechnungen anhand der Daten der Stichprobe werden in derselben Weise vorgenommen, wie sie von der beschreibenden Statistik her

---

[1]) S c h a c h , E. und S.: Pseudoauswahlverfahren bei Personengesamtheiten II: Geburtstagsstichproben. Allg. Stat. Archiv **63** (1979) 108–122.

bekannt ist. Nur sprechen wir jetzt von Stichprobenverteilung, Stichprobenmittel, Stichprobenvarianz, Stichprobenkorrelation. Für die entsprechenden Begriffe in der Gesamtheit können wir die aus der Wahrscheinlichkeitsrechnung bekannten Bezeichnungen benützen, also Verteilung, Erwartungswert, Varianz und Korrelation. Wir sagen, der Erwartungswert werde durch das Stichprobenmittel geschätzt usw.

Die Einsicht in die grundsätzliche Wiederholbarkeit einer im Experiment oder durch Beobachtung ungestörter biologischer Abläufe gewonnenen Datensammlung, die als eine Stichprobe (von vielen möglichen Stichproben) aus der Gesamtheit aufgefaßt wird, ist wesentlich für die Anwendung statistischer Schlußweisen auf medizinische Untersuchungen.

Die schließende Statistik arbeitet mit Modellen, deren Parameter von der Fragestellung bestimmt sind und mit Hilfe von Stichproben geschätzt oder beurteilt werden. Sie setzt voraus, daß die zu beobachtenden Größen Zufallsvariable sind, um ihre Aussagen interpretieren zu können. Man muß die Zufallsvariablen von ihren Realisationen, den beobachteten Werten, unterscheiden[1]).

4.1.3 Stichproben in der Medizin

Bei medizinischen Untersuchungen liegen oft keine Zufallsstichproben aus den Gesamtheiten, über die man gerne Aussagen machen möchte, vor.

Die Daten sind meist mehr oder weniger s e l e k t i e r t , das heißt gewisse Teilmengen der Gesamtheit sind stärker, andere geringer in den Stichproben vertreten. Diese Situation tritt besonders dann auf, wenn man aus dem Krankengut einer Klinik oder dem Sektionsgut einer Prosektur Schlüsse auf die Gesamtheit der Bevölkerung ziehen will.

Es ist hinlänglich bekannt, daß ein Arzt, der lange in einer Klinik tätig war, dauernd seltene Krankheiten zu sehen vermeint, wenn er einmal eine Praxisvertretung übernimmt: Er überträgt die relative Häufigkeit, mit der seltene Krankheitsbilder in der Klinik vorkommen, auf die Klientel des Praktikers. Wir haben es mit einer v e r z e r r t e n S c h ä t z u n g der Wahrscheinlichkeit zu tun.

4.1.4 Geschichtete Stichprobe

Eine Möglichkeit, die durch Selektion bewirkte Verzerrung der Stichprobe zu vermeiden, ist die S c h i c h t u n g (Stratifikation) der Ausgangsgesamtheit. Eine derartige Stratifikation kann nach Geschlecht, Alter, Stadt- oder Landbevölkerung, Diagnose, Schweregrad der Erkrankung etc. erfolgen. Um die Anzahl der Untergruppen nicht zu groß werden zu lassen, sollte man nur eine Aufteilung nach Schichtungsmerkmalen durchführen, die vermutlich einen erheblichen Einfluß auf die Beobachtungsgrößen

---

[1]) Man bezeichnet im allgemeinen Zufallsvariable mit großen und ihre Realisationen mit den entsprechenden kleinen Buchstaben. Allerdings haben sich viele Bezeichnungen so eingebürgert, daß diese Unterscheidung in den späteren Kapiteln nicht streng durchgehalten wird.

besitzen. Ein Vergleich zwischen den Behandlungen sollte nur innerhalb der Schichten durchgeführt werden (s. Abschn. 4.3.4). Ist die Anzahl der Beobachtungen, die in den einzelnen Schichten gewonnen werden, nicht proportional zur Häufigkeit, mit der die Individuen in diesen Schichten in der Grundgesamtheit vertreten sind, so sind die tatsächlichen Häufigkeiten geeignet zu berücksichtigen, z. B. bei der Bestimmung der Sterbewahrscheinlichkeiten (s. Abschn. 5.3.3).

4.2   Fehler und Variabilität   *aus GK 2*
(s. a. GK Klinische Chemie 2.6 bis 2.8 und GK 1, Med. Psychologie und Med. Soziologie 1.2)

4.2.1   Beobachtungsfehler
zufällige Fehler (prinzipielle Unvermeidbarkeit), systematische Fehler (grundsätzliche Vermeidbarkeit); Ursachen und Eigenschaften zufälliger und systematischer Fehler, Erkennung systematischer Fehler; Prinzip der Kontrollkarte; Qualitätskontrolle in der Klinischen Chemie

4.2.2   Variabilität
interindividuelle und intraindividuelle Variabilität

4.2.3   Normbereiche
Probleme bei der Bestimmung von Normbereichen (Referenzbereichen)

4.2 Fehler und Variabilität

4.2.1 Beobachtungsfehler

Bei einer Messung bezeichnet man die Abweichung $X - \mu_0$ der Beobachtung X vom wahren Wert μ_0 als Beobachtungsfehler. Dabei wird

$$\epsilon = X - E(X)$$

als z u f ä l l i g e r und a = E(X) $- \mu_0$ als s y s t e m a t i s c h e r Fehler angesehen. Für einen Beobachtungswert gilt also

$$X = \mu_0 + a + \epsilon.$$

Wenn mit einem Blutdruckmeßgerät der Blutdruck im Mittel um 20 mm Hg zu niedrig gemessen wird, dann ist a = −20. Die zufälligen Fehler sind prinzipiell nicht zu vermeiden, systematische Fehler können, wenn sie bekannt sind, durch eine Korrektur vermieden werden. Um derartige systematische Fehler zu erkennen, werden K o n t r o l l - k a r t e n (z. B. in der klinischen Chemie) verwendet. Bei dieser wird der theoretische Wert μ des Kontrollserums mit der zwei- oder dreifachen Standardabweichung auf der Ordinate abgetragen und entlang der Abszisse in regelmäßigen Abständen (z. B. jeden Tag) die mit Hilfe der Analysen-Methode gewonnenen Werte für das Kontrollserum.

Man geht davon aus, daß ein Analysenverfahren solange nur zufällige Fehler enthält, solange die Ergebnisse auf der Kontrollkarte innerhalb dieses Streuungsbereiches liegen. Manche bezeichnen ein Analysenverfahren als „außer Kontrolle", wenn ein Analysenwert außerhalb der 3 σ-Grenzen liegt oder wenn sieben aufeinanderfolgende Werte entweder ober- oder unterhalb des Mittelwerts liegen oder sieben aufeinanderfolgende Werte eine ansteigende oder abfallende Tendenz haben[1]. Damit wird nicht nur die Präzision (Kriterium: Standardabweichung der zufälligen Fehler), sondern auch die Richtigkeit (Kriterium: systematischer Fehler) überwacht. Daß manchmal in der klinischen Chemie die Fehlerkriterien selbst als „Präzision" und „Richtigkeit" bezeichnet werden, ist ein sprachlicher Mißbrauch.

4.2.2 Variabilität

Wird mehrfach das gleiche Merkmal bei einem Patienten untersucht, z. B. Blutdruck, so ergeben sich durch Beobachtungsfehler und äußere Einflüsse, auch wenn die Bedingungen so weit wie möglich unverändert sind, unterschiedliche Werte, die zeigen, daß das Merkmal bei einem Patienten keinen festen Wert hat, sondern eine Zufallsvariable darstellt. Die Variation des Merkmals beim selben Patienten bezeichnet man als i n t r a i n d i - v i d u e l l e Variation. Der Erwartungswert bei einem Patienten ist der i n d i v i d u - e l l e W e r t. Die i n t e r i n d i v i d u e l l e Variation ist die Variation der individuellen Werte. Werden an den Patienten Messungen durchgeführt, so setzt sich die Varianz der Beobachtungen additiv aus der intraindividuellen Varianz und der interindividuellen Varianz zusammen.

4.2.3 Normbereiche

Ein Normbereich ist ein Intervall, das einen festen Anteil q, z. B. 95%, der Verteilung eines Merkmals, z. B. des Cholesteringehalts bei Gesunden, bedeckt. Bei Vorsorge- oder Routineuntersuchungen werden Personen, deren Merkmalswerte außerhalb des Normbereiches liegen, zu einer genaueren Untersuchung überwiesen. Der Anteil q darf nicht zu klein gewählt werden, da bei einer Untersuchung von mehreren unabhängigen Merkmalen die Wahrscheinlichkeit, daß ein Gesunder in n Merkmalen innerhalb des Normbereiches liegt, q^n beträgt, also mit der Wahrscheinlichkeit $1 - q^n$ mindestens einen auffälligen Wert zeigt. Bei q = 0,9 und n = 10 beträgt diese Wahrscheinlichkeit $1 - (0,9)^{10}$ = 65%. Andererseits darf q auch nicht zu groß gewählt werden, damit nicht Krankheiten übersehen werden. Wenn die Verteilung bekannt wäre, wären die Grenzen des Intervalls

---

[1] Die Wahrscheinlichkeiten q_1, q_2, q_3, daß diese Ereignisse bei einem Analyseverfahren, bei dem nur zufällige Fehler vorkommen, auftreten, sind unterschiedlich. Wenn man nur eine Folge von sieben Werten betrachtet, dann gilt

$$q_1 = 1 - 0,9973^7 = 0,019,$$
$$q_2 = 2 \cdot 0,5^7 \qquad = 0,016,$$
$$q_3 = 2/7! \qquad = 0,0004.$$

z. B. durch die Quantile $x_{(1-q)/2}$ und $x_{(1+q)/2}$ gegeben. Ist die Verteilung nicht bekannt, s. Abschn. 4.5.10.

Auch der I s t - S o l l - Q u o t i e n t , d. h. beobachteter Wert dividiert durch einen Sollwert, führt zu einem Normbereich, wenn man alle Patienten mit einem Ist-Soll-Quotienten, der weniger als k Prozent von 1 abweicht, als der Norm entsprechend ansieht. k kann z. B. so festgelegt werden, daß innerhalb dieses Bereiches ein fester Anteil q der Verteilung des Quotienten bei Gesunden liegt. Derartige Ist-Soll-Quotienten werden besonders bei der Beurteilung des Übergewichts angewandt.

4.3   Versuchsplanung   *aus GK 2*
4.3.1   statistischer Vergleich
                Struktur- und Beobachtungsgleichheit als Voraussetzung für
                die Vergleichbarkeit von Gruppen, kontrollierte klinische
                Therapiestudie
4.3.2   Zufallszuteilung
                Methode zur Erzielung von Strukturgleichheit, praktische
                Durchführung mit Zufallszahlen
4.3.3   Blindversuch
                einfacher und doppelter Blindversuch bei therapeutischen
                Versuchen zur Ausschaltung subjektiver Einflüsse
4.3.4   Blockversuch
                Zusammenfassung von gleichen oder einander ähnlichen
                Beobachtungseinheiten zu Blöcken
4.3.5   Erhebungen
                Quer- und Längsschnittstudien, retrospektive Reihen (Fall-
                kontrollstudien) und prospektive Reihen (Kohortenstudien)
                Abgrenzung gegen Experiment (s. a. GK 1 Med.-Psych. 1.2)
4.3.6   Merkmalsauswahl
                Eignung von Merkmalen im Hinblick auf eine Fragestellung;
                Effektivitätssteigerung durch Schichtung
4.3.7   Transformationen
                Methoden zur Annäherung an die Voraussetzungen der
                Auswertungsverfahren (z. B. logarithmische Transformation)

4.3 Versuchsplanung

4.3.1 Statistischer Vergleich

Zur Bestimmung der Wirkung einer Behandlung ist es notwendig, eine Gruppe zu behandeln und mit einer anderen (Kontrollgruppe) zu vergleichen. Diese andere sollte unbehandelt sein oder die Standardtherapie erhalten, falls nur der Unterschied zwischen einer neuen Therapie und der Standardtherapie interessiert.

Die Unterschiede zwischen den beiden Gruppen können durch die Behandlung, aber
möglicherweise auch durch unterschiedliche Zusammensetzung der Gruppen (s y s t e -
m a t i s c h e K o m p o n e n t e), sowie auch durch individuelle Unterschiede
(z u f ä l l i g e K o m p o n e n t e) hervorgerufen sein.

Es ist leicht einzusehen, daß überhaupt nur v e r g l e i c h e n d e Beobachtungen sinnvolle Aussagen ermöglichen. Ein therapeutischer Erfolgsbericht, in dem über die Ergebnisse, die mit nur einer Behandlung gewonnen wurden, berichtet wird, trägt zum Wir-
kungsnachweis nichts bei (Problem des „post hoc-propter hoc").

Von einer K o n t r o l l g r u p p e verlangt man (nach Koller)

1. Strukturgleichheit,
2. Beobachtungsgleichheit und
3. (dies allerdings nicht obligat) Repräsentationsgleichheit.

Mit S t r u k t u r g l e i c h h e i t ist gleiche Verteilung von Merkmalen wie Alter,
Geschlecht, geographischer Raum, soziale Schicht usw. gemeint, mit B e o b a c h -
t u n g s g l e i c h h e i t gleiche Untersucher, gleicher Untersuchungszeitraum, gleiche
Art der Fixierung der Ergebnisse, gleich intensive Untersuchung (z. B. nicht systematisch
stärkere Lücken in dem Datenmaterial der Kontrollgruppe). Daher hat der Vergleich mit
früher gewonnenen Ergebnissen (h i s t o r i s c h e r V e r g l e i c h) wenig Wert, weil die
möglicherweise beobachteten Unterschiede zwischen den Behandlungsgruppen nicht
nur auf die Behandlungen, sondern auch auf die Veränderung der Umweltverhältnisse
im Laufe der Zeit zurückzuführen sind. Ähnliches gilt für den Vergleich zweier verschiedener Behandlungen, die in zwei verschiedenen Kliniken durchgeführt wurden.

Die Erfüllung der Forderung der R e p r ä s e n t a t i o n s g l e i c h h e i t (Behand-
lungs- und Kontrollgruppe sollen die Bevölkerung oder zumindest den Bevölkerungsteil,
bei dem eine potentielle Indikation für die Behandlung gegeben ist, repräsentieren, d. h.
als Zufallsstichprobe aus dieser Bevölkerung gelten können) kann ausgesetzt werden,
wenn man sicher ist, daß der U n t e r s c h i e d zwischen Behandlungs- und Kontrollgruppe auch in anders strukturierten Bevölkerungen e t w a g l e i c h sein wird.

Als k o n t r o l l i e r t e k l i n i s c h e S t u d i e bezeichnet man eine geplante Untersuchung, bei der die Patienten aus einer genau definierten Grundgesamtheit stammen
und den Behandlungsverfahren zufällig zugeordnet werden (s. Abschn. 5.1).

4.3.2 Zufallszuteilung

Wenn wir bei Experimenten Beobachtungseinheiten unter bestimmten künstlich gesetz-
ten Bedingungen („Behandlungen" bzw. „Verfahren" genannt) untersuchen, so ist außer
der Forderung, daß die zu untersuchenden Objekte eine Zufallsstichprobe aus der Gesamtheit, über die wir Auskünfte erlangen wollen, sein müssen, eine weitere Forderung zu
erheben: die B e h a n d l u n g e n müssen den Einheiten zufällig zugeteilt werden.

Der organisatorische Aufwand ist bei Zufallszuteilung größer als bei nicht zufälliger
Zuteilung. Z. B. muß man bei einem Tierexperiment zunächst die Tiere kennzeichnen
(Schnitte an den Ohren, Pikrinsäuretupfer auf dem Rücken . . .). Am besten ist es, die-

sen Zeichen Nummern zuzuordnen und dann mit Hilfe von Zufallszahlen (Tab. 4.1) die Zuteilung der Verfahren zu den Nummern vorzunehmen.

Allgemein stellt sich die Aufgabe einer Zufallszuteilung so, daß zu n Einheiten v Verfahren zugeteilt werden sollen, wobei dem i-ten Verfahren n_i Einheiten zuzuteilen sind und $\sum_i n_i = n$ ist. Man geht in drei Schritten vor:

Tab. 4.1 Auszug aus einer Tabelle von Zufallszahlen

37012	43361	03173	97911	71313
44256	66600	94250	47679	94679
02846	42827	89384	11313	42512

Tab. 4.2 Schema für zufällige Zuteilung zu 3 Verfahren. Da z_{19} = z_{14}, besteht keine eindeutige Zuordnung der Rangzahlen, die mit * gekennzeichnet sind. Hier wurde die Reihenfolge entsprechend der Größe der vorangehenden Zufallszahlen gewählt

Nr. der Einheit	Zufallszahl	Rangzahl	zugeteiltes Verfahren
i	z_i	r_i	
1	37	10	2
2	1	1	1
3	24	6	1
4	33	8	1
5	61	18	3
6	3	2	1
7	17	5	1
8	39	11	2
9	79	21	3
10	11	4	1
11	71	20	3
12	31	7	1
13	34	9	1
14	42	13*	2
15	56	16	3
16	66	19	3
17	60	17	3
18	9	3	1
19	42	12*	2
20	50	15	2
21	47	14	2

S c h r i t t 1. Man wählt n Zufallszahlen $z_1, \ldots, z_n$ aus. Um nicht zu häufig gleichlautende Zahlen zu erhalten, empfiehlt sich die Verwendung von mehrstelligen Zufallszahlen.

S c h r i t t 2. Man weist den ausgewählten Zufallszahlen der Größe nach Ränge r_i zu, die kleinste Zahl erhält den Rang 1, die zweitkleinste 2 usw. Treten gleiche Zufallszahlen auf, so kann man deren Rangfolge etwa nach der Größe der jeweils vorangehenden Zufallszahl oder auch durch Münzwurf entscheiden.

S c h r i t t 3. Das 1. Verfahren wird den Einheiten mit den Rangzahlen $1, 2, \ldots, n_1$, das 2. Verfahren den Einheiten mit den Rangzahlen $n_1 + 1, \ldots, n_1 + n_2$ zugeordnet usw.

Beispiel 4.1 Zufallszuteilung für $v = 3$, $n = 21$, $n_1 = 9$, $n_2 = n_3 = 6$ (Tab. 4.2). Wir verwenden die ersten (im allgemeinen geht man von einer zufällig gewählten Stelle aus, in vorher festgelegter Richtung) 21 zweistelligen Zufallszahlen in Tab. 4.1 von links nach rechts gelesen.

4.3.3 Blindversuch

Bestehen keine ethischen Bedenken gegen einen Therapievergleich mit zufälliger Zuteilung der Behandlungen zu den Patienten, so wird gewöhnlich ein sogenannter d o p p e l t e r B l i n d v e r s u c h ausgeführt. Bei dieser Anordnung weiß weder der Patient noch der ihn unmittelbar betreuende Arzt, welche Behandlung angewendet wird. Es können so autosuggestive Vorgänge beim Kranken, aber auch vom Arzt ausstrahlende Suggestionen ausgeschaltet werden. Ferner wird die ärztliche Beurteilung, sofern sie sich auf subjektive Wahrnehmungen zu stützen hat, vor Verfälschung durch Voreingenommenheiten bewahrt. Beim e i n f a c h e n B l i n d v e r s u c h kennt nur der Patient die Behandlung nicht.

Ein wichtiger Vorteil des Doppelblindversuchs ist auch darin zu sehen, daß die Zufallszuteilung nicht durchbrochen werden kann: Dies ist nämlich beim einfachen Blindversuch manchmal möglich, wenn ein Arzt sich in Kenntnis der für einen Patienten vorgesehenen Behandlung entschließen kann, diesen Patienten als ungeeignet für die Studie anzusehen und dann auszuschließen.

Ein Grund, nur einen einfachen Blindversuch durchzuführen, kann vor allem die Notwendigkeit der Überwachung und Steuerung von Nebenwirkungen, z. B. auf die Blutgerinnung oder auf proliferierende Gewebe sein, die den behandelnden Arzt anhand der Laborwerte ohnehin die durchgeführte Therapie erkennen lassen. In dieser Situation ist aber meist auch ein einfacher Blindversuch nicht durchführbar, insbesondere bei ambulanter Fortführung der Behandlung, die mit genauen Verhaltensregeln für den Patienten verbunden sein wird.

Auf ethische und juristische Aspekte solcher Studien kann hier nicht näher eingegangen werden. Am häufigsten wird gegen die A u f k l ä r u n g s p f l i c h t , die hier darin besteht, dem Kranken in verständlicher Form die Chancen und Risiken der Teilnahme an einer Studie zu erläutern, verstoßen.

4.3.4 Blockversuch

In der statistischen Planung von Experimenten und Erhebungen verwendet man eine Technik zur Erhöhung der Genauigkeit der Schätzungen, die Z u s a m m e n f a s s u n g einander besonders ä h n l i c h e r Beobachtungseinheiten zu „Blöcken". Unter der oft gegebenen Voraussetzung, daß die Einflußfaktoren sich innerhalb der einzelnen Blöcke gleichartig auswirken, zwischen den Blöcken aber hinsichtlich des mittleren Wertes des beeinflußten Merkmals Unterschiede bestehen, kann die Genauigkeit der Schätzgrößen für die Einflüsse der zu untersuchenden Faktoren erhöht werden.

Mit dieser Art von Blockbildung ist eine z u s ä t z l i c h e V e r b e s s e r u n g der Planung gemeint, z. B. Zusammenfassung von Versuchen, in denen mit Seren gleicher Chargen-Nr. gearbeitet wird, in denen Versuchstiere der gleichen Lieferung untersucht werden, die am selben Tag ausgeführt werden usw. In diesen Situationen ist die Nichtberücksichtigung des Blockeffekts nicht als fehlerhaft, sondern lediglich als Verschenken von Information anzusehen. Bei zwingender Zusammengehörigkeit von Beobachtungseinheiten spricht man ebenfalls von Blöcken. Solche sozusagen „n a t ü r - l i c h e " Blöcke wie Individuen, die mehrmals nacheinander oder an verschiedenen Stellen (paarige Organe) untersucht werden, eineiige Zwillingspaare, müssen unbedingt berücksichtigt werden. Es gibt allerdings Übergänge, z. B. bei Würfen von Versuchstieren, wenn aufgrund starker Inzucht auch zwischen den Würfen große Ähnlichkeit besteht.

***4.3.4.1 Systematische Pläne** Bei zeitlich aufeinanderfolgenden Untersuchungen am selben Individuum forderten wir die Berücksichtigung des Individuums als natürlichen Block. Hier treten aber zusätzliche Fehlerquellen auf, die durch zeitlichen Trend, Gewöhnung, Nachwirkungen usw. entstehen.

Das Einführen von Blockeffekten (sofern es sich nicht um „natürliche Blöcke" handelt) und die Wahl ganz b e s t i m m t e r A n o r d n u n g e n bei zeitlich aufeinanderfolgenden Untersuchungen, die auch als „systematische Pläne" bezeichnet werden, muß mit der grundsätzlichen Forderung nach zufälliger Zuteilung der Behandlungen zu den Beobachtungseinheiten so gut wie möglich in Einklang gebracht werden.

So wird die Zuteilung innerhalb der Beobachtungseinheiten desselben Blocks zufällig erfolgen. Bei Erhebungen, bei denen man statt von Blöcken gewöhnlich von „Schichten" spricht, erfolgt die Auswahl innerhalb jeder Schicht zufällig solange, bis die für jede Einflußgröße vorgesehene Anzahl von Beobachtungseinheiten erreicht ist (sogenanntes Q u o t a - V e r f a h r e n).

Sind die möglichen Zuteilungsmuster wie in den systematischen Plänen beschränkt, so benützt man gewöhnlich alle Permutationen, welche die geforderten Eigenschaften haben, und teilt diese Muster den Blöcken zufällig zu.

4.3.5 Erhebungen

4.3.5.1 Experiment – Erhebung Man unterscheidet Experiment und Erhebung. Im E x p e r i m e n t werden die Einflußgrößen, für die Variationen zugelassen sind, streng kontrolliert: z. B. Temperatur, Luftdruck, Luftfeuchte, Luftbewegung in einer Klima-

kammer. Anders bei einer E r h e b u n g , bei der man sich mit den Kombinationen
der Einflußgrößen begnügen muß, die sich dem Beobachter jeweils bieten.

4.3.5.2 Retro- und prospektive Reihen Eine Datenanalyse bei nicht statistisch geplan-
ten klinischen Untersuchungen nachträglich an bereits vorliegenden Daten, nennt man
r e t r o s p e k t i v . Dem Vorteil, daß damit vorhandene Information, ohne neue
Beobachtungen anstellen zu müssen, genutzt werden kann, steht der Nachteil oft lücken-
hafter und ungenauer oder uneinheitlicher Dokumentation (fehlende Beobachtungsgleichheit) gegenüber. Das Gegenstück dazu, die p r o s p e k t i v e S t u d i e , sieht
für eine einmalig (zufällig) ausgewählte Stichprobe laufend Kontrollen vor, um alle
interessierenden Veränderungen nach festem Plan zu erfassen. Bei prospektiven Reihen
ist, abgesehen von dem in der Epidemiologie bekannten „Interventionseffekt" (das
Verhalten der Stichprobe wird manchmal durch das „Beobachtetwerden" verändert),
meist mit weniger verzerrenden Einflüssen zu rechnen als bei retrospektiven Erhebungen.

Beispiel 4.2 Befragung von 20jährigen nach dem Zeitpunkt der Menarche (retrospektiv).
Erhebungen an 8jährigen Mädchen, die in halbjährlichen Abständen nach dem Eintritt
der Menarche gefragt werden sollen (prospektiv).

Da prospektive Reihen sehr viel aufwendiger sind, vor allem deshalb, weil meist nicht
ein mit hoher Wahrscheinlichkeit eintretendes Ereignis — wie in Beispiel 4.2 — betrachtet
wird, zieht man oft sogenannte R i s i k o g r u p p e n (z. B. Übergewichtige, wenn
die Herzinfarkthäufigkeit unter verschiedenen Kostformen untersucht werden soll)
heran, um größere Häufigkeiten zu beobachten, bei denen Unterschiede leichter erkenn-
bar sind.

4.3.5.3 Längs- und Querschnittstudien Bei den besprochenen retro- und prospektiven
Reihen handelte es sich um Verlaufsbeobachtungen. Man bezeichnet sie als L ä n g s -
s c h n i t t s t u d i e n . B e i Q u e r s c h n i t t s t u d i e n wird jedes Individuum nur
einmal beobachtet. An Beispiel 4.2 anknüpfend, könnte man eine Stichprobe von 8 bis
20jährigen Mädchen fragen, ob sie schon menstruieren. Die relativen Häufigkeiten der
Menstruierenden unter den x-jährigen ergäben — unter der Voraussetzung, daß das
Menarchealter in dem Zeitraum von 12 Jahren sich nicht verschoben hat — eine Schätzung der Verteilungsfunktion des Menarchealters.

Werden reversible Prozesse wie Erkrankungen in einer Bevölkerung betrachtet, so kann
eine Längsschnittstudie die Anzahl der in einem Zeitintervall neu auftretenden Erkrankungen, bezogen auf die Anzahl der Beobachteten, liefern. Man nennt diese relative
Häufigkeit I n z i d e n z I. Bei einer Querschnittserhebung kann man nur den relativen
Anteil der gerade Erkrankten feststellen, die P r ä v a l e n z P. Prävalenz und Inzidenz
hängen über die Krankheitsdauer zusammen (Fig. 4.1).

Sei $\bar{t}$ die mittlere Krankheitsdauer dividiert durch die Länge des Zeitintervalls. Wenn
die Neuerkrankungen gleichmäßig über die Zeit verteilt sind, gilt angenähert

$$P = I\,\bar{t}.$$

An Fig. 4.1 läßt sich ein Effekt erkennen, der von großer praktischer Bedeutung ist. Mit der Querschnittsuntersuchung werden vorzugsweise Fälle mit langer Krankheitsdauer erfaßt. So beträgt die mittlere Krankheitsdauer der 21 eingezeichneten Fälle 0,27, während sich als mittlere Krankheitsdauer der 5 erfaßten Krankheitsfälle 0,43 ergibt (hierbei sind die beiden Krankheitsdauern der achten Person von oben zusammengefaßt worden). Dieser in der englischsprachigen Literatur als „length bias" bezeichnete Selektionseffekt spielt in der Bewertung des Verlaufs von Krebserkrankungen solcher Personen, welche durch Früherkennungsuntersuchungen erkannt werden, eine Rolle: Bevorzugt erkannt werden solche Fälle, die länger im vorklinischen Stadium verharren. Diese weisen oft auch einen langsameren Verlauf ihrer Krebserkrankung auf und haben dadurch eine bessere Prognose.

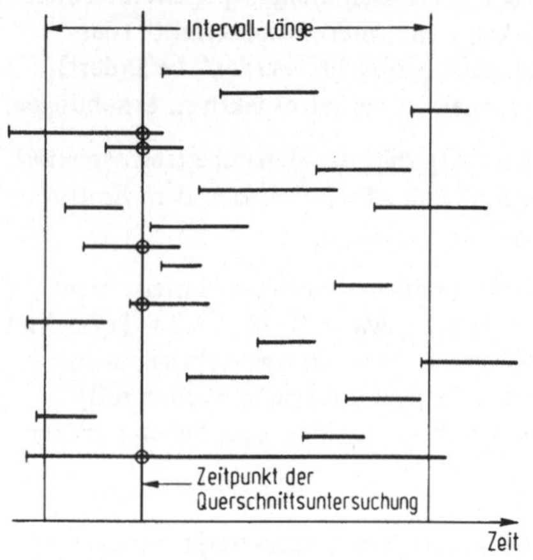

Fig. 4.1
Veranschaulichung des Unterschieds zwischen Inzidenz und Prävalenz an einer geschlossenen Population (Population ohne Ein- und Auswanderung) von 1000 Personen. (Es sind nur die 21 Personen dargestellt, die im Intervall krank waren.)
Prävalenz P = 0,005, d. h. rel. Häufigkeit der „Schnittpunkte" ⊕.
Inzidenz I = 0,017 (0,018), rel. Häufigkeit von Neuerkrankungen im Intervall.
Mittl. Krankheitsdauer $\bar{t}$ = 0,25 (0,27). Es gilt angenähert P = I $\bar{t}$.
Die in Klammern stehenden Werte von I und $\bar{t}$ ergeben sich, wenn nochmaliges Erkranken einer Person im selben Intervall mitberücksichtigt wird

4.3.6 Merkmalsauswahl

Ein Merkmal ist um so effektiver, je besser es die gewünschte Eigenschaft mißt (Validität in der Psychologie). Als Maß hierfür kann die Korrelation des Meßwerts mit der interessierenden Eigenschaft dienen.

Man unterscheidet „ w e i c h e " Daten von „ h a r t e n " Daten, die in objektiven Meßergebnissen bestehen. Man sollte solche harten Daten nicht überschätzen und möglichst die Wertigkeit eines Merkmals für die erstrebte Aussage im Auge behalten. Ein Beispiel für ein derartiges zwar hartes, aber gänzlich i n e f f e k t i v e s M e r k m a l ist die Aufzeichnung der Spontanmotorik während der Nacht zur Erfassung der Güte eines Schlafmittels. Hierbei wird z. B. auch die muskelrelaxierende Wirkung erfaßt. Dagegen wäre die Antwort auf die simple Frage „Haben Sie gut geschlafen?" zwar ein weiches Merkmal, sie würde aber in unmittelbarem Bezug zur Schlafgüte stehen. Hier käme allerdings nur ein Doppelblindversuch in Frage.

Die Effektivität eines Merkmals kann manchmal durch Schichtung gesteigert werden, z. B. das Merkmal Körpergewicht zur Messung der Eigenschaft Übergewicht durch Schichtung nach der Körpergröße.

4.3.7 Transformationen

Um die Voraussetzungen für die Anwendung der statistischen Auswertungsverfahren besser zu erfüllen, z. B. Gleichheit der Varianz in Untersuchungsgruppen, Normalverteilung, ist es oft notwendig, die Beobachtungen zu transformieren. So werden z. B. häufig anstelle der ursprünglichen Beobachtungen die Logarithmen der Beobachtungen verwendet (s. Abschn. 3.5.4).

4.4   Schätzen   *aus GK 2*

4.4.1   Parameter und Schätzgrößen
            Unterscheidung zwischen Parametern der Verteilungen und
            Schätzgrößen dieser Parameter

4.4.2   Eigenschaften von Schätzgrößen
            Erwartungstreue, Robustheit

4.4.3   Konfidenzintervall
            Bereich, der den wahren Parameter mit vorgegebener Wahrscheinlichkeit überdeckt; Beziehung zu dem entsprechenden Test; Toleranzintervall

---

Robustheit s. Abschn. 2.2.1.4; Konfidenzintervall s. Abschn. 4.5.9.

4.4 Schätzen

4.4.1 Einführung

Sehr viele Entscheidungen für das therapeutische und diagnostische Handeln des Arztes beruhen auf Messungen am Patienten, z. B. Körpergewicht, Blutdruck, Cholesteringehalt etc. Die Meßinstrumente liefern Werte, die meist mit kleinen, oft aber auch mit recht großen Fehlern behaftet sind, die durch falsches Messen, aber auch andere Einflüsse, z. B. vorhergehende Medikationen, hervorgerufen werden. Jeder gemessene Wert stellt eine Realisation einer Zufallsvariablen dar, von deren Verteilung uns ein Parameter, meist ein Lokalisationsparameter, interessiert. Oft gibt es mehrere Meßmethoden (z. B. verschieden genaue Waagen zur Bestimmung des Körpergewichtes), die sich durch ihre Aufwendigkeit und Genauigkeit unterscheiden. Bei der Wahl der Methode spielen die Kosten, die Gefährdung des Patienten bei der Messung und vor allem die durch einen fehlerhaften Wert hervorgerufene Möglichkeit von Fehldiagnosen eine Rolle. Die schließende Statistik behandelt dieses Problem allgemeiner. Aufgrund einer Stichprobe $X_1, \ldots, X_n$ aus einer Gesamtheit versuchen wir Aussagen über die Parameter der Verteilung zu gewinnen. Wir wollen dabei voraussetzen, daß die Stichprobe als eine echte Zufallsstichprobe angesehen werden kann, bei der die n Beobachtungen unabhängig voneinander sind und die gleiche Verteilung haben.

4.4.2 Die Schätzung des Erwartungswerts μ

Zunächst betrachten wir die Schätzung des Erwartungswerts μ einer Zufallsvariablen X. Zur Gewinnung von Aussagen über den unbekannten Wert μ ist k e i n Verfahren in jeder Hinsicht optimal. Wir wissen zwar, daß der Mittelwert $\overline{X}$ der Beobachtungen eine Zufallsvariable ist, deren Erwartungswert μ und deren Varianz σ^2/n beträgt. Im Einzelfall kann der Wert $\overline{x}$ aber sehr weit von μ abweichen. μ kann daher durch $\overline{X}$ nur g e s c h ä t z t werden. Wenn die Verteilung symmetrisch ist wie die Normalverteilung, dann fällt der Median der Verteilung mit dem Erwartungswert zusammen. Es kann daher zur Schätzung dieses Lokalisationsparameters μ der Verteilung auch der Median $\tilde{x}$ der Stichprobe verwendet werden.

4.4.3 Kriterien für die Schätzung

Um die geeignete Schätzung auszuwählen, benötigen wir ein Kriterium, mit dem wir verschiedene Schätzungen vergleichen können. Im folgenden werden verschiedene Kriterien diskutiert. ϑ sei allgemein der Parameter, der geschätzt werden soll. Eine Schätzfunktion für ϑ ist eine Vorschrift, die jeder Folge von Beobachtungen $x_1, \ldots, x_n$ einen Schätzwert t für den Parameter ϑ zuordnet, also eine Abbildung der Menge aller möglichen Stichproben $x_1, \ldots, x_n$ auf die reelle Achse. $T_n = t(X_1, \ldots, X_n)$ ist als Funktion von Zufallsvariablen selbst eine Zufallsvariable, hat also eine Verteilung. Die im folgenden diskutierten Kriterien beziehen sich auf diese Verteilung. Der S c h ä t z w e r t t für den Parameter ϑ ist eine Realisation des mit T_n oder nur T bezeichneten Schätzers[1].

***4.4.3.1 Konsistenz** Es ist plausibel, von einem Schätzer zu fordern, daß der Schätzwert um so näher an dem wahren Wert liegt, der Schätzfehler $t - \vartheta$ also um so kleiner ist, je größer die Beobachtungsanzahl ist.

T_n sollte also stochastisch gegen ϑ streben (s. Abschn. 3.5.1). Diese Eigenschaft wird als Konsistenz bezeichnet.

Sei z. B. $\vartheta = E(X)$ und $T_n = \overline{X}$, dann folgt aus dem Gesetz der großen Zahlen, daß $\overline{X}$ ein konsistenter Schätzer von $E(X)$ ist, wenn σ^2 endlich ist.

Diese Forderung ist aber im allgemeinen noch nicht ausreichend, um eine gute Schätzung zu erhalten. Es wird noch nichts über die Eigenschaft der Schätzung für kleine n ausgesagt.

4.4.3.2 Erwartungstreue (engl. unbiasedness) Als weiteres Kriterium verlangt man daher, daß nicht überwiegend zu hohe oder zu niedrige Schätzwerte auftreten. Dieses Kriterium ist erfüllt, wenn der Erwartungswert $E(T)$ der Verteilung von T mit dem wahren Wert ϑ übereinstimmt. Die Differenz $B(T) = E(T) - \vartheta$ bezeichnet man als s y s t e m a t i s c h e n F e h l e r (engl. bias) oder Verzerrung. In der Labormedizin wird $B(T)$ oder die nach Division durch die Standardabweichung s_t normierte Größe

---

[1]) Schätzwerte eines Parameters ϑ werden auch oft mit $\hat{\vartheta}$ bezeichnet.

B(T)/s_t als Fehlerkriterium der Richtigkeit[2]) verwendet. Ein Fehler ist leicht zu korrigieren, wenn seine Größe bekannt ist. So kann beispielsweise ein Tachometer, der aufgrund einer fehlerhaften Eichung im Mittel 10 km/h zuviel anzeigt, durch Abzug von 10 km/h korrigiert werden. Oft ist aber nur die Richtung der Verzerrung, nicht ihre Größe bekannt.

Wenn für einen Schätzer gilt: B(T) = 0 für alle ϑ, dann ist die Schätzung e r w a r t u n g s t r e u. Für die empirische Varianz gilt

$$E(s^2) = \sigma^2 \ ^1).$$

Dagegen ist der Schätzer s'^2 = SQ/n, bei dem man durch n anstatt durch n − 1 dividiert, nicht erwartungstreu. Es gilt

$$E(s'^2) = \frac{n-1}{n} \sigma^2.$$

***4.4.3.3 Minimale Varianz** Die beiden in Abschn. 4.4.2 erwähnten Schätzer $\bar{X}$ und $\tilde{X}$ für μ bei Vorliegen einer bezüglich μ symmetrischen Verteilung sind in allen praktisch auftretenden Fällen erwartungstreu und konsistent. Von diesen beiden wird man diejenige Schätzung bevorzugen, deren Varianz am k l e i n s t e n ist, deren Verteilung also am wenigsten um den wahren Wert streut. In der Labormedizin wird die Varianz σ^2 als Fehlerkriterium der Genauigkeit[2]) oder Präzision[2]) verwendet.

Der Mittelwert hat die Varianz σ^2/n, die schon im vorigen Abschnitt abgeleitet wurde. Dagegen hat der Median, wie hier nicht gezeigt werden kann, (für große n) bei Normalverteilung die Varianz

$$\frac{\pi}{2} \frac{\sigma^2}{n}.$$

Wenn Normalverteilung vorliegt, kann man sogar beweisen, daß der Mittelwert unter allen erwartungstreuen Schätzern die kleinste Varianz besitzt.

***4.4.4 Effizienz**

Oft hat man in der Medizin mehrere Meßverfahren zur Verfügung, die verschieden aufwendig sind. Dabei kann durch Mehrfachmessung eine einfache Methode genauso gut (hinsichtlich der Varianz) sein, wie eine teuere, die nur einmal angewendet wird. Zu

---

[1]) Es ist nämlich nach dem Verschiebungssatz

$$E(s^2) = E\left(\frac{\Sigma (X_i - \bar{X})^2}{n-1}\right) = E\left(\frac{\Sigma (X_i - \mu)^2 - n(\bar{X} - \mu)^2}{n-1}\right) = \frac{1}{n-1} (n\sigma^2 - \sigma^2) = \sigma^2.$$

[2]) Eine Messung ist um so richtiger bzw. genauer, je kleiner die jeweiligen Fehlerkriterien sind. Die Fehler selbst „Richtigkeit" oder „Genauigkeit" zu nennen (Laborjargon), ist sprachlich unsinnig. Dagegen wird in der klassischen Fehlertheorie h = $1/\sqrt{2}\,\sigma$ als Genauigkeit verwendet.

einer gegebenen Anzahl n von Messungen, die mit der ungenauen Methode (Methode 1) durchgeführt werden, sei die Anzahl n′ der Messungen betrachtet, die man bei der genaueren Methode (Methode 2) anwenden muß, um die gleiche Genauigkeit zu erzielen. Als E f f i z i e n z der Methode 1 zur Methode 2 betrachtet man das reziproke Verhältnis dieser Anzahlen, also

$$e = \frac{n'}{n}.$$

Wenn dieser Quotient von n abhängt, so betrachtet man meist den Grenzwert des Quotienten, wenn n gegen ∞ strebt. Man verwendet dann also

$$e = \lim_{n \to \infty} \frac{n'}{n}.$$

In gleicher Weise wird bei Schätzungen vorgegangen. Es wird also die Anzahl n′ bzw. n der Beobachtungen betrachtet, die notwendig sind, um eine gegebene Varianz v des Schätzers zu haben. Da bei Normalverteilung für den Mittelwert

$$v = \frac{\sigma^2}{n'}$$

und für den Median (für große Beobachtungsanzahlen)

$$v = \frac{\pi}{2} \frac{\sigma^2}{n}$$

gilt, folgt für die Anzahl der notwendigen Beobachtungen

$$n' = \frac{\sigma^2}{v} \quad \text{bzw.} \quad n = \frac{\pi}{2} \frac{\sigma^2}{v} ,$$

so daß die Effizienz der Schätzung des Parameters μ der Normalverteilung mit Hilfe des Medians im Vergleich zum Mittelwert durch

$$e = \frac{n'}{n} = \frac{\sigma^2}{v} \frac{2}{\pi} \frac{v}{\sigma^2} = \frac{2}{\pi} = 0{,}64$$

gegeben ist. Wenn Normalverteilung vorliegt, hat ein Mittelwert aus n′ = 640 Beobachtungen die gleiche Genauigkeit wie die Schätzung mit Hilfe des Medians aus n = 1 000. Dabei hat der Median den Vorteil, daß er gegenüber Ausreißern unempfindlicher ist. Auch ist er, wenn die Beobachtungen der Größe nach angeordnet oder in Klassen vorliegen, leichter zu bestimmen.

Derartige Effizienzüberlegungen sind typisch. Eine für einen wichtigen Spezialfall optimale Methode kann durch eine meist einfache Methode mit einem oft größeren Anwendungsbereich ersetzt werden, wenn die Effizienz dieser Methode im Spezialfall nicht zu klein ist.

4.4.5 Schätzung von Kenngrößen

Viele demographische, epidemiologische und klinische Größen, wie z. B. Lebenserwartung, Säuglingssterblichkeit, Morbidität und Operationsrisiko sind Wahrscheinlichkeiten oder Erwartungswerte, die aufgrund geeigneter Erhebungen geschätzt werden.

Sie können nicht nur für die Zeit, in der die Erhebung stattfand, sinnvoll sein, sondern auch darüber hinaus, wenn man voraussetzen kann, daß die Kenngrößen von der Zeit unabhängig sind.

Die Wahrscheinlichkeiten werden im allgemeinen durch einen Quotienten geschätzt, in dem im Zähler die Anzahl der Beobachtungseinheiten steht, bei denen das Ereignis eingetroffen ist, und im Nenner die Anzahl der u n t e r R i s i k o stehenden Beobachtungseinheiten. Ein Beispiel hierfür ist die allgemeine S t e r b e z i f f e r , definiert durch

$$\frac{\text{Sterbefälle eines Jahres}}{\text{Größe der Bevölkerung}} \times 1\,000.$$

Die Multiplikation mit 1 000 erfolgt, um unbequeme Dezimalbrüche zu vermeiden.

Ein weiteres Beispiel ist der P e a r l - I n d e x zur Kennzeichnung der Sicherheit einer Verhütungsmethode. Er ist definiert durch

$$\frac{\text{Anzahl der aufgetretenen Schwangerschaften}}{\text{Anzahl der beobachteten Zyklen}} \times 1\,200,$$

gibt also die Anzahl der Schwangerschaften pro 100 Frauen-Jahre an.

Es ist nicht immer eindeutig, welcher Nenner zu verwenden ist. Um z. B. die Anzahl der Geburten zu beurteilen, wird die allgemeine G e b u r t e n z i f f e r

$$\frac{\text{Anzahl der Lebendgeborenen eines Jahres}}{\text{Größe der Bevölkerung}} \times 1\,000$$

angegeben. Sinnvoller ist oft die F e r t i l i t ä t s z i f f e r

$$\frac{\text{Anzahl der Lebendgeborenen eines Jahres}}{\text{Anzahl der Frauen zwischen 15 und 45 Jahren}} \times 1\,000$$

zu verwenden.

Bei diesen Ziffern ist der Nenner, z. B. die Größe der Bevölkerung, während der Beobachtungszeit meist nicht konstant. Durch Zu- und Wegzug, Geburten und Todesfälle ändert sich die Bevölkerung laufend. Man wird die Größe der Bevölkerung an einem Stichtag verwenden und die Fluktuation durch entsprechende Korrekturen zu berücksichtigen versuchen, um erwartungstreue Schätzwerte zu bekommen.

4.5   Testen   *aus GK 2*

4.5.1   Hypothesen

Null- und Alternativhypothese, einseitige und zweiseitige Fragestellung

4.5.2   Fehlentscheidungen

Fehler 1. und 2. Art; falsch positive und falsch negative Entscheidungen. Beispiel: Wirksamkeits- und Unbedenklichkeitsprüfung von Arzneimitteln

4.5.3   Durchführung eines Tests

Irrtumswahrscheinlichkeit, Prüfgröße, kritischer Wert

4.5.4   Ein- und Mehrstichprobentests

t-Test für paarige und unverbundene Stichproben; Varianzanalyse (Einwegklassifikation); Vorzeichentest; Wilcoxon-Tests für paarige und unpaarige Stichproben

4.5.6   multiple Tests

Schwierigkeit bei mehrfacher Anwendung von Tests auf dasselbe Material; Prinzip eines multiplen Tests

4.5 Testen

Neben der Schätzung eines Parameters bildet die Prüfung einer Hypothese über einen Parameter oder allgemein über eine Verteilung einen der wichtigsten Teile des statistischen Rückschlusses.

4.5.1 Hypothesen

Sehr oft kann man die zu untersuchende Fragestellung auf eine Entscheidung zwischen zwei Hypothesen H_0 und H_1 zurückführen.

Beispiel 4.3 Bevor eine neue Behandlung A eingeführt wird, prüft man meist, ob sie bezüglich einer Standardbehandlung B eine Verbesserung darstellt, z. B. kann die Wirkung einer entzündungshemmenden Hautsalbe dadurch geprüft werden, daß bei n Versuchspersonen an beiden Unterarmbeugeseiten jeweils gleich große pathogene Reize gesetzt werden und jeweils die eine Stelle mit der Salbe A und die andere mit der Standardsalbe B behandelt wird. Nach zwei Tagen werde jeweils das noch entzündete Hautareal planimetriert und der Inhalt der mit A behandelten Fläche von dem Inhalt der mit B behandelten Fläche abgezogen. Die Differenz hat den Erwartungswert $\mu = 0$, falls kein Unterschied zwischen den Behandlungen vorliegt. Ist dagegen A besser als B, so ist $\mu > 0$. Für die Fragestellung wird man die folgenden beiden Hypothesen formulieren:

1. Die Hypothese H_0: Es besteht kein Unterschied zwischen den Behandlungen,

kürzer: $H_0 : \mu = 0$;

2. die Hypothese H_1: Die Behandlung A ist besser als die Behandlung B,

kürzer: $H_1 : \mu > 0$.

Häufiger wird untersucht, ob sich die Behandlungen A und B überhaupt unterscheiden, d. h. auch die Möglichkeit betrachtet, daß A schlechter als B ist. Dann werden die Hypothesen $H_0 : \mu = 0$ und $H_1 : \mu \neq 0$ verwendet. Die Hypothesen können auch ganz andere Fragestellungen umfassen z. B.

H_0 : X folgt der Gleichverteilung, H_1 : X folgt nicht der Gleichverteilung.

H_0 wird meist als N u l l h y p o t h e s e, H_1 als G e g e n - oder A l t e r n a t i v - h y p o t h e s e bezeichnet.

4.5.2 Die zwei Fehlerarten

Aufgrund der Beobachtungen wird man sich für H_1 oder nicht für H_1 entscheiden. Je nachdem welche Hypothese zutrifft, kann man dabei einen der beiden folgenden Fehler begehen:

Trifft die Hypothese H_0 zu und man entscheidet sich aufgrund der Beobachtungen für H_1, lehnt also H_0 ab, begeht man einen Fehler, den man F e h l e r I. A r t nennt. Entscheidet man sich dagegen nicht für H_1, wenn in Wirklichkeit H_1 vorliegt, so wird der Fehler als F e h l e r II. A r t bezeichnet.

Die verschiedenen Entscheidungsmöglichkeiten sind in folgender Vierfeldertafel dargestellt:

| | | Aufgrund der Stichprobe Entscheidung | |
		nicht für H_1	für H_1
	H_0	Richtige Entscheidung Wahrsch.: $1 - \alpha$	Fehler I. Art Wahrsch.: α
Vorliegende Hypothese	H_1	Fehler II. Art Wahrsch.: β	Richtige Entscheidung Wahrsch.: $1 - \beta$

Entsprechende Überlegungen muß z. B. ein Arzt anstellen, der aufgrund einer Untersuchung entscheiden muß, ob der Patient gesund ist oder an einer vermuteten Krankheit leidet. Auch hier haben wir es mit zwei Hypothesen zu tun:

H_0: Patient gesund,

H_1: der Patient hat die vermutete Krankheit.

Hier entspricht dem Fehler I. Art die falsch positive Diagnose und dem Fehler II. Art die falsch negative Diagnose. Auch ein Strafrichter hat bei einer Verhandlung gegen einen mutmaßlichen Täter A zwischen zwei Hypothesen zu entscheiden. H_0 : A ist nicht der Täter. H_1 : A ist der Täter. Der Fehler I. Art besteht darin, einen Unschuldigen zu verurteilen und der Fehler II. Art, einen Schuldigen freizusprechen.

4.5.3 Das Testverfahren

4.5.3.1 Die Verteilung unter der Nullhypothese Kehren wir zu dem Ausgangsbeispiel 4.3 zurück. Die Nullhypothese, daß kein Unterschied zwischen beiden Behandlungen besteht, wird abgelehnt werden, wenn die Beobachtungen zeigen, daß die mit A behandelte Fläche viel kleiner geworden ist als die mit B behandelte Fläche. Als Maß hierfür wollen wir die mittlere Differenz $\overline{X}$ verwenden.

Man wird also die Nullhypothese ablehnen, wenn der Mittelwert $\overline{x}$ sehr von $\mu = 0$ abweicht. Dazu muß man eine Grenze angeben und festlegen, die Nullhypothese a b z u -
l e h n e n , wenn der Mittelwert größer ist als diese Grenze, und sie nicht abzulehnen, wenn der Mittelwert kleiner ist als diese Grenze.

$\overline{X}$ ist eine Zufallsvariable. Da sie als Mittelwert der einzelnen Differenzen gebildet worden ist, kann aufgrund des zentralen Grenzwertsatzes (Abschn. 3.5.2) angenommen werden, daß ihre Verteilung recht gut durch eine Normalverteilung angenähert werden kann, auch wenn die ursprüngliche Verteilung der Differenzen nicht normal ist. Wenn die Varianz bekannt ist, dann läßt sich ein Bereich angeben, in den mit einer vorgegebenen Wahrscheinlichkeit $\overline{X}$ fallen wird, wenn die Nullhypothese zutrifft. Wir wollen im folgenden annehmen, daß wir die Varianz aus früheren Untersuchungen sehr genau kennen. Dann wird der Mittelwert nur mit der Wahrscheinlichkeit α außerhalb des Intervalls

$$\left(u_{\alpha/2}\,\frac{\sigma}{\sqrt{n}}, u_{1-\alpha/2}\,\frac{\sigma}{\sqrt{n}} \right)$$

liegen, das sich aus der Verteilung des Mittelwertes für $\mu = 0$ ergibt (Abschn. 3.5.2). Wenn α klein ist, wird man mit einer sehr großen Wahrscheinlichkeit, nämlich mit der Wahrscheinlichkeit $1 - \alpha$, die richtige Entscheidung (H_0 nicht abzulehnen) treffen, wenn H_0 richtig ist. Meist wählt man $\alpha = 0{,}05$.

4.5.3.2 Die Prüfgröße Um zu bestimmen, ob das beobachtete $\overline{x}$ in diesem Bereich liegt, ist es üblich, eine sogenannte Prüfgröße zu bilden. In diesem Falle wählt man die Prüfgröße

$$U = \frac{\overline{X}}{\sigma_{\overline{X}}} \quad \text{mit} \quad \sigma_{\overline{X}} = \frac{\sigma}{\sqrt{n}}.$$

Der beobachtete Mittelwert $\overline{x}$ liegt außerhalb des Bereiches, wenn $|u| > u_{1-\alpha/2}$. Die Nullhypothese wird also verworfen, wenn $|u|$ größer ist als der „k r i t i s c h e W e r t“ $u_{1-\alpha/2}$. Dieser Test heißt u-Test oder Gauß-Test, weil die Prüfgröße der standardisierten Normalverteilung folgt.

Der kritische Wert $u_{1-\alpha/2}$ beträgt daher 1,96, wenn $\alpha = 0{,}05$. Bei diesem Verfahren wird man sich mit einer Wahrscheinlichkeit von 5% irren und H_0 ablehnen, also den Fehler I. Art begehen, wenn die Nullhypothese zutrifft. Man bezeichnet die Wahrscheinlichkeit für den Fehler I. Art daher als I r r t u m s w a h r s c h e i n l i c h k e i t oder S i g n i f i k a n z n i v e a u.

4.5.3.3 Verteilung unter der Gegenhypothese Betrachten wir in unserem Beispiel 4.3 den Fall, daß die Gegenhypothese $\mu = \mu_1 > 0$ zutrifft. Sie ist eine aus vielen einzelnen Hypothesen, z. B. $\mu_1 = 1$, $\mu_1 = 2$ usw. zusammengesetzte Hypothese. Dabei bezeichnen wir den Erwartungswert unter der Nullhypothese allgemein mit μ_0 und unter der Gegenhypothese mit μ_1. Wir wollen annehmen, daß das Medikament A eine Verbesserung darstellt und $\mu_1 = 3$ beträgt. In diesem Fall würden wir den Fehler II. Art begehen, wenn die Prüfgröße u den kritischen Wert nicht überschreitet und wir die Hypothese H_0 nicht ablehnen. Darum erhält man die Wahrscheinlichkeit β für den Fehler II. Art, wenn die Varianz unter der Gegenhypothese $\sigma_{\bar{X}}^{*2}$ beträgt, aus

$$u_\beta = \frac{u_{1-\alpha/2}\,\sigma_{\bar{X}} - \mu_1}{\sigma_{\bar{X}}^{*}}. \tag{4.1}$$

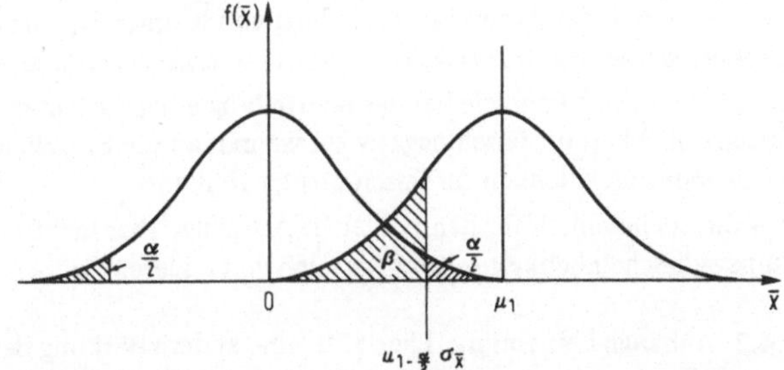

Fig. 4.2
Verteilung von $\bar{X}$ unter
$H_0(\mu = 0)$ und $H_1(\mu = \mu_1)$
mit den Fehlerwahrschein-
lichkeiten α und β

Wie man nämlich aus Fig. 4.2 erkennen kann, gilt für die untere Grenze c des Ablehnungsbereiches

$$c = u_{1-\alpha/2}\sigma_{\bar{X}} = \mu_1 + u_\beta\sigma_{\bar{X}}^{*}$$

Hieraus ergibt sich (4.1) durch Auflösung nach u_β.

Häufig kann man die Varianzen unter beiden Hypothesen als gleich annehmen. D. h. $\sigma_{\bar{X}}^{2} = \sigma_{\bar{X}}^{*2}$.

H_0 wird verworfen, wenn $|\bar{x}| > u_{1-\alpha/2}\sigma_{\bar{X}} = c$. Es ist

$$P_{H_0}(|\bar{X}| \geqslant c) = \alpha,$$

$$P_{H_1}(|\bar{X}| < c) = \beta.$$

Sei $\sigma_{\bar{X}} = \sigma_{\bar{X}}^{*} = 1$, dann ist

$$u_\beta = \frac{1{,}96 \cdot 1 - 3}{1} = -1{,}04,$$

so daß sich für die Wahrscheinlichkeit für den Fehler II. Art $\beta = 0{,}15$ ergibt. Hierbei wurde die Wahrscheinlichkeit, daß unter der Alternative ein Wert auftritt, der kleiner ist als die untere Grenze, vernachlässigt. Sie beträgt tatsächlich

$$P(U < -4{,}96) = 4 \cdot 10^{-7}.$$

4.5.3.4 Der Bayessche Ansatz Wären die Hypothesen zufällige Ereignisse, könnten mit Hilfe der Bayesschen Formel (s. Abschn. 3.2.4) die Wahrscheinlichkeiten (a posteriori) ausgerechnet werden, mit denen die Nullhypothese und die Gegenhypothese richtig sind, wenn zusätzlich die Wahrscheinlichkeiten a priori bekannt sind. Da dies nicht der Fall ist, können bei einem Test nur die Fehlerwahrscheinlichkeiten angegeben werden.

4.5.4 Abhängigkeiten beim Testen

4.5.4.1 Abhängigkeit von α Würde man die Wahrscheinlichkeit für den Fehler I. Art, die sogenannte Irrtumswahrscheinlichkeit, v e r r i n g e r n , dann würde sich, wie sich leicht aus (4.1) ergibt, die Wahrscheinlichkeit für den Fehler II. Art v e r g r ö ß e r n. Auch auf der Zeichnung (Fig. 4.2) ist zu erkennen, daß sich die Grenze nach rechts verschiebt, wodurch der Anteil der Verteilung von $\overline{X}$ unter H_1, der links der Grenze liegt, vergrößert würde. Wählt man z. B. $\alpha = 0,01$, so ergäbe sich in unserem Beispiel $\beta = 0,33$.

Auch dies hat seine Parallele bei der Beurteilung eines Patienten, auch hier nimmt die Wahrscheinlichkeit für falsch negativ zu, wenn man die Entscheidungsgrenze so ändert, daß die Wahrscheinlichkeit für falsch positiv abnimmt.

Die Wahrscheinlichkeit für den Fehler II. Art hängt aber nicht nur von der vorgegebenen Irrtumswahrscheinlichkeit α, sondern auch von anderen Größen ab.

4.5.4.2 Abhängigkeit von μ_1 Läge z. B. eine andere Wirkung der neuen Behandlung A vor, so daß $\mu_1 = 4$ (statt $\mu_1 = 3$) beträgt, dann ist die Wahrscheinlichkeit für den Fehler II. Art geringer, ähnlich wie eine Krankheit um so besser erkannt wird, je stärker sie ausgeprägt ist. Gerade deshalb kann man die Wahrscheinlichkeit β für den Fehler II. Art allgemein nicht angeben, weil sie von der speziellen vorliegenden Einzelhypothese abhängt, während α vorgegeben werden kann (s. Fig. 4.3).

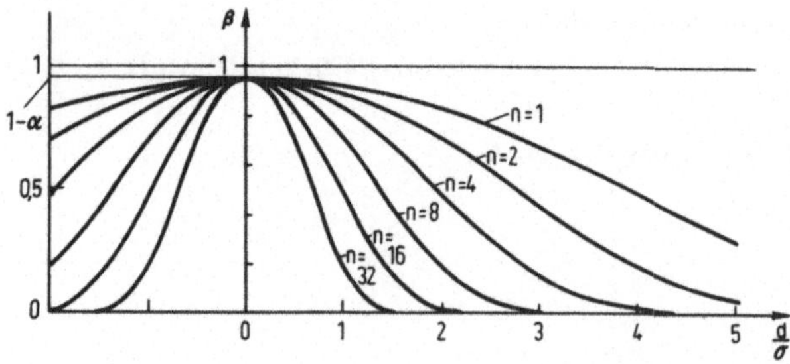

Fig. 4.3
Wahrscheinlichkeit β für den Fehler II. Art des u-Tests in Abhängigkeit von d/σ für die Stichprobenumfänge n = 1, 2, 4, 8, 16, 32. $d = \mu_1 - \mu_0$ Differenz der Erwartungswerte unter H_1 und H_0: σ^2 Varianz der Zufallsvariablen X

4.5.4.3 Abhängigkeit von σ und n Es ist leicht zu sehen, daß die Wahrscheinlichkeit β abnimmt, wenn die Anzahl n der Beobachtungen ansteigt oder wenn die Beobachtungen sorgfältiger durchgeführt werden, so daß die Varianz σ^2 der einzelnen Beobachtungen kleiner ist. In beiden Fällen wird nämlich $\sigma_{\overline{X}}$ kleiner, und damit überlappen sich die beiden Verteilungen unter H_0 und H_1 weniger. Dies ermöglicht es, in manchen Fällen den Stichprobenumfang vorherzubestimmen.

***4.5.4.4 Bestimmung des Stichprobenumfangs** Wenn die gerade noch interessierende Differenz $\mu_1 - \mu_0 > 0$, ebenso die als unabhängig von der Hypothese anzunehmende Varianz σ^2 sowie die Wahrscheinlichkeiten für die beiden Fehlerarten α und β angegeben werden können, dann erhält man aus der Beziehung

$$\mu_0 + u_{1-\alpha/2}\,\frac{\sigma}{\sqrt{n}} = \mu_1 + u_\beta\,\frac{\sigma}{\sqrt{n}}$$

durch Auflösen der Gleichung nach n

$$n = \frac{\sigma^2(u_\beta - u_{1-\alpha/2})^2}{(\mu_0 - \mu_1)^2}.$$

Ist z. B. $\alpha = \beta = 0,05$; $\mu_0 = 0$, $\mu_1 = 0,5$; $\sigma^2 = 1$, dann ist

$$n = \frac{1 \cdot (-1,64 - 1,96)^2}{0,25} = 51,8.$$

Wenn die Anzahl n der für einen Versuch benötigten Beobachtungen bei einer erwarteten Steigerung von höchstens $\mu_1 - \mu_0$ sehr viel größer ist als die für einen Versuch zur Verfügung stehenden Möglichkeiten, dann ist die Aussicht, die Nullhypothese zu verwerfen, so gering, daß der Versuch zweckmäßigerweise gar nicht durchgeführt werden sollte. Andererseits kann ein Versuchsplan wesentlich reduziert werden, wenn sich herausstellt, daß die Anzahl der Beobachtungen, die notwendig sind, um das gewünschte Ergebnis zu erzielen, wesentlich kleiner als der vorgesehene Versuchsumfang ist.

4.5.5 Wahl von α

Unabhängig von der Festsetzung des Stichprobenumfangs hat man α geeignet vorzugeben. Dies sollte nach den Risiken der Fehler I. und II. Art erwogen werden. Ist der Fehler I. Art schwerwiegender als der Fehler II. Art, so sollte man α klein wählen, ist der Fehler II. Art schwerwiegender, ein relativ hohes α festlegen. Der Fehler I. Art ist z. B. schwerwiegender, wenn ein sehr teures neues Medikament gegenüber einem billigen Standardpräparat geprüft wird und sich fälschlicherweise herausstellt, daß das neuere Medikament besser ist. Der Fehler II. Art ist wichtiger, wenn es um die Prüfung einer schwerwiegenden Nebenwirkung geht und fälschlicherweise festgestellt wird, daß das Medikament keine Nebenwirkung hat.

Diese Überlegungen treffen zu, wenn aufgrund der Untersuchung eine Entscheidung getroffen werden muß. Bei wissenschaftlichen V e r ö f f e n t l i c h u n g e n ist dies im allgemeinen nicht der Fall. Hier vermittelt man mehr Information, wenn man die Wahrscheinlichkeit P angibt, daß unter der Nullhypothese ein gleichgroßer oder größerer Wert der Prüfgröße auftritt als der beobachtete. Die Entscheidung, ob das Ergebnis als bedeutsam angesehen wird, kann dann dem Leser überlassen bleiben. Wenn die Prüfgröße einer Normalverteilung folgt, ist diese Überschreitungswahrscheinlichkeit P aus Tabellen abzulesen. Bei anderen Prüfverteilungen, die wir später kennenlernen werden, hängt der kritische Wert von der Anzahl der Beobachtungen ab, so daß im allgemeinen nicht für jeden Wert der Prüfgröße eine Überschreitungswahrscheinlichkeit zur Verfügung steht. Man beschränkt sich daher auf die zwei Schwellen $\alpha = 0,05$ und $\alpha = 0,01$ und bezeichnet ein Ergebnis, wenn

$P > 5\%$ als n i c h t   s i g n i f i k a n t ,

$1\% < P \leqslant 5\%$ als   s i g n i f i k a n t   oder schwach signifikant

und $P \leqslant 1\%$ als   s i g n i f i k a n t .

In Übersichten werden diese Signifikanzen oft mit einem und zwei Sternen gekennzeichnet. In manchen Fällen wird auch das Signifikanzniveau 0,1% verwendet und ein Ergebnis als hoch signifikant bezeichnet, wenn $P \leqslant 0,1\%$ ist. Dieses Ergebnis wird dann mit drei Sternen gekennzeichnet. Im älteren Schrifttum findet man als weiteres Signifikanzniveau 0,27%. Dies entspricht bei Normalverteilung der sog. 3σ-Grenze. Das bedeutet, daß die Nullhypothese verworfen wird, wenn der Mittelwert außerhalb des Bereiches $\mu \pm 3\sigma_{\bar{x}}$ liegt. Auch ein Ergebnis, das nicht signifikant ist, sollte immer angegeben werden, wenn ein Test durchgeführt wurde. Es sollte aber nicht ausführlich diskutiert werden, um nicht zu häufig Ergebnissen, die dem Zufall zuzuschreiben sind, durch eine Diskussion ein ungerechtfertigtes Gewicht zu geben.

Zu $H_1 : \mu_1 > \mu_0$ gehören auch Verteilungen, die nur sehr wenig von der Nullhypothese abweichen. Die Wirkung des Medikaments A kann nur so wenig besser als die von B sein, daß man sie kaum von B unterscheiden kann. Aus diesem Grunde kann man nicht davon sprechen, die Nullhypothese H_0 anzunehmen, sondern nur davon, sie nicht abzulehnen. In unserem Beispiel wird man also bei $P > 5\%$ nicht sagen, daß das Medikament A die gleiche Wirkung hat wie das Medikament B, sondern nur: Aufgrund des Versuches kann die Hypothese nicht abgelehnt werden, daß die Wirkung gleich groß ist. Man kann sogar davon ausgehen, daß in den meisten Fällen eine unterschiedliche Wirkung vorliegt, daß es aber mit Hilfe des Versuches nicht möglich war zu entscheiden, ob das Medikament A etwas besser oder etwas schlechter als B ist.

4.5.6 Einseitige und zweiseitige Prüfung

In dem betrachteten Beispiel wurde die Nullhypothese auch abgelehnt, wenn der Mittelwert kleiner war als der untere kritische Punkt. Dies würde bedeuten, daß das Medikament A schlechter als das Standardpräparat ist und unter Umständen auch dann nicht in Frage kommt, wenn die Nebenwirkungen geringer als beim Standardpräparat wären. Diese Situation tritt am häufigsten auf. Man prüft die Hypothese, daß zwei Methoden gleich sind, gegen die Alternative, daß Unterschiede bestehen.

Es kann allerdings auch der Fall eintreten, daß man nur an einer Verbesserung interessiert ist. In diesem Fall wird man die Nullhypothese erweitern, indem man auch die Möglichkeit hinzunimmt, daß $\mu < \mu_0$ ist, so daß die beiden Hypothesen folgendermaßen lauten:

$$H_0 : \mu \leqslant \mu_0 \qquad H_1 : \mu > \mu_0 .$$

In diesem Fall wird man als obere Grenze das Quantil $u_{1-\alpha}$ anstatt $u_{1-\alpha/2}$ wählen, bei $\alpha = 0,05$ also 1,64 anstelle von 1,96. Dies bedeutet eine Verringerung der Wahrscheinlichkeit für den Fehler II. Art. In diesem Fall ist die Wahrscheinlichkeit für den Fehler I. Art gerade gleich der vorgegebenen Wahrscheinlichkeit α, wenn $\mu = \mu_0$, und kleiner als α, wenn $\mu < \mu_0$ ist. Auch wenn der Fall $\mu < \mu_0$ ausgeschlossen werden kann, d. h. wenn keine alternative Verteilung denkbar ist, für die $\mu < \mu_0$ gilt, kann ein einseitiger Test für $\mu > \mu_0$ angewendet werden.

Ein einseitiger Test darf aber nicht angewendet werden, wenn auch bei einem zu kleinen Wert von $\overline{X}$ die Nullhypothese abgelehnt wird, weil dies praktisch zu einer Irrtumswahrscheinlichkeit $2\,\alpha$ führt. Dies geschieht leicht, wenn vor der Auswertung noch nicht feststeht, ob eine Verbesserung oder eine Verschlechterung zu erwarten ist und für beide Möglichkeiten entsprechende Arbeitshypothesen vorliegen. In diesem Fall ist man versucht, die Hypothese zu wählen, die den vorliegenden Daten am besten entspricht. Da ein solches Vorgehen zu einer Verdoppelung der Irrtumswahrscheinlichkeit führt, sollte stets zweiseitig geprüft werden.

4.5.7 t-Test

Wir haben bisher vorausgesetzt, daß σ bekannt ist. Wenn σ nicht bekannt ist, so wird die empirische Standardabweichung s an Stelle von σ gesetzt. Die Prüfgröße lautet dann

$$t = \frac{\overline{X} - \mu}{s}\,\sqrt{n}.$$

Sie folgt dann nicht mehr einer Normalverteilung, weil auch der Nenner eine Zufallsvariable darstellt. Die Verteilung ist die sogenannte t-Verteilung (Abschn. 4.5.11.3). Sie hängt von der Anzahl der Beobachtungen ab, die für die Schätzung von s verwendet wurden. Diese Abhängigkeit läßt sich nicht wie die Abhängigkeit von σ bei einer normalverteilten Zufallsvariablen durch eine Transformation eliminieren. Es war daher notwendig, für jede Beobachtungsanzahl die kritischen Werte zu berechnen. Dieser Test ist der sogenannte t-Test oder Studenttest (kritische Werte s. Tab. 8.3).

* 4.5.8 Effizienz

Bei der Schätzung des Erwartungswerts μ einer symmetrischen Verteilung waren wir davon ausgegangen, daß es mehrere Möglichkeiten gibt, μ zu schätzen, wobei sich bei Normalverteilung der Mittelwert als der beste Schätzer erwies, weil er konsistent und erwartungstreu ist und die geringste Varianz aufweist. Beim Testproblem sind wir von vornherein von einer Prüfgröße ausgegangen, die auf dem Mittelwert beruht. In gleicher Weise kann man Prüfgrößen bilden, die der Schätzung des Erwartungswerts z. B. durch den Median entsprechen. Der dem Median analoge Test ist der sogenannte Vorzeichentest (s. Abschn. 4.5.12.2). Diese Testverfahren sind oft einfacher zu handhaben. Die Irrtumswahrscheinlichkeit beträgt ebenso wie beim t-Test α, aber die Wahrscheinlichkeit β für den Fehler II. Art ist, zumindest, wenn Normalverteilung vorliegt, größer als beim t-Test, wenn die Beobachtungsanzahl n bei beiden Testverfahren gleich ist. Man sagt, sie sind nicht so effizient wie der t-Test. Nun nimmt die Wahrscheinlichkeit β mit wachsendem n auch bei diesen Testverfahren ab.

Als Effizienz eines Testverfahrens bezogen auf ein anderes wird ähnlich wie bei der Schätzung das reziproke Verhältnis der Stichprobenumfänge bezeichnet, bei dem beide Testverfahren die gleiche Wahrscheinlichkeit β für den Fehler II. Art besitzen. Bei einem Stichprobenumfang n habe der zweite Test die Wahrscheinlichkeit β bei einer Alternative μ_1. Dann wird der Stichprobenumfang n' des ersten Tests so bestimmt, daß dieser bei derselben Alternativen die gleiche Wahrscheinlichkeit β besitzt. Als Effizienz wird das Verhältnis $e = n'/n$ bezeichnet. Es hängt meist von n und von der speziellen Alternative μ_1 ab. Aus diesem Grund betrachtet man gewöhnlich den Grenzwert, der sich ergibt, wenn man n gegen unendlich wachsen läßt (asymptotische Effizienz). Meist läßt man dabei gleichzeitig μ_1 gegen μ_0 streben.

4.5.9 Konfidenzintervall

Bei der Schätzung eines Parameters fanden wir, daß der Schätzwert t fast nie mit dem Parameterwert ϑ übereinstimmt und daß wir nur hoffen können, daß der Abstand $t - \vartheta$ nicht allzu groß sein wird. Es besteht daher ein Bedürfnis, neben t alle diejenigen Werte zu betrachten, die noch als Parameterwerte für ϑ in Frage kommen. Bei einem Test zur Prüfung der Hypothese $H_0 : \vartheta = \vartheta_0$ bedeutet die Ablehnung der Hypothese, daß der Wert ϑ_0 (bei einer Irrtumswahrscheinlichkeit von α) als Parameterwert nicht in Betracht gezogen wird. Kann die Hypothese nicht abgelehnt werden, so bedeutet dies, daß der Wert ϑ_0 als Parameterwert in Frage kommt. Es ist daher naheliegend, alle Werte ϑ, die der Parameter annehmen kann, einem derartigen Test zu unterziehen und aus denjenigen ϑ, die nicht abgelehnt werden, einen Bereich zu bilden, der alle die Parameterwerte enthält, die im vorliegenden Fall in Frage kommen. Man bezeichnet einen solchen Bereich als Konfidenzbereich, und wenn er wie in der Regel ein Intervall bildet, als Konfidenzintervall (s. Fig. 4.4). Für den Fall, den Erwartungswert μ einer symmetrischen Verteilung

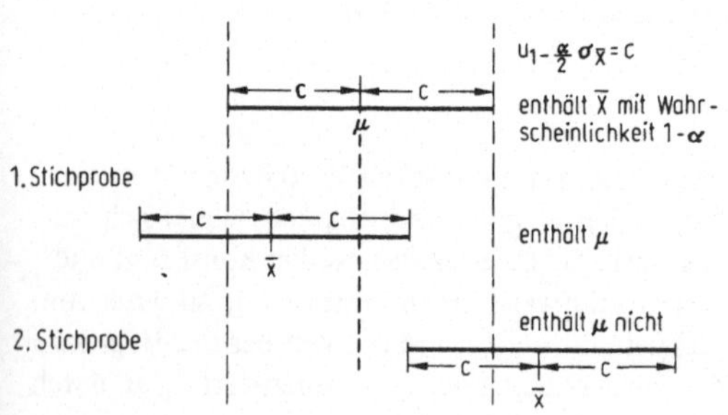

Fig. 4.4
Konfidenzintervall. Es sind zwei Konfidenzintervalle eingezeichnet, von denen das eine den Parameter μ enthält, weil $\overline{x}$ innerhalb I = $(\mu - c, \mu + c)$ liegt, das andere μ nicht enthält, weil $\overline{x}$ außerhalb I liegt. Da $\overline{X}$ mit Wahrscheinlichkeit $1 - \alpha$ innerhalb I liegt, wird das Konfidenzintervall mit Wahrscheinlichkeit $1 - \alpha$ den Parameter μ überdecken ($c = u_{1-\alpha/2}\sigma_{\overline{X}}$)

zu bestimmen, wurden zum Test der Hypothese $H_0 : \mu = \mu_0$ als kritische Werte des Mittelwerts $\overline{X}$ bei bekannter Varianz die Grenzen $\mu_0 - u_{1-\alpha/2}\sigma_{\overline{X}}$ und $\mu_0 + u_{1-\alpha/2}\sigma_{\overline{X}}$ bestimmt, wobei $u_{\alpha/2} = -u_{1-\alpha/2}$ verwendet wurde. Der gewünschte Konfidenzbereich, der alle in Frage kommenden Werte μ des Parameters enthält, ist das Intervall

$$(\overline{X} - u_{1-\alpha/2}\sigma_{\overline{X}}, \overline{X} + u_{1-\alpha/2}\sigma_{\overline{X}}).$$

Liegt nämlich μ_0 innerhalb des Intervalls, dann ist

$$|\bar{x} - \mu_0| < u_{1-\alpha/2}\,\sigma_{\bar{X}}.$$

$\bar{X}$ liegt also im Bereich

$$(\mu_0 - u_{1-\alpha/2}\,\sigma_{\bar{X}},\ \mu_0 + u_{1-\alpha/2}\,\sigma_{\bar{X}}),$$

so daß der Wert μ_0 bei einem Test nicht abgelehnt würde. Ist dagegen

$$|\bar{x} - \mu_0| > u_{1-\alpha/2}\,\sigma_{\bar{X}},$$

dann ist μ_0 außerhalb des Bereichs, kommt also als Parameterwert nicht in Frage. Ähnlich wie in dem Fall, bei dem die Nullhypothese nicht abgelehnt werden kann, nicht behauptet wird: „Die Nullhypothese ist mit der Wahrscheinlichkeit $1 - \alpha$ richtig", so kann man bei der Bildung eines Konfidenzbereiches nicht behaupten: „der Parameterwert liegt mit der Wahrscheinlichkeit $1 - \alpha$ im Konfidenzbereich". Der Test ist ja ein Verfahren, bei dem nichts für den Einzelfall ausgesagt wird, sondern nur, daß bei vielfacher Anwendung die angegebenen Fehlerwahrscheinlichkeiten auftreten werden. In gleicher Weise kann man bei der Bildung des Konfidenzintervalls nur behaupten: „Dies ist ein Verfahren, bei dem im Mittel beim Anteil $1 - \alpha$ der Fälle der Parameterwert im Konfidenzbereich enthalten sein wird und im Anteil α der Fälle außerhalb des Bereiches liegt".

Wir haben bisher vorausgesetzt, daß die Varianz σ^2 bekannt ist. Wenn σ nicht bekannt ist, dann erhält man als Konfidenzintervall entsprechend Abschn. 4.5.7

$$(\bar{x} - ts_{\bar{X}},\ \bar{x} + ts_{\bar{X}})\quad \text{mit}\quad t = t_{n-1,\,1-\alpha/2}.$$

Wird der Konfidenzbereich für die mittlere Verbesserung μ einer neuen Methode gegenüber der alten Methode gebildet, so besagt es etwas mehr als der Test der Hypothese $H_0 : \mu = 0$. Enthält der Bereich neben Null nur kleine, praktisch unbedeutende Werte von μ, so kann man daraus schließen, daß die neue Methode keine wesentliche Verbesserung darstellt. Enthält er aber auch praktisch bedeutende Werte, so sagt der Versuch sehr wenig aus, denn das neue Mittel kann sowohl keine Verbesserung, wie auch eine praktisch bedeutende Verbesserung bewirken. Umschließt der Konfidenzbereich die Null nicht, aber nur relativ kleine Werte von μ, so bedeutet das eine Verbesserung, die zwar signifikant ist, praktisch aber unbedeutend sein kann. Nur wenn der Konfidenzbereich ausschließlich große Werte von μ umfaßt, ist die Verbesserung signifikant und praktisch von Wichtigkeit.

4.5.10 Toleranzbereiche

Der Konfidenzbereich sagt nur über einen Parameter, z. B. den Erwartungswert der Verteilung, etwas aus. Der Arzt, der eine neue Methode im Einzelfall anwenden will, interessiert sich aber nicht nur für die mittlere Wirkung in der Population, sondern auch, ob er sicher sein kann, daß im Einzelfall die Wirkung besser ist. Ihn interessiert ein Bereich, in dem er eine z u k ü n f t i g e B e o b a c h t u n g erwarten kann. Wenn die Verteilung bekannt wäre, so wäre das durch die Quantile begrenzte Intervall

$$(x_{\alpha/2}, x_{1-\alpha/2})$$

ein Bereich, der mit der Wahrscheinlichkeit $1 - \alpha$ eine zukünftige Beobachtung enthalten würde. Da wir aber die Verteilung nicht kennen, müssen wir einen anderen Weg gehen. Die zukünftige Beobachtung ist eine Zufallsvariable, die wir mit X' kennzeichnen wollen. Die Differenz $X' - \overline{X}$ zwischen dieser Beobachtung und dem Mittelwert $\overline{X}$ der Stichprobe hat nach (3.13) und (3.16) eine Verteilung mit dem Erwartungswert Null und der Varianz

$$\mathrm{Var}(X' - \overline{X}) = \mathrm{Var}(X') + \mathrm{Var}(\overline{X}) = \sigma^2 + \frac{\sigma^2}{n} = \sigma^2 \left(1 + \frac{1}{n}\right),$$

da die zukünftige Beobachtung und der Mittelwert unabhängig voneinander verteilt sind. Liegt Normalverteilung vor, so ist auch diese Differenz normalverteilt, und wir erhalten als Intervall

$$\left(\overline{x} - u_{1-\alpha/2}\sigma \sqrt{1 + \frac{1}{n}}, \overline{x} + u_{1-\alpha/2}\sigma \sqrt{1 + \frac{1}{n}}\right),$$

wenn die Varianz bekannt ist, und

$$\left(\overline{x} - t_{n-1,1-\alpha/2}s \sqrt{1 + \frac{1}{n}}, \overline{x} + t_{n-1,1-\alpha/2}s \sqrt{1 + \frac{1}{n}}\right),$$

wenn die Varianz nicht bekannt ist, wobei $t_{n-1,1-\alpha/2}$ das Quantil der t-Verteilung mit $n - 1$ Freiheitsgraden bedeutet.

Liegt keine Normalverteilung vor, können als Grenzen die Anordnungswerte $x_{(k)}$ und $x_{(\ell)}$ verwendet werden. Hierbei ist $k = (\alpha/2)(n + 1)$, wenn $(\alpha/2)(n + 1)$ eine ganze Zahl ist, sonst[1]) ist die nächst kleinere ganze Zahl zu wählen. Ebenso ist $\ell = (1 - \alpha/2)$ $(n + 1)$, wenn $(1 - \alpha/2)(n + 1)$ ganz, bzw. die nächst größere ganze Zahl. Wenn $n = 100$ und $\alpha = 0,05$, so ist $k = 2$ und $\ell = 99$. Die zukünftige Beobachtung wird mit der Wahrscheinlichkeit 0,96 in dieses Intervall fallen.

Dies Intervall hat aber auch noch eine andere Eigenschaft. Es überdeckt im Mittel den A n t e i l $1 - \alpha$ d e r V e r t e i l u n g. Sei x_o und x_u die obere und die untere Grenze dieses Intervalls, dann ist der Anteil, der von diesem Intervall überdeckt wird, gerade $F(x_o) - F(x_u)$. Man kann zeigen, daß der Erwartungswert dieser Größe gerade $1 - \alpha$ beträgt

$$E(F(x_o) - F(x_u)) = 1 - \alpha.$$

Im Einzelfall kann es aber sehr viel weniger oder auch sehr viel mehr enthalten.

---

[1]) Dann beträgt die Wahrscheinlichkeit $\dfrac{\ell - k}{n + 1} > 1 - \alpha.$

4.5.11 Prüfverteilungen

Neben der Normalverteilung werden auch andere Verteilungen als Prüfverteilungen verwendet. Die bekanntesten sind die t-Verteilung, die χ^2-Verteilung und die F-Verteilung. Diese Verteilungen lassen sich aus der Normalverteilung herleiten.

Einige Quantile der Verteilungen, die zur Durchführung der Testverfahren in den folgenden Abschnitten verwendet werden, sind in Abschn. 8 tabelliert.

***4.5.11.1 χ^2-Verteilung** Betrachten wir f unabhängige Zufallsvariable $U_1, \ldots, U_f$, die einer standardisierten Normalverteilung folgen. Die Zufallsvariable

$$V_f = U_1^2 + \ldots + U_f^2$$

hat eine Verteilung, die als χ^2-Verteilung mit f F r e i h e i t s g r a d e n bezeichnet wird (s. Fig. 4.5). Diese Verteilung hat für jedes f eine etwas andere Form. Sie ist rechtsschief, für f = 1 und für f = 2 ist sie sogar i-förmig, strebt aber aufgrund des zentralen Grenzwertsatzes mit wachsendem f gegen die Normalverteilung.

Im folgenden wird benutzt, daß das Quadrat $V_1 = U^2$ einer standardisierten normalverteilten Zufallsvariablen U einer χ^2-Verteilung mit einem Freiheitsgrad, und daß SQ/σ^2 einer χ^2-Verteilung mit f = n − 1 Freiheitsgraden folgt, wenn die Anzahl der Beobachtungen n beträgt und die Beobachtungen normalverteilt und voneinander unabhängig sind.

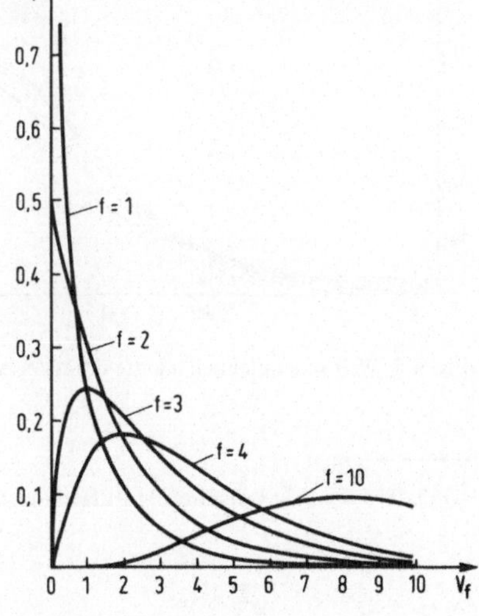

Fig. 4.5
Wahrscheinlichkeitsdichte der χ^2-Verteilung
mit den Freiheitsgraden 1, 2, 3, 4, 10

***4.5.11.2 F-Verteilung** Betrachten wir zwei voneinander unabhängige χ^2-verteilte Zufallsvariablen V_{f_1} und V_{f_2}, mit f_1 bzw. f_2 Freiheitsgraden, dann hat der Quotient

$$\frac{V_{f_1}/f_1}{V_{f_2}/f_2}$$

eine Verteilung, die als F-Verteilung mit f_1 und f_2 Freiheitsgraden bezeichnet wird. Z. B. folgt bei normalverteilten Beobachtungen der Quotient s_1^2/s_2^2 einer F-Verteilung mit $n_1 - 1$ und $n_2 - 1$ Freiheitsgraden; dabei bedeuten s_1^2 und s_2^2 unabhängige Schätzungen der gleichen Varianz σ^2 aufgrund von n_1 bzw. n_2 unabhängigen Beobachtungen.

***4.5.11.3 t-Verteilung** Schließlich betrachten wir die Zufallsvariable

$$t_f = \frac{U}{\sqrt{V_f}}\ \sqrt{f}.$$

Hierbei folgt U einer standardisierten Normalverteilung. Der Nenner ist die Wurzel einer von U unabhängigen χ^2-verteilten Zufallsvariablen. t_f folgt einer sogenannten Studentschen t-Verteilung mit f Freiheitsgraden (s. Fig. 4.6). Die t-Verteilung ist symmetrisch, ähnelt der Normalverteilung und geht auch mit wachsendem f in die standardisierte Normalverteilung über. t_f^2 ist eine Zufallsvariable, die einer F-Verteilung mit 1 und f Freiheitsgraden folgt.

Die Verteilung wurde in Abschn. 4.5.7 benötigt, da[1]

$$\frac{\overline{X} - \mu}{s}\ \sqrt{n}$$

verteilt ist wie t mit $n - 1$ Freiheitsgraden.

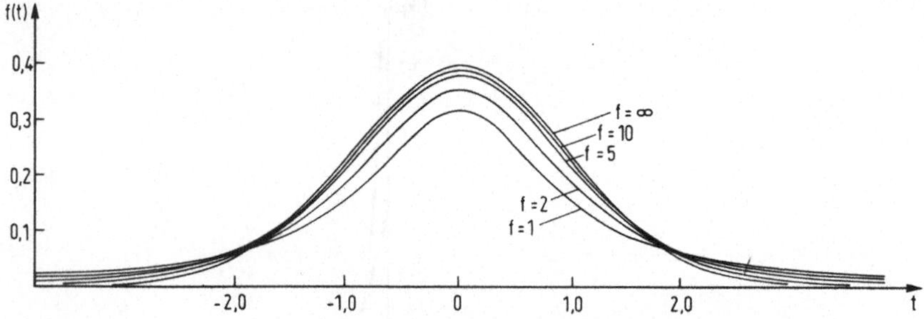

Fig. 4.6 Wahrscheinlichkeitsdichte der t-Verteilungen mit den Freiheitsgraden 1, 2, 5, 10, ∞

---

[1]) Da $U = \dfrac{\overline{X} - \mu}{\sigma}\ \sqrt{n}$ einer standardisierten Normalverteilung und

$$\frac{SQ}{\sigma^2} = \frac{s^2(n - 1)}{\sigma^2}$$

einer χ^2-Verteilung mit $n - 1$ Freiheitsgraden folgt, ist

$$\frac{\overline{X} - \mu}{s}\ \sqrt{n} = \frac{\overline{X} - \mu}{\sigma}\ \sqrt{n}\ \frac{1}{\sqrt{\dfrac{SQ}{\sigma^2}}}\ \sqrt{n - 1} = t_{n-1}.$$

Von diesen Prüfverteilungen sind in fast allen statistischen Büchern die 0,975- und 0,995-
bzw. 0,95- und 0,99-Quantile angegeben, da im allgemeinen nur diese zum Prüfen von
statistischen Hypothesen und zur Bildung von Konfidenzintervallen gebraucht werden.

4.5.12 Zweistichprobenprobleme

Sehr viele Anwendungen der Statistik in der Medizin beruhen auf dem Vergleich zwischen zwei Gruppen von Individuen (s. Abschn. 4.3). Häufig wird die eine behandelt
und die andere (Kontrollgruppe) nicht behandelt. Um zu prüfen, ob die Behandlung
einen Erfolg gehabt hat, wird untersucht, ob die Differenz zwischen den Mittelwerten
des betrachteten Merkmals, z. B. des Blutdrucks beider Versuchsgruppen, von Null abweicht. An Stelle der Mittelwerte können auch andere Parameter, z. B. ein Quantil oder
die Varianz, betrachtet werden. Diese Verfahren bezeichnet man als Zweistichprobentests. Hierbei sind zu unterscheiden:

a) Zweistichprobentests bei unverbundenen Stichproben, wenn die Behandlung oder
Nichtbehandlung an voneinander unabhängigen Beobachtungseinheiten vorgenommen
werden, und

b) Zweistichprobentests mit paarigen Beobachtungen, wenn die Behandlung und Nichtbehandlung bei abhängigen Beobachtungseinheiten, z. B. nacheinander bei der gleichen
Versuchsperson, durchgeführt wurde.

Zu b) gehören auch Verfahren, bei denen Zwillingspaare, paarige Körperteile o. ä., also
Blöcke zu je zwei Beobachtungseinheiten, verwendet werden. Die Beobachtungseinheiten verschiedener Blöcke müssen dann jedoch unabhängig voneinander sein.

4.5.12.1 Vergleich zweier relativer Häufigkeiten Die einfachste Form haben wir, wenn
bei jeder Beobachtungseinheit nur das Eintreten oder Nichteintreten eines Ereignisses
(z. B. Besserung) beobachtet wird. In diesem Fall reduziert sich das Zweistichprobenproblem bei unverbundenen Stichproben auf den Vergleich zweier relativer Häufigkeiten. Sei das Ereignis in der ersten Stichprobe vom Umfang n_1 a-mal eingetreten und in
der zweiten Stichprobe vom Umfang n_2 c-mal eingetreten, dann haben wir die Quotienten a/n_1 und c/n_2 zu vergleichen. Man kann dies am besten mit einer Vierfeldertafel darstellen.

Vierfeldertafel für den Vergleich zweier relativer Häufigkeiten

	Ereignis eingetreten		
	ja	nein	Σ
1. Stichprobe	a	b	n_1
2. Stichprobe	c	d	n_2
Σ	r	s	n

Hierbei sind b und d jeweils die Anzahl der Beobachtungen, bei denen das Ereignis nicht eingetreten ist. Die Nullhypothese besagt, daß die Wahrscheinlichkeit für das Eintreten der Ereignisse in beiden Gruppen gleich ist.

Zu ihrer Überpüfung wird die Prüfgröße[1])

$$\frac{(ad - bc)^2 n}{rsn_1 n_2}$$

gebildet, deren Verteilung durch die χ^2-Verteilung mit einem Freiheitsgrad gut angenähert werden kann, wenn die Anzahl der Beobachtungen nicht zu klein ist. Für kleine Werte von n sind auch die kritischen Werte der genauen Verteilung berechnet und tabelliert worden.

Um sicher zu sein, die vorgegebene Irrtumswahrscheinlichkeit nicht zu überschreiten, wird oft die Yatessche Korrektur verwendet. Dies ist eine S t e t i g k e i t s k o r r e k - t u r , bei der der Zähler verkleinert wird. Die Prüfgröße lautet dann

$$\frac{\left(|ad - bc| - \dfrac{n}{2}\right)^2 n}{rsn_1 n_2}.$$

Dieser Test wird auch als V i e r f e l d e r t e s t bezeichnet. Er wird, wie alle χ^2-Tests, einseitig verwendet, d. h. H_0 verworfen, wenn die Prüfgröße größer als $\chi^2_{1;1-\alpha}$ ist.

Beispiel 4.4[2]) Unter 63 Ärzten, die an Lungenkrebs erkrankt waren, befanden sich 60 Raucher, in einer Kontrollgruppe von 43 nicht an Lungenkrebs erkrankten Ärzten jedoch nur 32.

Tab. 4.3 Verteilung von Rauchern und Nichtrauchern bei Ärzten,
die an Lungenkrebs erkrankt waren, und Kontrollen

	Raucher	Nichtraucher	Σ
Lungenkrebspatienten	60	3	63
Kontrollen	32	11	43
Σ	92	14	106

---

[1]) a folgt einer Binomialverteilung mit der geschätzten Varianz $n\hat{p}\hat{q}$ (wobei $\hat{p} = r/n$ und $\hat{q} = 1 - \hat{p}$). Die Differenz der relativen Häufigkeiten

$$D = \frac{a}{n_1} - \frac{c}{n_2}$$

hat dann die geschätzte Varianz

$$s_D^2 = \hat{p}\hat{q}\left(\frac{1}{n_1} + \frac{1}{n_2}\right).$$

so daß für große n aufgrund des zentralen Grenzwertsatzes D^2/s_D^2 einer χ^2-Verteilung folgt. Diese Größe ist nach einiger Umrechnung die angegebene Prüfgröße.

[2]) C o r n f i e l d , J.: Proc. of the Third Berkeley Symposium IV (1956) 135–147.

Der Anteil der Raucher betrug bei den Lungenkrebspatienten 0,95 und bei den Kontrollen 0,74. Eine Prüfung, ob dieser Unterschied signifikant ist, ergibt mit Hilfe der Yatesschen Korrektur

$$\frac{(|60 \cdot 11 - 3 \cdot 32| - 53)^2 \, 106}{63 \cdot 43 \cdot 14 \cdot 92} = 7,93.$$

Da $\quad \chi^2_{1;0,99} = 6,63 \quad$ (s. Tab. 8.2),

ist der Unterschied mit einer Irrtumswahrscheinlichkeit von 1% signifikant.

4.5.12.2 Vorzeichentest Vorausgesetzt, daß die Stichproben paarig sind, sei wieder der Fall betrachtet, daß das Ereignis eintritt oder nicht eintritt. Haben beide Behandlungen bei dem Beobachtungspaar zu demselben Ergebnis geführt, so wird das Beobachtungspaar weggelassen. n sei die Anzahl der Beobachtungspaare, bei denen ein Unterschied aufgetreten ist. Bei X Beobachtungspaaren habe die erste Behandlung einen Erfolg, die zweite keinen Erfolg, bei $Y = n - X$ habe die erste keinen Erfolg, die zweite aber Erfolg gehabt. Unter der Nullhypothese, die besagt, daß kein Unterschied zwischen den Behandlungen besteht, ist die Wahrscheinlichkeit 1/2, daß die erste Behandlung einen Erfolg und die andere keinen Erfolg hat. X ist also unter der Nullhypothese binomialverteilt mit p = 1/2.

$$U = \frac{X - Y}{\sqrt{X + Y}} \quad {}^1)$$

hat also den Erwartungswert 0 und die Varianz 1 und ist asymptotisch normalverteilt. Als Prüfgröße wird das Quadrat

$$\frac{(X - Y)^2}{X + Y}$$

verwendet, das daher asymptotisch einer χ^2-Verteilung mit einem Freiheitsgrad folgt. Für kleine Werte von n liegen die kritischen Werte der genauen Verteilung vor.

Auch hier kann eine Stetigkeitskorrektur dadurch vorgenommen werden, daß vom Absolutbetrag der Wert 1 abgezogen wird, so daß man die verbesserte Prüfgröße

$$\frac{(|X - Y| - 1)^2}{X + Y}$$

erhält. Dieser Test wird als V o r z e i c h e n t e s t bezeichnet.

Man kann die Beobachtungen auch in Form einer Vierfeldertafel anlegen. Hierbei bedeutet a die Anzahl der Beobachtungspaare, bei denen in beiden Fällen ein Erfolg

---

${}^1)\; U = \dfrac{X - E(X)}{\sqrt{\text{Var}(X)}} = \dfrac{X - np}{\sqrt{npq}} = \dfrac{X - \dfrac{n}{2}}{\sqrt{n \dfrac{1}{2} \dfrac{1}{2}}} = \dfrac{2X - n}{\sqrt{n}} = \dfrac{X - Y}{\sqrt{X + Y}}\;.$

auftrat und b die Anzahl der Beobachtungspaare, bei denen in beiden Fällen kein Erfolg aufgetreten ist. Die Auswertung erfolgt aber nach der obigen Formel.

2. Versuch 1. Versuch	Erfolg	kein Erfolg
Erfolg	a	x
kein Erfolg	y	b

In dieser Form wird der Test meist nach M. M c N e m a r benannt.

Beispiel 4.5 [1]) Ein praktischer Arzt behandelt eine Stichprobe von 38 Patienten in einem Abstand von einem Monat einmal mit einem Kombinationspräparat, das Vitamine, Hormone und Nervennährstoffe enthält, und ein zweites Mal mit einem Leerpräparat (die Patienten beginnen — zufällig zugeteilt — je zur Hälfte mit dem einen bzw. mit dem anderen Präparat). Aufgrund der Aussagen der Patienten stuft der Arzt die Wirkung als gering oder stark ein. Den Patienten wurde dabei erklärt, es handele sich um zwei verschiedene Mittel, die man individuell ausprobieren müsse. Die Nullhypothese besagt, daß beide Präparate gleich wirksam sind. Das Ergebnis ist in der folgenden Vierfeldertafel angegeben:

Tab. 4.4 Wirkung von Leer- und Vollpräparat bei 38 Versuchspersonen

Leerpräparat Vollpräparat	stark	gering	
stark	9	15	24
gering	4	10	14
	13	25	38

Wir erhalten

$$\frac{(|15 - 4| - 1)^2}{15 + 4} = 5{,}26.$$

Da $\chi^2_{1;0,95} = 3{,}84$, übersteigt bei einer Irrtumswahrscheinlichkeit von 5% die Wirkung des Vollpräparats die des Leerpräparates.

4.5.12.3 t-Test bei unverbundenen Stichproben Wir wollen im folgenden annehmen, daß die Beobachtungen „normalverteilt" sind, d. h. Realisationen von normalverteilten Zufallsvariablen darstellen. Im Fall unverbundener Stichproben sei außerdem vorausgesetzt, daß ihre V a r i a n z e n in beiden Gruppen g l e i c h sind, die beobachteten

---

[1]) Nach L i e n e r t , G. A.: Verteilungsfreie Methoden in der Biostatistik, Bd. I. Meisenheim am Glan: Hain 1973, S. 193.

Unterschiede von s_1^2 und s_2^2 also nur zufällig sind. In diesem Fall ist der beste Test (der Test mit kleinster Wahrscheinlichkeit für den Fehler II. Art) durch die Prüfgröße

$$t = \frac{d}{s_d}$$

mit $\qquad d = \overline{X}_1 - \overline{X}_2, \qquad s^2 = \frac{SQ_1 + SQ_2}{n_1 + n_2 - 2}$

und $\qquad s_d^2 = s^2 \left(\frac{1}{n_1} + \frac{1}{n_2} \right) = s^2 \frac{n_1 + n_2}{n_1 n_2}$

gegeben, wobei $\overline{X}_1$ und $\overline{X}_2$ die Mittelwerte, SQ_1 und SQ_2 die Summen der Abweichungsquadrate beider Stichproben bedeuten. $t = d/s_d$ folgt einer t-Verteilung mit $n_1 + n_2 - 2$ Freiheitsgraden. Die Nullhypothese wird mit der Irrtumswahrscheinlichkeit α verworfen, wenn

$$|t| > t_{n_1 + n_2 - 2, 1 - \alpha/2}.$$

Beispiel 4.6 [1]) Bei 38 Müttern mit einem manifesten Diabetes (aus den Jahren 1967 bis 1973 der Universitäts-Frauenklinik Freiburg) und bei 23 gesunden Müttern (aus dem gleichen Zeitraum) wurden die Placentagewichte in g gemessen (Tab. 4.5).

Um zu prüfen, ob sich die Placentagewichte bei gesunden und diabetischen Müttern unterscheiden, kann unter der Annahme, daß Normalverteilung vorliegt, zum Vergleich der Mittelwerte der t-Test für unverbundene (unpaarige) Stichproben angewandt werden:

$$\sum_{i=1}^{23} x_{1i} = 13840, \qquad \sum_{i=1}^{38} x_{2i} = 27682,$$

$$\overline{x}_1 = 601,7, \qquad \overline{x}_2 = 728,5,$$

$$d = \overline{x}_1 - \overline{x}_2 = -126,7,$$

$$SQ_1 = 345800, \qquad SQ_2 = 1240800,$$

$$s^2 = 26892, \qquad s_d^2 = s^2 \frac{n_1 + n_2}{n_1 n_2} = 1876,9,$$

$$|t| = \frac{|d|}{s_d} = \frac{126,7}{43,3} = 2,93.$$

Da $t_{59;0,995} = 2,66$ ist der Unterschied zwischen den Placentagewichten gesunder und diabetischer Mütter signifikant (Irrtumswahrscheinlichkeit $\alpha = 0,01$).

---

[1]) Für die Überlassung des Datenmaterials danken wir Frau Dr. Vinzelberg-Sommer, Freiburg.

Tab. 4.5 Placentagewichte in g von Müttern mit und ohne Diabetes und die aus beiden Stichproben bestimmten Rangzahlen (s. Abschn. 4.5.12.7).

Gruppe 1 kein Diabetes		Gruppe 2 manifester Diabetes	
x_{1i}	Rangzahl	x_{2i}	Rangzahl
500	10	680	35
600	21,5	730	40
795	45	590	18
480	8	600	21,5
475	5,5	1290	61
650	29	800	47,5
625	26	770	42,5
460	4	675	33,5
425	2,5	750	41
525	12	917	57
600	21,5	480	8
600	21,5	550	16
650	29	550	16
375	1	660	32
800	47,5	850	54,5
525	12	770	42,5
650	29	675	33,5
550	16	720	38,5
600	21,5	1025	59
610	25	780	44
720	38,5	825	52
800	47,5	700	36,5
825	52	820	50
		800	47,5
		880	56
		480	8
		650	29
		850	54,5
		425	2,5
		525	12
		540	14
		650	29
		475	5,5
		600	21,5
		700	36,5
		950	58
		825	52
		1125	60

4.5.12.4 t-Test bei paarigen Stichproben Für den Fall, daß die Stichproben paarig sind, werden die Differenzen zwischen den beiden Beobachtungen des gleichen Paares gebildet, die wir mit x_i ($i = 1, \ldots, n$) bezeichnen wollen, und als Prüfgröße wird

Tab. 4.6 Insulingaben bei 40 Diabetikerinnen bei Beginn und
Ende der Gravidität mit Rangzahlen (s. auch Abschn.
4.5.12.8)

Zeitpunkt 1 (Beginn der Gravidität)	Zeitpunkt 2 (Ende der Gravidität)	Differenz x_i	Rangzahl
64	64	0	
36	64	−28	18,5
36	60	−24	15
48	48	0	
48	108	−60	26
0	72	−72	27
40	48	− 8	5
52	42	10	6
48	48	0	
76	108	−32	21,5
80	56	24	15
28	64	−36	23
60	28	32	21,5
54	54	0	
0	28	−28	18,5
68	110	−42	24
40	40	0	
24	28	− 4	3
60	76	−16	10
60	60	0	
40	56	−16	10
0	16	−16	10
52	52	0	
60	64	− 4	3
44	46	− 2	1
40	40	0	
32	60	−28	18,5
56	76	−20	12,5
32	60	−28	18,5
44	44	0	
40	40	0	
40	40	0	
72	20	52	25
48	68	−20	12,5
44	44	0	
28	40	−12	7,5
68	80	−12	7,5
64	68	− 4	3
52	52	0	
48	72	−24	15

$$t = \frac{\overline{X}}{s} \sqrt{n}$$

verwendet, wie in Abschn. 4.5.7.

t folgt einer t-Verteilung mit $n - 1$ Freiheitsgraden. Wenn die Varianz σ^2 bekannt ist, kann in diesem Falle auch der u-Test (Gauß-Test) verwendet werden.

Beispiel 4.7 [1]) Bei 40 Diabetikerinnen (aus den Jahren 1967 bis 1973 der Universitäts-Frauenklinik Freiburg) wurden zu Beginn und am Ende der Gravidität Insulindosen (I. E./die) verabreicht (s. Tab. 4.6). Dabei ergibt sich:

$$\sum_{i=1}^{40} x_i = -418,$$

$$\bar{x} = \frac{\sum_{i=1}^{40} x_i}{n} = -10{,}45, \qquad s^2 = 491{,}38, \qquad |t| = \frac{|\bar{x}|\sqrt{n}}{s} = 2{,}98.$$

Die Insulindosis am Ende der Schwangerschaft ist höher als zu Beginn. Der Unterschied ist signifikant ($\alpha = 0{,}01$), da

$$t_{39;0,995} = 2{,}71.$$

4.5.12.5 Verteilungsfreie Schnellverfahren, Mediantest Für den Fall, daß die Beobachtungen nicht einer Normalverteilung folgen, kann ein anderer Test, im unpaarigen Fall der Vierfeldertest, im paarigen Fall der Vorzeichentest, verwendet werden. Bei unpaarigen Stichproben dichotomisiert man die Beobachtungen beim g e m e i n s a m e n Median der Verteilung, d. h. man zählt die Beobachtungen der ersten Stichprobe, die kleiner als der Median der gemeinsamen Stichprobe sind, und bezeichnet ihre Anzahl mit a. Die entsprechende Anzahl der Beobachtungen der zweiten Stichprobe wird mit c bezeichnet. b und d sind die Anzahlen der Beobachtungen, die größer als der gemeinsame Median $\tilde{x}$ sind. Es ergibt sich dann folgende Vierfeldertafel, wenn keine Beobachtung auf den gemeinsamen Median fällt.

Vierfeldertafel

	$< \tilde{x}$	$> \tilde{x}$	Σ
1. Stichprobe	a	b	n_1
2. Stichprobe	c	d	n_2
Σ	$\dfrac{n}{2}$	$\dfrac{n}{2}$	n

Die Beobachtungen, die auf den gemeinsamen Median fallen, werden nicht berücksichtigt. In diesem Fall müssen die Randsummen entsprechend verringert werden. Dieser Test ist einfach und schnell zu handhaben. Er benötigt nicht die Voraussetzung der Normalverteilung und hat auch die gleiche Irrtumswahrscheinlichkeit α wie der t-Test, aber die Wahrscheinlichkeit für den Fehler II. Art ist wesentlich größer. Seine Effizienz

---

[1]) Für die Überlassung des Datenmaterials danken wir Frau Dr. Vinzelberg-Sommer, Freiburg.

beträgt bei Normalverteilung asymptotisch $2/\pi = 0,64$. Sie ist also so groß wie die Effizienz des Medians gegenüber dem Mittelwert zur Schätzung des Erwartungswerts μ einer Normalverteilung.

Beispiel 4.8 Wir verwenden wieder die Daten des Beispiels 4.6. Der gemeinsame Median ist 650, auf den drei Werte der ersten und zwei Werte der zweiten Stichprobe fallen. Die Auszählung der Beobachtungen, die kleiner und größer als der gemeinsame Median sind, ergibt die Vierfeldertafel Tab. 4.7.

Tab. 4.7 Verteilung der Placentagewichte von Müttern mit und ohne Diabetes als Vierfeldertafel

	$< \tilde{x}$	$> \tilde{x}$	Σ
ohne Diabetes	15	5	20
mit Diabetes	11	25	36
Σ	26	30	56

Die Placentagewichte werden beim gemeinsamen Median dichotomisiert. Dabei zeigt es sich, daß der Anteil der Beobachtungen der ersten Stichprobe, die größer als der Median sind $5/20 = 0,25$, die der zweiten Stichprobe aber $25/36 = 0,69$ beträgt. Es ergibt sich

$$\frac{(|15 \cdot 25 - 11 \cdot 5| - 28)^2 \cdot 56}{26 \cdot 30 \cdot 20 \cdot 36} = 8,50.$$

Dieser Wert ist größer als der kritische Wert von χ^2 bei der Irrtumswahrscheinlichkeit 1%, $\chi^2_{1;0,99} = 6,63$.

Wird als Beobachtung die Zeit bis zum Eintritt eines Ereignisses, z. B. des Auftretens von Tumoren bei Versuchstieren nach Bestrahlung verwendet, so hat dieser Test gegenüber anderen den Vorteil, daß man ihn schon auswerten kann, wenn bei mindestens der Hälfte der Versuchstiere das Ereignis eingetreten ist.

4.5.12.6 Der Vorzeichentest als Schnelltest Im paarigen Fall würde als Schnelltest die Differenz der beiden Beobachtungen beim gleichen Beobachtungspaar gebildet werden. X wäre die Anzahl der positiven Differenzen, Y die Anzahl der negativen Differenzen. Unter der Nullhypothese ist der Median der Differenzen Null, so daß X einer Binomialverteilung mit $p = 1/2$ folgt. Man kann hierfür den Vorzeichentest verwenden. Auftretende Nullen werden nicht berücksichtigt.

Beispiel 4.9 Wir verwenden die Daten des Beispiels 4.7. In 13 Fällen ist die Differenz 0. Von den übrigen 27 Fällen ist die Differenz in $x = 4$ Fällen positiv und in $y = 23$ Fällen negativ, so daß die Prüfgröße des Vorzeichentests ergibt:

$$\frac{(|23 - 4| - 1)^2}{27} = 12.$$

Da $\chi^2_{1;0,99} = 6,63$

erhalten wir auch hier als Ergebnis, daß die Insulindosis am Ende der Schwangerschaft signifikant höher als zu Beginn ist.

Dies Ergebnis wurde erzielt, ohne daß wir Normalverteilung voraussetzen mußten. Allerdings müssen wir damit rechnen, daß die Wahrscheinlichkeit, ein signifikantes Ergebnis zu erhalten, wenn die Nullhypothese nicht zutrifft, bei diesem Test geringer ist. Auch der Vorzeichentest hat die asymptotische Effizienz von $2/\pi = 0{,}64$ gegenüber dem entsprechenden t-Test, wenn Normalverteilung vorliegt.

4.5.12.7 Rangsummentest[1]) für unverbundene Stichproben Weitere Tests für das Zweistichprobenproblem, die nicht Normalverteilung voraussetzen, aber, falls doch Normalverteilung vorliegt, eine wesentlich höhere Effizienz haben, ergeben sich durch Verwendung von Rangzahlen. Werden die Beobachtungen der Größe nach angeordnet und durchnumeriert, so ist die R a n g z a h l die Nummer der Beobachtung. Die kleinste Beobachtung hat die Rangzahl 1, die größte die Rangzahl n. Im Zweistichprobenfall mit unabhängigen Beobachtungen werden die Beobachtungen b e i d e r Stichproben der Größe nach angeordnet und die Summe T der Rangzahlen der ersten Stichprobe als Prüfgröße verwendet. Es sei $n = n_1 + n_2$. Die kritischen Werte der Verteilung sind in Abhängigkeit von n_1 und n_2 tabelliert. Für große n_1 und n_2 folgt T angenähert einer Normalverteilung mit dem Erwartungswert

$$\frac{n_1(n+1)}{2}$$

und der Varianz

$$\frac{n_1 n_2(n+1)}{12} \, ,$$

$$\text{so daß } U = \frac{T - \dfrac{n_1(n+1)}{2}}{\sqrt{\dfrac{n_1 n_2(n+1)}{12}}} \, ,$$

als standardnormalverteilte Prüfgröße verwendet werden kann. Die Nullhypothese wird dann verworfen, wenn $|u|$ größer als $u_{1-\alpha/2}$ ist. Die Beobachtungen können nur der Größe nach angeordnet und durchnumeriert werden, wenn keine B i n d u n g e n , d. h. dem Werte nach gleiche Beobachtungen auftreten. Ist dies der Fall, dann ordnet man den Beobachtungen, die dem Wert nach gleich sind, den Durchschnitt der hierfür vorgesehenen Rangzahlen zu (siehe Abschn. 2.1.3.4). Dadurch ändert sich allerdings die asymptotische Formel etwas. Werden die Beobachtungen beider Stichproben in Gruppen gleicher Werte eingeteilt und bezeichnet t_1 die Anzahl der Beobachtungen, die zum kleinsten auftretenden Beobachtungswert gehören, t_2, die zur zweitkleinsten gehören, usf., dann erhält man insgesamt k Gruppen mit jeweils t_i Werten, für die gilt:

---

[1]) Auch W i l c o x o n - Test genannt.

$$\sum_{i=1}^{k} t_i = n,$$

dann ist $\displaystyle U = \frac{T - \dfrac{n_1(n+1)}{2}}{\sqrt{\dfrac{n_1 n_2}{n(n-1)} \left(\dfrac{n^3 - n}{12} - \sum_i \dfrac{t_i^3 - t_i}{12} \right)}}$

als Prüfgröße zu verwenden.

Beispiel 4.10 Wir betrachten wieder die Daten des Beispiels 4.6. Zunächst sind den auftretenden Placentagewichten Rangzahlen zuzuordnen. 375 erhält die Rangzahl 1, der Wert 425 tritt zweimal auf, so daß beide Fälle die Rangzahl 2,5 erhalten, 460 erhält 4, beide Werte 475 die Rangzahl 5,5 usw. Als Summe der Rangzahlen der ersten Gruppe ergibt sich

$$T = 525,5.$$

Da die Anzahl der Fälle genügend groß ist, können wir die Prüfgröße u verwenden und erhalten damit

$$|u| = \frac{|525,5 - 713|}{\sqrt{\dfrac{23 \cdot 38}{61 \cdot 60} \left(\dfrac{226920}{12} - \dfrac{528}{12} \right)}} = 2,79,$$

einen Wert, der größer als $u_{0,995} = 2,58$ ist, so daß sich auch mit diesem Test der Unterschied bei einer Irrtumswahrscheinlichkeit von $\alpha = 0,01$ als signifikant erweist.

4.5.12.8 Der Rangsummentest bei paarigen Stichproben Bei paarigen Beobachtungen werden die Differenzen x_i dem Absolutbetrag nach angeordnet. Den Rang 1 bekommt also die Differenz, deren Betrag ohne Rücksicht auf das Vorzeichen am kleinsten ist, den Rang n diejenige, deren Betrag am größten ist. Als Prüfgröße wird die Summe T der Ränge der negativen Differenzen verwendet. Auch hier liegen Tabellen in Abhängigkeit von n vor. Für große n ist T unter H_0 angenähert normalverteilt mit dem Erwartungswert

$$n \frac{n+1}{4}$$

und der Varianz

$$\frac{n(2n+1)(n+1)}{24},$$

so daß $\displaystyle U = \frac{T - \dfrac{n(n+1)}{4}}{\sqrt{\dfrac{n(2n+1)(n+1)}{24}}}$

in ähnlicher Weise verwendet werden kann. Bei diesen Verfahren ist die asymptotische Effizienz bei Normalverteilung nur geringfügig kleiner als 1. Sie beträgt $3/\pi = 0{,}955$. Beim Auftreten von Bindungen ändert sich auch die Varianz, so daß als Prüfgröße

$$U = \frac{T - \dfrac{n(n+1)}{4}}{\sqrt{\dfrac{n(2n+1)(n+1)}{24} - \dfrac{\Sigma\,(t_i^3 - t_i)}{48}}}$$

verwendet werden kann. Die Nullen werden nicht berücksichtigt.

Beispiel 4.11 Bei Verwendung der Daten von Beispiel 4.7 ergibt sich $n = 27$ und

$$u = \frac{310{,}5 - \dfrac{27 \cdot 28}{4}}{\sqrt{\dfrac{27 \cdot 55 \cdot 28}{24} - \dfrac{150}{48}}} = 2{,}92.$$

Tab. 4.8 gibt einen Vergleich der verschiedenen Verfahren für das Zweistichprobenproblem.

Tab. 4.8 Übersicht über die verschiedenen Verfahren zum Vergleich zweier Stichproben

Daten	mit unabhängigen Beobachtungen	mit paarigen Beobachtungen
qualitativ alternativ	Vierfeldertest	Vorzeichentest
quantitativ normalverteilt	t-Test Prüfung, ob die Erwartungswerte μ_1 und μ_2 gleich sind ($\mu_1 = \mu_2$) Voraussetzung: $\sigma_1^2 = \sigma_2^2$	t-Test Prüfung, ob der Erwartungswert μ der einzelnen Differenzen Null ist ($\mu = 0$)
nicht bekannt, ob Normalverteilung vorliegt	Wilcoxon-Test	Wilcoxon-Test für Differenzen
Schnelltest, bei jeder Verteilung gültig	Aufteilung beim gemeinsamen Median	Nur Berücksichtigung der Vorzeichen der Differenzen
	Vierfeldertest	Vorzeichentest

4.5.13 Vergleich mehrerer Stichproben

4.5.13.1 Einführung Das bisher diskutierte Zweistichprobenproblem ist eine sehr einfache Form der statistischen Fragestellung. In der Praxis ist die Versuchsanordnung fast immer viel komplexer. Es werden in der Regel nicht nur zwei, sondern mehrere Behandlungen, die sich noch durch ihre Intensität unterscheiden können, auf verschiedene Krankheiten und verschiedene Altersgruppen angewendet und die Ergebnisse miteinander verglichen. Es wäre nicht richtig, diese Auswertung auf das Zweistichprobenproblem zurückzuführen, indem aus dem Gesamtversuch nur die jeweils interessierenden Paare miteinander, z. B. mit dem t-Test, verglichen werden, denn dieses Verfahren hätte den Nachteil, daß die Schätzung der Standardabweichung bei der alleinigen Anwendung des t-Testes schlechter wäre, als sie bei Berücksichtigung der Daten aus dem übrigen Material ist. Schwerwiegender ist jedoch oft, daß sehr viele verschiedene Vergleiche möglich sind, nicht nur die $k(k-1)/2$ verschiedenen Vergleiche von je zwei Behandlungen, sondern auch Vergleiche einer Behandlung mit dem Mittelwert von mehreren anderen, so daß man dazu verführt wird, verschiedene Möglichkeiten zu prüfen und nur diejenigen zu verwerten, die ein signifikantes Ergebnis erzielen. Dies bedeutet, daß die Wahrscheinlichkeit für den Fehler I. Art nicht mehr bekannt ist. Es wurden daher zunächst unter der Annahme normalverteilter Beobachtungen, also in Verallgemeinerung des t-Testes, Auswertungsverfahren entwickelt, die für die verschiedenen möglichen Versuchsanordnungen nicht mehr diese Mängel aufweisen. Inzwischen sind auch der Wilcoxon-Test und der Vorzeichentest weitgehend auf diese Fälle erweitert worden.

4.5.13.2 Das lineare Modell der Einfachklassifikation Wir wollen im folgenden nur den Vergleich mehrerer unabhängiger Stichproben für den Fall normalverteilter Beobachtungen betrachten, wobei wir annehmen, daß die Anzahl der Beobachtungen in den einzelnen Stichproben gleich groß ist. Die grundsätzlichen Probleme können schon an diesem Fall dargestellt werden. Wir gehen dabei davon aus, daß wir k verschiedene Behandlungen vergleichen wollen und jede Behandlung auf n Versuchstiere anwenden. Die n Versuchstiere, die die gleiche Behandlung erhalten, werden meist G r u p p e genannt. Die Beobachtungswerte seien mit

$$x_{ij} \qquad (i = 1, \ldots, k; \quad j = 1, \ldots, n)$$

bezeichnet, wobei der Index i die Nummer der Gruppe und j die Nummer des Versuchstieres in der i-ten Gruppe bedeuten soll.

Wir waren in der beschreibenden Statistik (s. 2.2.1.2) davon ausgegangen, daß sich eine einzelne Beobachtung x_i aus einem allgemeinen Mittelwert m und einer Abweichung e_i zusammensetzt. Hier gehen wir davon aus, daß sich die Beobachtung x_{ij} aus drei Komponenten μ, α_i und ϵ_{ij} zusammensetzt:

$$x_{ij} = \mu + \alpha_i + \epsilon_{ij}.$$

μ bedeutet hierbei einen allgemeinen Mittelwert, α_i den sogenannten G r u p p e n - e f f e k t als eine durch die i-te Behandlung bedingte Abweichung vom allgemeinen Mittelwert μ und ϵ_{ij} die i n d i v i d u e l l e A b w e i c h u n g des Merkmals des j-ten Versuchstieres in der i-ten Gruppe. μ und α_i sind hierbei fest gegebene Werte, die Abweichungen ϵ_{ij} Realisationen von unabhängigen Zufallsvariablen mit dem Erwartungswert 0 und gleicher Varianz σ_ϵ^2.

Die Mittelwerte der einzelnen Stichproben

$$\bar{x}_i = \frac{\sum\limits_j x_{ij}}{n}$$

liefern erwartungstreue Schätzungen der Größen $(\mu + \alpha_i)$, der Gesamtmittelwert

$$\bar{x} = \frac{\sum\limits_i \bar{x}_i}{k} = \frac{\sum\limits_i \sum\limits_j x_{ij}}{nk}$$

eine erwartungstreue Schätzung der Größe μ, so daß $\bar{x}_i - \bar{x}$ einen Schätzwert des Effektes α_i der i-ten Behandlung darstellt.

$$d_{ii'} = \bar{x}_i - \bar{x}_{i'}$$

ist ein Schätzwert des Unterschiedes $\alpha_i - \alpha_{i'}$ zwischen der Behandlung i und der Behandlung i'.

Die Nullhypothese bedeutet, daß die einzelnen Behandlungen keinen Einfluß ausüben, also

$$H_0 : \alpha_i = 0 \qquad i = 1, \ldots, k.$$

Dies ist identisch mit

$$\sum_{i=1}^{k} \alpha_i^2 = 0.$$

Die Gegenhypothese besagt, daß Unterschiede bestehen, so daß

$$\sum \alpha_i^2 > 0$$

zutrifft.

4.5.13.3 Aufteilung der Summe der Abweichungsquadrate

Um die Nullhypothese $\sum \alpha_i^2 = 0$ zu prüfen, wird die Gesamtsumme der Abweichungsquadrate

$$SQ_T = \sum_i \sum_j (x_{ij} - \bar{x})^2$$

in zwei Teile aufgespalten, in die Summe der Abweichungsquadrate z w i s c h e n den Gruppen

$$SQ_\alpha = n \sum_i (\bar{x}_i - \bar{x})^2$$

und die Summe der Abweichungsquadrate i n n e r h a l b der Gruppen

$$SQ_\epsilon = \sum_i \sum_j (x_{ij} - \bar{x}_i)^2.$$

Wenn man nämlich die Gesamtsumme in der Form

$$SQ_T = \sum_i \sum_j (x_{ij} - \bar{x}_i + \bar{x}_i - \bar{x})^2$$

schreibt und die einzelnen Quadrate ausrechnet, erhält man nach einigen Umformungen

$$SQ_T = SQ_\alpha + SQ_\epsilon,$$

da die gemischten Glieder verschwinden.

Man kann nun zeigen, daß für die Erwartungswerte der Summen der Abweichungsquadrate gilt

$$E(SQ_\alpha) = (k - 1)\,\sigma_\epsilon^2 + n \sum \alpha_i^2, \qquad E(SQ_\epsilon) = k(n - 1)\,\sigma_\epsilon^2.$$

Die Faktoren $(k - 1)$ bzw. $k(n - 1)$ von σ_ϵ^2 heißen Freiheitsgrade. Nach Division der Summen der Abweichungsquadrate durch diese Freiheitsgrade erhält man die mittleren Abweichungsquadrate

$$MQ_\alpha = \frac{SQ_\alpha}{k - 1}, \qquad MQ_\epsilon = \frac{SQ_\epsilon}{k(n - 1)}.$$

Der Erwartungswert von MQ_ϵ ist σ_ϵ^2:

$$E(MQ_\epsilon) = \sigma_\epsilon^2.$$

Unter der Nullhypothese ist der Erwartungswert von MQ_α auch gleich σ_ϵ^2, unter der Gegenhypothese aber

$$E(MQ_\alpha) = \sigma_\epsilon^2 + \frac{n \sum \alpha_i^2}{k - 1}.$$

4.5.13.4 F-Test Es ist naheliegend,

$$F = \frac{MQ_\alpha}{MQ_\epsilon}$$

als Prüfgröße für die Nullhypothese zu verwenden und die Hypothese zu verwerfen, wenn dieser Wert groß ist. Unter der Voraussetzung, daß H_0 zutrifft und die Abweichungen innerhalb der Gruppen die gleiche Varianz besitzen, normalverteilt und unabhängig sind, sind Zähler und Nenner des Quotienten unabhängige Zufallsvariable, und es folgen $SQ_\alpha/\sigma_\epsilon^2$ und $SQ_\epsilon/\sigma_\epsilon^2$ der χ^2-Verteilung mit $k - 1$ bzw. $k(n - 1)$ Freiheitsgraden, daher die Prüfgröße F der sogenannten F-Verteilung mit $k - 1$ und $k(n - 1)$ Freiheitsgraden. Man lehnt H_0 mit der Irrtumswahrscheinlichkeit α ab, wenn das Quantil $F_{k-1,k(n-1),1-\alpha}$ überschritten wird. Der Test muß einseitig durchgeführt werden, da unter der Alternativhypothese zu erwarten ist, daß der Zähler größer als der Nenner ist, wie sich aus den Formeln für die Erwartungswerte ergibt.

Die Ergebnisse werden in Form einer Tabelle angegeben (Varianzanalyse-Tabelle):

Ursache	SQ	FG	MQ	F
zwischen den Gruppen	SQ_α	$k-1$	MQ_α	$\dfrac{MQ_\alpha}{MQ_\epsilon}$
innerhalb der Gruppen	SQ_ϵ	$k(n-1)$	MQ_ϵ	
Total	SQ_T	$kn-1$		

Beispiel 4.12[1]) Im Rahmen eines Tierversuches sollte der Einfluß von vier verschiedenen Nahttechniken auf die Festigkeit der Operationsnaht untersucht werden. Dazu wurden zu den vier Techniken jeweils fünf Versuchstiere (Ratten) zufällig zugeteilt. Den Tieren wurde ein Hautschnitt beigebracht, der mit der jeweiligen Nahttechnik genäht wurde. Nach drei Tagen wurde die Festigkeit gemessen, indem die Kraft festgestellt wurde, die nötig ist, um die Naht wieder aufzureißen. Es wurden die Werte von Tab. 4.9 beobachtet.

Tab. 4.9 Notwendige Kräfte zum Zerreißen von Hautnähten, die nach vier verschiedenen Techniken genäht wurden

Tier j \ Technik i	1	2	3	4
1	548	450	728	974
2	682	405	955	748
3	763	529	823	937
4	617	759	1167	904
5	632	397	972	869
Σ	3242	2540	4645	4432
$\bar{x}_i$	648,4	508	929	886,4

Mit den Werten von Tab. 4.9 ergab sich die Varianzanalyse-Tabelle

Ursache	SQ	FG	MQ	F
Nahttechnik	596668	3	198889	12,4***
Versuchsfehler	256140	16	16008	
Total	852808	19		

Das Quantil der F-Verteilung beträgt $F_{3,16;0,999} = 9,00$, deshalb ist mit der Irrtumswahrscheinlichkeit $P \leqslant 0,001$ die Nullhypothese, daß kein Einfluß der Nahttechnik vorliegt, abzulehnen.

---

[1]) Wir danken Herrn Dr. P. Haußmann und Herrn cand. med. M. Becker (Chirurgische Universitätsklinik Freiburg) für die Überlassung dieser Daten.

Aus den Mittelwerten erkennt man, daß die Nähte mit den Techniken 3 und 4 eine deutlich höhere Festigkeit haben als die mit den Techniken 1 und 2.

4.5.13.5 Simultane Vergleiche Mit dem F-Test wird nur überprüft, ob überhaupt Unterschiede zwischen den Behandlungen bestehen. Daran schließt sich allgemein die Frage an, zwischen welchen Behandlungen Unterschiede signifikant sind. Dabei bezeichnet man die Prüfung eines Unterschiedes zwischen zwei oder mehreren Behandlungen allgemein als einen Vergleich. Für die Prüfung sind zwei verschiedene Verfahrensweisen zu unterscheiden:

1. Vor Beginn des Versuches werden einzelne Vergleiche festgelegt, die nach Durchführung geprüft werden sollen. Dazu kann der t-Test dienen, bei dem aber zur genauen Schätzung von σ_ϵ^2 an Stelle der nur aus den beteiligten Stichproben geschätzten Varianz die das gesamte Material berücksichtigende Schätzung MQ_ϵ verwendet wird (multipler t-Test). Man benutzt als Prüfgröße z. B. für den Vergleich zwischen der Behandlung i und der Behandlung i'

$$t = \frac{d_{ii'}}{\sqrt{\dfrac{2}{n} MQ_\epsilon}}.$$

Diese Größe ist t-verteilt mit $k(n-1)$ Freiheitsgraden. Unter der Nullhypothese $\Sigma \alpha_i^2 = 0$ wird im Mittel der A n t e i l α d e r V e r g l e i c h e fälschlicherweise signifikant sein. Dies gilt allerdings nur, wenn man sich auf jeweils einen vor dem Versuch festgelegten Vergleich beschränkt. Für gemeinsame Aussagen über mehr als einen Vergleich kann eine Irrtumswahrscheinlichkeit nicht angegeben werden.

2. Sehr viel häufiger trifft man die Situation an, daß man sich vor dem Versuch noch nicht für Vergleiche festgelegt hat, sondern erst das Ergebnis abwarten will. Um zu vermeiden, daß dann nur die Differenz zwischen dem kleinsten und dem größten Mittelwert geprüft wird, die bei einem größeren k mit sehr hoher Wahrscheinlichkeit ein signifikantes Ergebnis liefern wird, auch wenn in Wirklichkeit die Nullhypothese zutrifft, kann die Größe

$$\frac{d_{ii'}^2}{\dfrac{2}{n}(k-1) MQ_\epsilon}$$

zur Prüfung verwendet und die Nullhypothese verworfen werden, wenn die Größe größer als das Quantil $F_{k-1,k(n-1),1-\alpha}$ der F-Verteilung mit $k-1$ und $k(n-1)$ Freiheitsgraden ist (Test von Scheffé). In dieser Weise kann auch nachträglich jeder Vergleich durchgeführt werden. Dabei hat die Irrtumswahrscheinlichkeit folgende Bedeutung: Unter der Nullhypothese $\Sigma \alpha_i^2 = 0$ wird man nur im A n t e i l α a l l e r E x p e r i m e n t e einen oder mehrere Vergleiche haben, die signifikant sind. Die Irrtumswahrscheinlichkeit bezieht sich also nicht auf die durchgeführten Vergleiche, sondern auf die durchgeführten Experimente.

Dabei ist es nicht notwendig, sich nur auf die Differenzen zwischen je zwei Behandlungen zu beschränken. Man kann z. B. auch die zweite Behandlung gegen den Mittelwert der dritten und vierten Behandlung prüfen. Die Anzahl der Vergleiche ist beim Scheffé-Test unbeschränkt.

Sind aber von vorneherein die Vergleiche fest vorgegeben, so kann ein auf der Ungleichung von B o n f e r r o n i beruhendes Verfahren verwendet werden. Hierbei wird bei k Vergleichen an Stelle des kritischen Wertes zur Irrtumswahrscheinlichkeit α der kritische Wert zu α/k benutzt. Die experimentbezogene Fehlerwahrscheinlichkeit ist dann nicht größer als α.

Beispiel 4.13 Wir nehmen wieder die Daten von Beispiel 4.12. Wenn wir annehmen, daß wir von vornherein vor Beginn des Versuches an einem Unterschied zwischen den Techniken 4 und 1 interessiert sind, dann können wir den t-Test anwenden; es ist $d_{41} = 886,4 - 648,4 = 238$. Wir erhalten

$$t = \frac{238}{\sqrt{\frac{2}{5} \cdot 16008}} = 2,97.$$

Der Wert ist mit der Irrtumswahrscheinlichkeit $\alpha = 0,01$ signifikant, da $t_{16;0,995} = 2,92$ ist. Hätten wir uns dagegen erst, nachdem die Beobachtungen vorlagen, entschlossen, den Unterschied zu prüfen, müßten wir den Scheffé-Test verwenden und würden

$$F = \frac{238^2}{\frac{2}{5} \cdot 3 \cdot 16008} = 2,95$$

erhalten. Dieser Wert ist nicht signifikant, da $F_{3;16;0,95} = 3,24$.

Um auch die Anwendung des Bonferroniverfahrens bei diesem Beispiel zeigen zu können, nehmen wir an, daß nur die $\binom{4}{2} = 6$ Differenzen zwischen je zwei Behandlungen von Interesse seien. Dann ist statt mit $\alpha = 0,05$ mit $\alpha' = \frac{0,05}{6} = 0,00833$ zu rechnen. Der kritische t-Wert ist $t_{16;0,99583} = 3,01$, so daß der Unterschied bei diesem Verfahren auch nicht signifikant ist.

<table>
<tr><td>4.6</td><td colspan="2">Abhängigkeit</td><td align="right">aus GK 2</td></tr>
<tr><td>4.6.1</td><td colspan="3">Kontingenztafeln</td></tr>
<tr><td></td><td></td><td colspan="2">Chi-Quadrat-Prüfung der Unabhängigkeit zweier qualitativer Merkmale oder klassierter quantitativer Merkmale in einer Kontingenztafel</td></tr>
<tr><td>4.6.2</td><td colspan="3">Prüfung des Korrelationskoeffizienten</td></tr>
<tr><td></td><td></td><td colspan="2">Prüfung auf Abweichung von Null</td></tr>
<tr><td>4.6.3</td><td colspan="3">Interpretation von Abhängigkeitsmaßen</td></tr>
<tr><td></td><td></td><td colspan="2">formale, heterogenitätsbedingte, selektionsbedingte, kausale Abhängigkeiten</td></tr>
</table>

4.6 Abhängigkeit

4.6.1 Kontingenztafel

Häufig werden mehrere Merkmale an einer Beobachtungseinheit gemessen. Wir wollen zunächst den Fall betrachten, daß uns zwei qualitative Merkmale mit k bzw. ℓ Ausprägungen interessieren, z. B. k Altersgruppen und ℓ Formen der Leukämie bei einer Stichprobe von n an Leukämie erkrankten Patienten. In der beschreibenden Statistik haben wir gelernt, daß die Beobachtungen in Form einer Kontingenztafel dargestellt werden können. In ihr werden jeweils die absoluten Häufigkeiten n_{ij}, d. h. die Anzahl der Beobachtungen, die die i-te Ausprägung des ersten Merkmals und die j-te Ausprägung des zweiten Merkmals besitzen, eingetragen. n_{ij} kann vor der Untersuchung als Zufallsvariable angesehen werden. Sei p_{ij} die Wahrscheinlichkeit, daß ein Beobachtungspaar die i-te bzw. j-te Ausprägung besitzt, dann ist

$$E(n_{ij}) = n\, p_{ij}.$$

4.6.1.1 Prinzip der Unabhängigkeit in einer Kontingenztafel Viele Probleme in der Medizin lassen sich auf die Frage zurückführen, ob zwischen zwei Merkmalen eine Abhängigkeit besteht oder ob die Merkmale unabhängig sind. Bei dem betrachteten Beispiel würde Unabhängigkeit bedeuten, daß die bedingte Verteilung der Leukämiearten in jeder Altersgruppe gleich ist, Abhängigkeit, daß ein Alterseinfluß vorhanden ist. Bei Unabhängigkeit gilt für die Wahrscheinlichkeiten

$$p_{ij} = p_{i.}p_{.j},$$

wobei $p_{i.}$ die Wahrscheinlichkeit ist, daß die Beobachtung im ersten Merkmal die i-te Merkmalsausprägung besitzt und $p_{.j}$ die Wahrscheinlichkeit, die j-te Ausprägung im zweiten Merkmal zu haben. Bei Unabhängigkeit gilt

$$\sum_i \sum_j (p_{ij} - p_{i.}p_{.j})^2 = 0.$$

Bei Abhängigkeit ist dieser Ausdruck größer als Null. Zur Überprüfung der Unabhängigkeit wird, da die Wahrscheinlichkeiten p_{ij} und $p_{i.}$ bzw. $p_{.j}$ nicht bekannt sind, versucht, eine Schätzung dieses Ausdrucks als Prüfgröße zu verwenden. Die p_{ij} werden durch die relativen Häufigkeiten $h_{ij} = n_{ij}/n$ geschätzt, die Randwahrscheinlichkeiten $p_{i.}$ und $p_{.j}$ durch die Randhäufigkeiten $h_{i.}$ und $h_{.j}$:

$$h_{i.} = \frac{n_{i.}}{n}, \qquad h_{.j} = \frac{n_{.j}}{n}.$$

Da eine Abweichung um so schwerwiegender ist, je kleiner der Erwartungswert ist, werden die einzelnen Größen mit dem Reziproken des Erwartungswerts gewichtet. Man bildet als Prüfgröße

$$n \sum_i \sum_j \frac{(h_{ij} - h_{i.}h_{.j})^2}{h_{i.}h_{.j}}$$

oder nach Umformung die leichter zu berechnenden Ausdrücke des sog. χ^2-Tests

$$n \sum_i \sum_j \frac{\left(n_{ij} - \dfrac{n_{i.}n_{.j}}{n}\right)^2}{n_{i.}n_{.j}} = n \left(\sum_i \sum_j \frac{n_{ij}^2}{n_{i.}n_{.j}} - 1 \right).$$

Die Prüfgröße folgt asymptotisch einer χ^2-Verteilung mit $(k-1)(\ell-1)$ Freiheitsgraden. Die Annäherung ist genügend gut, wenn für alle Zahlenpaare (i, j) gilt

$$\frac{n_{i.}n_{.j}}{n} \geqslant 5.$$

Beispiel 4.14 Wir verwenden die Daten von Beispiel 2.3. 351 Patienten mit endokriner Störung gehörten zur AOK Mannheim. Bei Unabhängigkeit zwischen Orten und Krankheiten und vorausgesetzten festen Randhäufigkeiten wären

$$n\, h_{1.}h_{.1} = \frac{n_{1.}n_{.1}}{n} = \frac{1416 \cdot 1680}{5746} = 414{,}00 \text{ Patienten}$$

zu erwarten. Insgesamt ergab die Prüfgröße 44,14 mit $(3-1)(3-1) = 4$ Freiheitsgraden; die Abweichung ist hochsignifikant $(\chi^2_{4;0,999} = 18{,}5)$.

Ob diese Unterschiede tatsächlich auf einem regional unterschiedlichen Vorkommen der Krankheiten, das z. B. klimatisch bedingt sein könnte, oder einer regional unterschiedlichen Erkennung oder Bezeichnungsweise der Krankheiten oder auf beiden Effekten beruhen, kann aus dieser Zusammenstellung nicht abgeleitet werden.

4.6.1.2 Die Vierfeldertafel Für den Fall, daß wir in beiden Merkmalen nur zwei Klassen haben, d. h. $k = \ell = 2$, erhalten wir die sogenannte Vierfeldertafel, die wir schon beim Zweistichprobenproblem kennengelernt haben. Beim Zweistichprobenproblem hatte jedoch das eine „Merkmal" als Ausprägung die Zugehörigkeit zur ersten bzw. zweiten Stichprobe, die fest vorgegeben und nicht zufällig war. Die asymptotische Verteilung ist jedoch in beiden Fällen die gleiche.

Beispiel 4.15 An 2292 vor der Geburt im Rh-System nicht sensibilisierten Rh-negativen Müttern mit Rh-positivem Kind wurde die Kompatibilität mit dem Kind im ABO-System und die Sensibilisierung im Rh-System vier Monate nach der Geburt bestimmt[1].

Die Untersuchung ergab die folgende Vierfeldertafel (Tab. 4.10).

Da die Erwartungswerte hinreichend groß sind (der kleinste ist $478 \cdot 88/2292 = 18{,}35$), wird der χ^2-Test verwendet. Er ergibt

$$\frac{(|82 \cdot 472 - 1732 \cdot 6| - 1146)^2 \cdot 2292}{88 \cdot 2204 \cdot 1814 \cdot 478} = 10{,}05;$$

da $10{,}05 > \chi^2_{1;0,99} = 6{,}63$, kann die Hypothese gleicher Prozentsätze bei einer Wahrscheinlichkeit von $\alpha = 0{,}01$ abgelehnt werden. Der signifikant niedrigere Anteil von

---

[1] S c h n e i d e r , J. et al.: Forschungsbericht „Rhesusfaktor negativ". Boppard 1973.

sensibilisierten Müttern bei ABO-Inkompatibilität kann so gedeutet werden: Die Inkompatibilität schützt die Mütter gegen eine nachfolgende Sensibilisierung durch ein Rh-positives Kind.

Tab. 4.10 ABO-Kompatibilität und Sensibilisierung der Rh-negativen Mütter von Rh-positiven Kindern.

Sensibilisierung im Rh-System	Mutter-Kind-Konstellation		insgesamt
	ABO-kompatibel	ABO-inkompatibel	
+	82	6	88
−	1732	472	2204
insgesamt	1814	478	2292

4.6.2 Prüfung des Korrelationskoeffizienten

Für den Fall, daß die beiden Merkmale quantitativ sind, haben wir in Abschn. 2.3.3 zur Beschreibung des Zusammenhanges den empirischen Korrelationskoeffizienten r und die beiden empirischen Regressionskoeffizienten b_{yx} und b_{xy} verwendet. Wenn die beiden Merkmale unabhängig voneinander sind, haben diese drei Abhängigkeitsmaße den Erwartungswert Null. Als Prüfgröße kann die Größe

$$\frac{r}{\sqrt{1-r^2}}\sqrt{n-2}$$

verwendet werden, die unter der Voraussetzung, daß die Beobachtungen normalverteilt sind, einer t-Verteilung mit $n-2$ Freiheitsgraden folgt. Aber auch die kritischen Werte des Korrelationskoeffizienten r sind tabelliert. Wenn der Korrelationskoeffizient signifikant von Null abweicht, so trifft dies auch für die beiden Regressionskoeffizienten zu und umgekehrt, so daß man aus der Prüfung des Korrelationskoeffizienten auch diejenige der Regressionskoeffizienten erhält.

Beispiel 4.16 Bei 1672 normalen Geburten wurden folgende Werte für den Korrelationskoeffizienten und die Regressionskoeffizienten zwischen Körpergröße X der Mutter und Länge Y des Kindes festgestellt:

$$r = 0{,}1579, \quad b_{yx} = 0{,}062, \quad b_{xy} = 0{,}402.$$

Als Prüfgröße wird

$$t = \frac{r}{\sqrt{1-r^2}}\sqrt{n-2} = 6{,}53$$

berechnet; da $t > t_{1670;0,9995} = 3{,}30$, ist mit der Irrtumswahrscheinlichkeit $\alpha = 0{,}001$ mit einer positiven, wenn auch sehr kleinen Korrelation zwischen Körpergröße der Mutter und Länge des Kindes zu rechnen.

4.7 Allgemeine Bemerkungen zu den statistischen Verfahren

Wir sahen, daß es bei einem statistischen Test zwei Arten von Fehlern gibt und es möglich ist, die Wahrscheinlichkeit für den Fehler I. Art vorzugeben und einzuhalten. Dies ist jedoch nur möglich, wenn die Voraussetzungen erfüllt sind und bestimmte Regeln genau beachtet werden. Wir werden sehen, daß aber auch dann bei der Interpretation des statistischen Ergebnisses Vorsicht geboten ist.

4.7.1 Voraussetzungen

Für die einzelnen Testverfahren wurden meist Unabhängigkeit, gleiche Varianz in den einzelnen Stichproben und Normalverteilung der Beobachtungen vorausgesetzt.

4.7.1.1 Unabhängigkeit Die wichtigste dieser Voraussetzungen ist die Unabhängigkeit der einzelnen Beobachtungen (bzw. Beobachtungspaare). Sie ist erfüllt, wenn man jede einzelne Beobachtung als eine neue von den vorhergehenden Beobachtungen unabhängige Stichprobe aus der betrachteten Grundgesamtheit ansehen kann. Z. B. dürfen Versuchspersonen nicht mehrfach, wenn dies nicht im Plan vorgesehen ist, für den gleichen Versuch herangezogen werden, weil dann deren Werte nicht unabhängig sind, sondern von der Person und dadurch untereinander abhängen. Besteht zwischen allen Beobachtungen eine, wenn auch nur sehr kleine positive Korrelation, dann kann dies zu schweren Fehlschlüssen führen, da die Varianz des Mittelwerts nicht mit wachsendem n gegen Null strebt.

4.7.1.2 Gleichheit der Varianzen Beim Vergleich zweier Stichproben mit dem t-Test wurde vorausgesetzt, daß die Varianzen in den einzelnen Stichproben gleich sind. Dies gilt ebenso für die Varianzanalyse. Die Irrtumswahrscheinlichkeit kann stark vergrößert werden, wenn die Stichprobenumfänge beider Stichproben stark differieren, und die Varianz der kleineren Stichprobe größer ist als die Varianz der größeren. Zur Prüfung der Gleichheit der Varianzen kann der F-Test zweiseitig verwendet werden, da der Quotient der beiden Varianzen einer F-Verteilung folgt.

4.7.1.3 Normalverteilung der Beobachtungen Für den t-Test und die Varianzanalyse wurden normalverteilte Beobachtungen vorausgesetzt. Da wegen des zentralen Grenzwertsatzes für große Beobachtungsanzahlen die Verteilung des Mittelwerts gegen die Normalverteilung strebt, auch wenn die ursprüngliche Verteilung nichtnormal ist, tritt eine Erhöhung (oder eine Erniedrigung) der Irrtumswahrscheinlichkeit nur bei kleineren Stichprobenumfängen ein. Zur Prüfung, ob eine vorliegende Verteilung eine Normalverteilung ist, kann das Wahrscheinlichkeitspapier verwendet werden. In Fig. 4.7 wurde die Verteilung der Körpergrößen des Beispiels 2.1 im W a h r s c h e i n l i c h - k e i t s p a p i e r aufgetragen. Wenn Normalverteilung vorliegt, dann liegen die Punkte, von Zufallsschwankungen abgesehen, auf einer Geraden. Durch Einzeichnen der Geraden, die den Punkten möglichst gut angepaßt ist, erhält man übrigens auch einen Schätzwert für den Stichprobenmittelwert (Schnittpunkt der Geraden mit der Ordinate P = 0,5) und in ähnlicher Weise für die Stichprobenstandardabweichung. (Differenz der Abszissen der Schnittpunkte der Geraden P = 0,84 und P = 0,5 mit der Geraden).

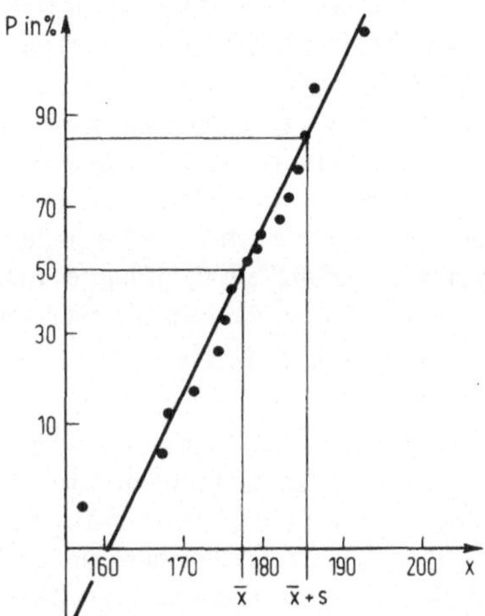

Fig. 4.7
Die empirische Verteilungsfunktion F_n (Beispiel 2.1) im Wahrscheinlichkeitspapier. Zu jedem angenommenen Wert x ist $F_n(x) - 0,5\ h(x)$ aufgetragen. Liegt Normalverteilung vor, so liegen die Punkte, von Zufallsschwankungen abgesehen, auf einer Geraden. Die Schnittpunkte der nach Augenmaß eingezeichneten Geraden mit P = 0,5 bzw. P = 0,84 haben als Abszisse Näherungswerte für x̄ und x̄ + s

4.7.2 Regeln, die beim Prüfen von Hypothesen zu beachten sind

Bei der Durchführung eines Prüfverfahrens müssen gewisse Regeln beachtet werden, um die vorgegebene Wahrscheinlichkeit für den Fehler I. Art einzuhalten. Wir gehen als Beispiel davon aus, daß eine neue Methode gegenüber einer Standardmethode geprüft wird.

R 1 Die Beobachtungszahl darf nicht dadurch vergrößert werden, daß Versuchspersonen mehrfach für den gleichen Versuch herangezogen werden, wenn dies nicht entsprechend bei der Auswertung berücksichtigt wird, weil sonst die Beobachtungen a b h ä n - g i g würden (s. Abschn. 4.7.1.1).

Z. B. genügt es nicht, zur Prüfung der allgemeinen Wirksamkeit einer Therapie eine Versuchsperson n-mal vor der Behandlung und n-mal nach der Behandlung zu untersuchen.

R 2 Liegt die Meßmethode nicht fest, und sind die Beobachtungen nach m e h r e r e n M e t h o d e n (z. B. Durchmesser und Fläche eines Hautareals; Logarithmen und ursprüngliche Werte von Dosen) ausgewertet worden, so darf nicht nur die Methode veröffentlicht werden, die signifikante Ergebnisse geliefert hat.

R 3 Sind einige Beobachtungen a u s r e i ß e r v e r d ä c h t i g , so dürfen nicht nur diejenigen Beobachtungen näher geprüft und eventuell ausgelassen werden, deren Wegfall die Prüfgröße vergrößert. Auf jeden Fall sollten alle eliminierten Beobachtungen in der Publikation angegeben werden.

R 4 Der Versuch darf nicht mehrfach (m-mal) p a r a l l e l d u r c h g e f ü h r t , aber nur die signifikanten Versuche in der Veröffentlichung angegeben werden (sei z. B.

m = 100, dann sind im Mittel fünf signifikante Einzelversuche zu erwarten, ein signifikantes Ergebnis könnte also fast immer veröffentlicht werden, auch wenn die Nullhypothese zutrifft).

R 5 Werden m V a r i a n t e n der neuen Methode gegen den Standard geprüft, dann dürfen nicht nur diejenigen Varianten, die ein signifikantes Ergebnis erzielt haben, veröffentlicht werden.

R 6 Wenn der Versuch nach n Beobachtungen nichtsignifikant ist, darf er nicht f o r t - g e s e t z t , und bei $n_1 > n$ und eventuell bei $n_2 > n_1$ Beobachtungen der Test noch einmal versucht werden. Der Test darf nämlich nur ein einziges Mal nach der im Versuchsplan festgelegten Anzahl von Versuchen ausgeführt werden, andernfalls würde man stets irgendwann einmal ein signifikantes Ergebnis erzielen. Es gibt aber statistische Verfahren, sogenannte Sequentialtests, die ein solches Vorgehen ermöglichen.

R 7 Ein Test darf nicht e i n s e i t i g angewendet werden, wenn die Alternative nicht festliegt, da sonst die effektive Irrtumswahrscheinlichkeit 2α beträgt.

R 8 Es dürfen nicht v e r s c h i e d e n e T e s t v e r f a h r e n (z. B. Vorzeichen- und t-Test) auf das gleiche Problem angewendet und später nur ein Verfahren veröffentlicht werden. (H_0 wird nicht nur verworfen, wenn der t-Test signifikant ist (Wahrscheinlichkeit α), sondern zusätzlich auch in den Fällen, in denen der Vorzeichentest signifikant, aber der t-Test nichtsignifikant ist. Dies bedeutet eine Vergrößerung der Wahrscheinlichkeit α für den Fehler I. Art.)

4.7.3 Ursachen von statistischen Zusammenhängen[1])

Die bei statistischen Untersuchungen festgestellten Abhängigkeiten, z. B. der Anteil der an Krebs Erkrankten bei bestimmten Lebensweisen, führen oft zu therapeutischen Vorschlägen und Anweisungen für die Lebenshaltung, die eine genaue Diskussion über die Bedeutung einer beobachteten Abhängigkeit geboten erscheinen lassen. Auch wenn die Voraussetzungen erfüllt und die Regeln für das Prüfen von Hypothesen beachtet wurden, bedeutet eine signifikante positive Korrelation zwischen zwei Merkmalen X und Y keineswegs, daß eine Änderung im Merkmal X auch eine gleichsinnige Änderung im Merkmal Y hervorruft. Die positive Korrelation zwischen Körpergröße und Körpergewicht bedeutet nicht, daß man durch Hungern kürzer wird.

4.7.3.1 Kausale Korrelation Eine Korrelation zwischen zwei Merkmalen X und Y kann sowohl bedeuten, daß das Merkmal Y vom Merkmal X beeinflußt wird (z. B. wenn X die Dosis und Y die Wirkung ist) als auch umgekehrt X von Y. Oder es kann sein, daß sich beide Variablen wechselseitig beeinflussen, z. B. Regelgröße und Stellgröße in einem Regelkreis.

---

[1]) In Anlehnung an K o l l e r , S.: Typisierung korrelativer Zusammenhänge. Metrika **6** (1963) 65–75.

4.7.3.2 Gemeinsamkeitskorrelation Oft gibt es ein drittes Merkmal, das sowohl X als auch Y beeinflußt. Eine Korrelation zwischen der Anzahl der Störche und der Geburtenrate in verschiedenen Ländern und Jahren hat eine positive Korrelation ergeben, die wohl als gemeinsame Ursache den Zivilisationsgrad hat, denn je technisierter der Lebensbereich ist, um so geringer ist die Anzahl der Störche und um so geringer ist auch die Geburtenrate.

4.7.3.3 Inhomogenitätskorrelation Eine weitere Abhängigkeit ergibt sich, wenn zwei Gesamtheiten, in denen beide Merkmale unabhängig sind, aber verschiedene Mittelwerte besitzen, gemeinsam betrachtet werden (Inhomogenitätskorrelation). So ergibt sich zwischen Einkommen und Schuhgröße eine positive Korrelation, wenn alle Einwohner eines Wohnbezirks in die Untersuchung einbezogen werden. Dies beruht darauf, daß Kinder und Hausfrauen im allgemeinen kein oder ein niedriges Einkommen und auch kleinere Füße haben. Würden nur erwachsene Männer betrachtet werden oder nur Hausfrauen, würde die Korrelation verschwinden. Die Grenze zwischen der Inhomogenitäts- und Gemeinsamkeitskorrelation ist meist nicht klar zu ziehen. In diesem Fall könnten z. B. die Merkmale Alter und Geschlecht als gemeinsame Ursache angesehen werden.

Eine ähnliche Ursache hat auch das Paradoxon von Simpson (Tab. 4.11). In beiden Vierfeldertafeln ist der Anteil der Frauen, die Reserpin nehmen, in der Gruppe der Patienten mit Brustkrebs geringer als bei den Kontrollen. Werden die beiden Vierfeldertafeln jedoch zusammengefaßt, ist dieser Anteil größer.

Tab. 4.11 Paradoxon von Simpson
589 Frauen, davon 181 mit Brustkrebs, wurden danach gefragt, ob sie blutdrucksenkende Mittel, die Reserpin enthalten, einnehmen. Bei Aufteilung nach Frauen unter 50 und über 50 Jahren ergibt sich, daß der Anteil der Patientinnen, die Reserpin einnehmen, in der Gruppe mit Brustkrebs in beiden Fällen kleiner ist, bei Zusammenfassung des Gesamtmaterials aber größer (Daten aus K e w i t z , H. u. a.: Europ. J. clin. Pharmacol. **11** (1977) 79–83)

		Reserpin	Nicht Reserpin	Σ	%
Frauen unter 50	Brustkrebs	2	42	44	4,5
	Kontrollen	14	221	235	5,9
	Σ	16	263	279	
Frauen über 50	Brustkrebs	30	107	137	20,9
	Kontrollen	43	130	173	24,8
	Σ	73	237	310	
Gesamtmaterial	Brustkrebs	32	149	181	17,6
	Kontrollen	57	351	408	14,0
	Σ	89	500	589	

4.7.3.4 Selektionskorrelation In der Medizin hat eine weitere Korrelation vielfach zu falschen Schlüssen geführt, die dadurch entsteht, daß einzelne Gruppen verschieden stark selektiert werden (Berksons Fehlschluß). Dies gilt für Krankengut der Kliniken und für das Sektionsmaterial. Wenn wir davon ausgehen, daß zwischen zwei Krankheiten in einer Population Unabhängigkeit besteht, und die Wahrscheinlichkeit, seziert zu werden, für die einzelnen Krankheiten verschieden ist, werden in dem sich dabei ergebenden Krankenhaus- bzw. Sektionsgut scheinbare Abhängigkeiten erzeugt.

4.7.3.5 Formale Korrelation In einigen Fällen entsteht eine Korrelation rein rechnerisch. Z. B. bei zwei unabhängigen Beobachtungen X_1, X_2, die die gleiche Varianz σ^2 besitzen, besteht zwischen der ersten Beobachtung X_1 und der Differenz $X_2 - X_1$ eine negative Korrelation von $-\sqrt{0,5} \approx -0,7$[1]). Je größer der erste Beobachtungswert ist, um so wahrscheinlicher ist es, daß der zweite kleiner als der erste ist. Dies gilt auch, wenn man eine Folge von unabhängigen Beobachtungen betrachtet. Wird irgendein Beobachtungswert ohne Rücksicht auf seine Größe herausgegriffen, so ist der folgende mit der Wahrscheinlichkeit 1/2 größer und mit der Wahrscheinlichkeit 1/2 kleiner. Ist aber der herausgegriffene Beobachtungswert größer als der Median der Verteilung, dann ist die bedingte Wahrscheinlichkeit, daß der nächste Wert kleiner ist, größer als 1/2.

Dieses Phänomen spielt auch in der Medizin eine wichtige Rolle. Sehr viele Beschwerden äußern sich in wechselndem Unwohlsein des Patienten. Dies kann z. B. von einer Schwankung des Blutdrucks oder anderer Merkmale herrühren. Wird man bei einem das Unwohlsein hervorrufenden extremen Wert mit einer Behandlung beginnen, so kann man erwarten, daß dieser bei der nächsten Untersuchung zurückgegangen sein würde, auch wenn die Behandlung nicht erfolgt wäre. Bei der Beurteilung einer Behandlung ist diese Wirkung stets mit zu berücksichtigen.

Ein weiteres Beispiel für eine rein rechnerisch bedingte negative Korrelation bilden die auf denselben Nenner bezogenen relativen Häufigkeiten. Werden die relativen Häufigkeiten verschiedener Krankheiten im Laufe der Zeit betrachtet, dann bedeutet die Zunahme einer Krankheit in ihrer absoluten Häufigkeit bei gleich häufigem Auftreten der anderen Krankheiten, daß diese in ihren relativen Häufigkeiten abnehmen.

4.7.3.6 Ungeeignete Bezugsgrößen Bei einer doppelt gegliederten Beobachtungsreihe können verschiedene Arten von relativen Häufigkeiten gebildet werden, indem die verschiedenen Randhäufigkeiten als Bezugszahlen (Nenner) verwendet werden. Bei einer Aufteilung des Krankenmaterials nach Frauen und Männern und nach Altersgruppen

---

[1]) Der Korrelationskoeffizient beträgt

$$\frac{\text{Cov}(X_1, (X_2 - X_1))}{\sqrt{\text{Var}(X_1) \cdot \text{Var}(X_1 - X_2)}} = \frac{-\text{Cov}(X_1, X_1)}{\sqrt{\text{Var}(X_1)\,(\text{Var}(X_1) + \text{Var}(X_2))}}$$

$$= \frac{-\sigma^2}{\sqrt{2\sigma^4}} = \frac{-1}{\sqrt{2}} \approx -0,7,$$

da X_1 und X_2 unabhängig und damit $\text{Cov}(X_1, X_2) = 0$.

kann man den Anteil kranker Frauen zwischen 50 und 60 Jahren bezüglich aller kranken Frauen oder bezüglich aller Kranken zwischen 50 und 60 Jahren betrachten. In diesem Falle ist es unzweckmäßig, diesen Anteil bezüglich aller Kranken zu bilden.

In manchen Fällen ergeben sich sachlogisch unsinnige Prozentzahlen, wenn als Bezugszahl nicht die richtige Randhäufigkeit verwendet wird. Für den Schluß: „Am gefährdetsten ist bei einem Autounfall der Platz neben dem Fahrer" darf die Anzahl der Fälle, bei denen der Mitfahrer auf dem Beifahrersitz verunglückt, nicht auf alle Unglücksfälle bezogen werden, sondern z. B. auf alle Fahrstunden, bei denen dieser Platz besetzt ist.

4.7.3.7 Schlußfolgerung Auch eine bei Zutreffen der Voraussetzungen und Beachtung aller Regeln gefundene Abhängigkeit braucht daher noch keine Bedeutung für den Arzt zu besitzen. Wenn gefunden wird, daß Herzinfarktpatienten einen höheren Cholesteringehalt im Blut aufweisen, so bedeutet eine Senkung des Cholesteringehalts noch nicht notwendig eine Verminderung des Herzinfarktrisikos, weil beide Größen von einer dritten Größe abhängen können. Auf eine kausale Beziehung kann daher aufgrund einer statistischen Untersuchung allein nie geschlossen werden. Allerdings kann auch eine beobachtete Abhängigkeit, bei der eine beide Merkmale beeinflussende dritte Ursache unwahrscheinlich ist, so überzeugend sein, daß das ärztliche Handeln sich danach richten sollte. Dies trifft beispielsweise zu für den Zusammenhang zwischen Lungenkrebs und Rauchen. Hier ist die statistische Abhängigkeit hochsignifikant, ein kausaler Zusammenhang kann zwar nicht erwiesen werden, trotz angestrengter Suche konnte aber ein Merkmal, das beide beeinflussen könnte, z. B. eine Erbanlage, die sowohl ein Rauchbedürfnis erzeugt als auch eine verstärkte Disposition zum Lungenkarzinom bewirkt, nicht gefunden werden, so daß mit einer kausalen Wirkung des Rauchens gerechnet werden kann.

2   **Beispiele für klinische Anwendungen der Statistik**   *aus GK 3*

2.1   **kontrollierte klinische Therapiestudien**

2.1.1   Ziele und Aussagemöglichkeiten

Feststellung therapeutischer Wirksamkeit und unerwünschter Wirkungen z. B. von Medikamenten; Berücksichtigung der Wahrscheinlichkeit von Fehlschlüssen

2.1.2   Voraussetzungen

Voraussetzungen für Beginn der Phase 3 bei Therapiestudien mit Arzneimitteln (s. a. GK Rechtsmedizin 13.5 und GK Spez. Pharmakologie 23.1.2)

2.1.3   Durchführung

Definition der Fragestellung (typische Formen der Fragestellung), Erstellung eines Studienprotokolls (Inhalt u. a.: Erhebungsbogen s. 3.2.1, Ein- und Ausschlußkriterien, Definition der Zielkriterien, Festlegung des Auswertungsverfahren), Patientenauswahl und -zuteilung, Randomisierung, nicht-sequentielle Strategie (Stichprobenumfänge vorher festgelegt), Prinzip der sequentiellen Strategie (Stichprobenumfang vorher nicht festgelegt)

2.1.4   Auswertung

Testverfahren s. GK 2, Biomathematik 4.5
Problem der Aussagefähigkeit isolierter (z. B. 5-Jahres-)-Überlebensquoten, Prinzip der Sterbetafeltechniken
Ergebnisdarstellung: Beschreibung des Untersuchungsplanes, der Patientenkollektive, der drop-out- und non-response-Quoten; Art und Zahl der angewandten Testverfahren; Formulierung von Testergebnissen; Anforderungen an die tabellarischen und graphischen Darstellungen

5 Beispiele für klinische Anwendungen der Statistik[1])

Schon in Abschn. 4.3 wurden klinische Studien erwähnt. In diesem Abschnitt werden retrospektive und prospektive Studien ausführlicher dargestellt, besonders eingehend aber kontrollierte klinische Therapiestudien, die in letzter Zeit in der Medizin eine besondere Bedeutung erlangt haben. Der letzte Teil bringt Verfahren zur Unterstützung der Diagnostik.

---

[1]) Die beiden Abschn. 5 und 6 behandeln den Stoff des Gebietes Medizinische Statistik und Informationsverarbeitung, das zum z w e i t e n Abschnitt des klinischen Studiums gehört.

5.1 Kontrollierte klinische Therapiestudien

5.1.1 Die Phasen der klinischen Erprobung

Die Erprobung einer neuen Therapie am Menschen ist risikoreich. Wir werden dies für die Neueinführung von Medikamenten näher betrachten; grundsätzlich gelten aber die gleichen Überlegungen auch für die Einführung jeder anderen Therapie. Die Erprobung eines neuen Medikamentes ist risikoreich, weil man sowohl über die Wirksamkeit als auch über mögliche Nebenwirkungen nur Vermutungen hat.

Bei dieser Erprobung unterscheidet man vier Phasen:

P h a s e I: Nachdem eine Vorstellung über die Wirksamkeit und die Höhe der Dosierung aufgrund von Untersuchungen an Tieren gewonnen wurde, wird die Höhe der Dosierung an g e s u n d e n P r o b a n d e n ermittelt. Man beginnt mit Bruchteilen der vermuteten wirksamen Dosis, um sie nach und nach zu erhöhen, bis die gewünschte Wirkung oder eine Nebenwirkung auftritt. Auch interessiert die biologische Verfügbarkeit, d. h. der Anteil der Dosis, der an den Wirkort gelangt.

Die sich für den Versuch zur Verfügung stellenden Personen müssen ständig genau untersucht werden, um jede Nebenwirkung sofort festzustellen.

P h a s e II: In Phase II werden schon P a t i e n t e n behandelt, um zu überprüfen, ob die in der Phase I festgestellte Dosierung ausreicht, um die gewünschte Wirkung auf das Krankheitsbild zu erzielen. Wenn nicht besondere Gründe dagegen sprechen, werden die Prüfungen als kontrollierte Vergleichsstudie gegen Placebo durchgeführt.

P h a s e III: In dieser Phase wird an größeren Krankengruppen, oft auch unter Einschluß des ambulanten Versorgungsbereichs, untersucht, ob das neue Medikament anderen Therapien überlegen ist. Hier liegt ein wichtiges Anwendungsgebiet kontrollierter klinischer Studien. Die Ergebnisse der Phasen I, II und III bilden die Grundlage für die Zulassung des neuen Medikaments als Arzneimittel.

P h a s e IV: Wenn das Medikament als Arzneimittel zugelassen ist, wird in zusätzlichen Untersuchungen festgestellt, wie breit der Anwendungsbereich des Arzneimittels ist und welche Nebenwirkungen auftreten.

5.1.2 Begriff und Voraussetzung einer kontrollierten klinischen Studie

5.1.2.1 Begriff Als kontrollierte klinische Prüfung wird ein Therapieversuch bezeichnet, bei dem alle Patienten einer genau definierten Gesamtheit den einzelnen Behandlungsverfahren zufällig zugeordnet werden.

5.1.2.2 Multizentrische Studien Da ein Vergleich der Therapie mit einer anderen nur bei einer eng definierten Erkrankung sinnvoll ist (z. B. ein bestimmtes Stadium bei Blasenkrebs nach der TNM-Klassifikation), kann die Patientenzahl, die in einer Klinik innerhalb von wenigen Jahren für den Vergleich zur Verfügung steht, sehr gering sein, so daß man gezwungen ist, die Untersuchung gleichzeitig in mehreren Kliniken durchzuführen (multizentrische Studie). An derartigen Untersuchungen beteiligen sich oft mehr als zwanzig Kliniken. Auch Studien, die gleichzeitig in mehreren Staaten durchgeführt werden, sind nicht selten.

5.1.2.3 Voraussetzungen Bei Beginn einer klinischen Arzneimittelprüfung müssen aufgrund von Tierversuchen und Studien der Phase I und II ausreichende Kenntnisse über das pharmakologische Verhalten und die Verträglichkeit vorliegen.

5.1.3 Studienprotokoll

Vor Beginn einer kontrollierten klinischen Studie ist ein P r o t o k o l l zu erstellen, das alle Einzelheiten der Planung, Durchführung und Auswertung der Studie enthalten soll. Die genaue Festlegung aller Einzelheiten ist insbesondere bei multizentrischen Studien unumgänglich.

In diesem soll niedergelegt sein[1]):

1. Genaue Fragestellung
2. Methode der Patientenauswahl
3. Art der Zuteilung der Behandlung
4. Dosierung und die Termine der Untersuchungen
5. Zu dokumentierende Befunde
6. Kriterien der Wirksamkeit
7. Aussagen über Beendigung der Studie
8. Bedingungen, unter denen Patienten aus der Studie ausscheiden
9. Vorgesehene statistische Auswertungsverfahren
10. Beabsichtigte Schlußfolgerungen bei den verschiedenen möglichen Ergebnissen

5.1.3.1 Die genaue Fragestellung Sie kann darin bestehen, zwei oder mehrere Therapieformen miteinander oder eine Therapie mit einem Placebo zu vergleichen, um festzustellen, ob die Therapie überhaupt eine Wirkung besitzt.

Ist es ethisch nicht vertretbar, ein Placebo zu verwenden, so wird die neue Therapie mit der bisherigen Standardbehandlung verglichen. Dabei ist eine derartige Untersuchung generell nur dann ethisch zu verantworten, wenn noch nicht sicher ist, ob die neue Therapie eine Verbesserung darstellt. Denn auch bei einer Studie muß jeder Patient optimal behandelt werden. Insbesondere sollte kein Versuch zur Bestätigung eines bekannten Sachverhaltes durchgeführt werden.

5.1.3.2 Die Methode der Patientenauswahl Es müssen die Kriterien angegeben werden, die festlegen, welche Patienten aufgenommen (Einschlußkriterien) und welche nicht

---

[1]) Nach J e s d i n s k y , H. J. (Hrsg.): Memorandum zur Planung und Durchführung kontrollierter klinischer Therapiestudien. Stuttgart 1978.

aufgenommen werden sollen (Ausschlußkriterien). Diese Kriterien müssen sehr genau sein. Es genügt z. B. nicht allein die Angabe, daß Patienten mit Hochdruck ausgeschlossen werden, sondern etwa: „Patienten, die in Ruhe mehr als 150 mmHg systolisch oder 95 mmHg diastolisch zeigen, werden ausgeschlossen." Dabei ist auch die Art der Blutdruckmessung anzugeben.

Der Patient muß mit dem Ziel der Studie vertraut gemacht werden und sich frei entscheiden, ob er sich an der Studie beteiligt.

5.1.3.3 Art der Zuteilung der Behandlung zu den Behandlungsarten Um Strukturgleichheit der Behandlungsgruppen zu erzielen, ist eine zufällige Zuteilung am geeignetsten. Sie sollte, wenn zeitlich möglich, zentral erfolgen, d. h. die Klinik meldet der Zentrale die Einlieferung eines Patienten, der aufgrund der Einschlußkriterien in die Studie aufzunehmen ist und in die Teilnahme eingewilligt hat. Von der Zentrale wird dann aufgrund einer Zufallsmethode die Therapie bestimmt.

5.1.3.4 Die genaue Dosierung und die Termine der einzelnen Untersuchungen

5.1.3.5 Die Befunde, die zu dokumentieren sind (Erhebungsbogen) Besonders bei multizentrischen Studien ist es wichtig, daß in allen Kliniken die gleichen Erhebungsbögen mit genauen Vorschriften, wie die Befunde zu erheben sind, verwendet werden.

5.1.3.6 Kriterien der Wirksamkeit Die Überlegenheit einer neuen Therapie kann die Verlängerung der Lebenserwartung, die Vergrößerung der Wahrscheinlichkeit, k Jahre zu überleben, die Verbesserung der Lebensqualität (gemessen in der Karnowsky-Skala, Tab. 5.1) in der restlichen Lebenszeit, die Verringerung des Auftretens von Nebenwirkungen, die Verringerung der Behandlungskosten oder ähnliches bedeuten. Dabei soll-

Tab. 5.1 Karnowsky-Skala für die Lebensqualität

Beschwerdefrei	100%
Aktivität nicht eingeschränkt, Symptome nur bei starker körperlicher Belastung	90%
Normale Aktivitäten möglich, Symptome bei mittlerer Belastung (z. B. Atemnot nach Treppensteigen)	80%
Selbstversorgung, jedoch keine körperliche Belastung möglich	70%
Nicht bettlägerig, benötigt teilweise fremde Hilfe bei Selbstversorgung	60%
Teilweise bettlägerig	50%
Pflegebedürftig, vorwiegend bettlägerig, kann jedoch aufstehen, Hospitalisierung nicht notwendig	40%
Hospitalisierung notwendig, vorwiegend bettlägerig	30%
Hospitalisierung notwendig, ganztägig bettlägerig	20%
Moribund	10%
Tot	0%

ten nicht möglichst viele Kriterien als Maßstab verwendet werden, sondern angestrebt werden, sich auf ein wesentliches Merkmal zu konzentrieren. Diese Beschränkung auf möglichst ein vorher festgelegtes Kriterium erleichtert später die Entscheidung und die Vorausbestimmung des nötigen Stichprobenumfanges. Hierin liegt ein Gegensatz zu explorativem Vorgehen, das möglichst viele Kriterien einbezieht, um keine Relevanz zu verlieren.

5.1.3.7 Aussagen über die Beendigung der Studie Hier unterscheidet man sequentielle und nichtsequentielle Strategien.

Bei der n i c h t s e q u e n t i e l l e n S t r a t e g i e wird der Stichprobenumfang vorher festgelegt. Man muß sich vorher einigen über die Höhe der zu erwartenden Verbesserung, die man als wesentlich ansehen möchte, z. B. eine Erhöhung der 2-jährigen Überlebenswahrscheinlichkeit um 10%. Dann läßt sich der Stichprobenumfang abschätzen, wenn eine Angabe für die beiden Fehlerwahrscheinlichkeiten und eine Schätzung der Varianz vorliegt (z. B. mit einer Wahrscheinlichkeit von $1 - \beta = 0{,}95$ ein signifikantes Ergebnis ($\alpha = 0{,}05$) erzielen, wenn die neue Therapie eine Erhöhung um $0{,}1$ bewirkt). Es muß dann sichergestellt sein, daß ein derartiger Stichprobenumfang im Laufe des eingesetzten Versuchszeitraums wirklich erzielt wird.

Bei der s e q u e n t i e l l e n S t r a t e g i e wird der Stichprobenumfang nicht vorher festgelegt, sondern nach Zwischenauswertungen die Studie z. B. dann abgebrochen, wenn sich eine Therapieart als besser erweist. Die Entscheidung erfolgt aufgrund eines Sequentialplanes, auf dem für jede Zwischenauswertung angegeben wird, um wieviel die eine Therapie „besser" als die andere sein muß, um ein signifikantes Ergebnis zu erzielen. Bei dieser wesentlich schwerer auszuwertenden Methode werden bei gleichen Fehlerwahrscheinlichkeiten im Durchschnitt weniger Patienten benötigt.

Es ist selbstverständlich, daß jederzeit die Möglichkeit gegeben sein muß, die Studie aus ä r z t l i c h e n G r ü n d e n abzubrechen, z. B. wegen des Auftretens irgendwelcher Nebenwirkungen oder auch weil andere inzwischen veröffentlichte Studien die Überlegenheit der einen Therapie gezeigt haben.

5.1.3.8 Bedingungen, unter denen die Patienten nachträglich aus der Studie ausscheiden
Eine besondere Schwierigkeit für die Auswertung bilden die Fälle, die aus der Studie während ihres Verlaufs ausscheiden, weil sie an anderen Krankheiten erkranken, wegziehen oder nicht mehr teilnehmen möchten. Es ist besonders wichtig, daß der Grund des Ausscheidens genau dokumentiert wird, um keine Selektion durch derartige „d r o p - o u t - F ä l l e" zu bewirken.

5.1.3.9 Vorgesehene statistische Auswertungsverfahren

5.1.3.10 Beabsichtigte Schlußfolgerungen bei den verschiedenen möglichen Ergebnissen
Es ist wichtig, sich vorher zu überlegen und festzulegen, welche Schlußfolgerungen aus den verschiedenen möglichen Ergebnissen gezogen werden. Dabei sollten die Ergebnisse der Studie nicht isoliert betrachtet, sondern im Zusammenhang mit anderen Studien zur selben Fragestellung gesehen werden.

2.2   **retrospektive Studien (Fallkontrollstudien)**   *aus GK 3*
        (s. a. GK Sozialmedizin 1.1.6)

2.2.1   Prinzip und Anwendung
         Ausgangspunkt: erkrankte Personen, Bildung einer geeigneten Kontrollgruppe zur Klärung ätiologischer Fragestellungen, matched-pairs-Technik
         Anwendung zur Feststellung z. B. unerwünschter Arzneimittelwirkungen

2.2.2   Vor- und Nachteile
         Aufwand, Zeitbedarf, benötigte Untersuchungs- und Stichprobenumfänge; Erhebungsschwierigkeiten (Bias durch Selektion in der Stichprobe der Erkrankten, durch mangelnde Strukturgleichheit der Kontrollgruppe, durch Verfälschungen bei der Befragung)

2.2.3   Auswertung
         s. 2.1.4; insbesondere Ermittlung des „relativen Risikos" (Begriffsdefinition aus der Vierfeldertafel)

2.3   **prospektive Studien (Kohortenstudien)**
        (s. a. GK Sozialmedizin 1.1.6)

2.3.1   Prinzip und Anwendung
         Ausgangspunkt: exponierte Personen, Folgebeobachtungen; Anwendung zur Feststellung und Abschätzung z. B. unerwünschter Wirkungen von weitverbreiteten Arzneimitteln und Genußmitteln

2.3.2   Vor- und Nachteile
         im Vergleich zu kontrollierten klinischen Prüfungen und Fallkontrollstudien; Aufwand, Zeitbedarf, benötigte Untersuchungs- und Stichprobenumfänge, Bias durch drop-out-Problem und unterschiedliche Beobachtungsintensität in den Kohorten

2.3.3   Auswertung
         s. 2.1.4 und 2.2.3; Schätzung der Erkrankungsinzidenzen, des relativen und zuschreibbaren Risikos (attributable risk)

5.2 Retrospektive und prospektive Studien

5.2.1 Retrospektive Studien (Fall-Kontroll-Studien)

5.2.1.1 Begriff Vergleichende Studien heißen im Falle der retrospektiven Erhebung auch F a l l - K o n t r o l l - S t u d i e n. Hierbei wird einer Gruppe erkrankter Personen (Fallgruppe) eine möglichst vergleichbare (s. Abschn. 4.3.1) Gruppe von Personen gegenübergestellt, die frei von der betreffenden Krankheit ist (Kontrollgruppe). In beiden Gruppen werden dann Erhebungen, z. B. hinsichtlich potentieller Ursachenfaktoren, vorgenommen. Für die ätiologische Krankheitsforschung hat dieser Studientyp große Beiträge geleistet, z. B. in der Erforschung der Wirkungen des Zigarettenrauchens oder der Einnahme oraler Kontrazeptiva.

5.2.1.2 Fehlerquellen Die wichtigsten Fehlerquellen liegen in der möglichen Beeinflussung durch Suggestivfragen des Interviewers bei der Erhebung der zu untersuchenden Ursachenfaktoren, in der Vergeßlichkeit des Patienten bei schon lange zurückliegenden Vorgängen sowie in der Möglichkeit, daß die Aufnahme eines Patienten in die Fallgruppe nicht unabhängig von einem Faktor ist, der selbst schon Ursache für den zu prüfenden Sachverhalt ist. Man kann z. B. nicht mit einer Fallkontrollstudie untersuchen, ob eine Therapie mit Herzglykosiden zu Arteriosklerose disponiert, denn diese Therapie ist bei Patienten mit Arteriosklerose häufiger indiziert.

5.2.1.3 Matched pairs Um Strukturgleichheit zwischen der Fallgruppe und der Kontrollgruppe zu erzielen, wird häufig jedem Erkrankten eine in Alter, Geschlecht und anderen Merkmalen übereinstimmende Person gegenübergestellt, die diese Krankheit nicht aufweist (matched pairs). Ist die Anzahl der Erkrankten klein, so können auch jedem Patienten mehrere Kontrollfälle in dieser Weise zugeordnet werden.

5.2.2 Prospektive Studien (Kohortenstudien)

Bei einer prospektiven Studie geht man von einer Population aus (Kohorte), die über eine längere Zeit beobachtet wird. Häufig handelt es sich im Gegensatz zur retrospektiven Studie um eine Gruppe von Personen, die einem besonderen Risiko ausgesetzt sind und die mit einer Gruppe verglichen wird, die dieses Risiko nicht hat. Es wird dann nach einiger Zeit festgestellt, wie hoch die Anzahl der Personen, die an einer bestimmten Krankheit erkrankt sind, in beiden Gruppen ist. Kontrollierte klinische Studien stellen eine andere Art von prospektiven Studien dar. Hier unterscheiden sich Prüf- und Kontrollgruppe nur durch die Art der Behandlung.

Prospektive Studien erfordern im allgemeinen einen größeren Aufwand und vor allem mehr Zeit als retrospektive Studien. Sie können einem systematischen Fehler durch das vorzeitige Ausscheiden von Teilnehmern (drop-out-Problem) unterliegen.

5.2.3 Weitere Studien

Neben rein retrospektiven und prospektiven Studien gibt es auch Mischformen, z. B. kann man Patienten mit einer bestimmten Diagnose, die schon längere Zeit erkrankt sind, erfassen und ihren weiteren Lebenslauf beobachten, wie in dem Beispiel 5.2 der Vergleich der Überlebenskurven von Patienten mit chronischer Glomerulonephritis und Amyloidniere.

5.3 Besondere Auswertungsverfahren

5.3.1 Schätzung des relativen Risikos

5.3.1.1 Begriff Zur Schätzung des Risikos, an der Krankheit K zu erkranken, wenn ein bestimmter Risikofaktor R vorliegt, z. B. starkes Rauchen, werden die Anzahlen der Patienten in der Erkrankungsgruppe und der Kontrollgruppe, bei denen der Risikofaktor vorliegt bzw. nicht vorliegt, ausgezählt. Sie können in einer Vierfeldertafel dargestellt werden (Tab. 5.2)

Tab. 5.2 Aufteilung der Personen der Studie auf die
einzelnen Risiko-Krankheitsgruppen

	Risikofaktor R		
	R	$\bar{R}$	
Krankheit K $\quad$ K	a	b	a + b
$\bar{K}$	c	d	c + d
	a + c	b + d	n

5.3.1.2 Risiko bei prospektiven Studien Bei prospektiven Studien, bei denen von einer Gruppe von Personen ausgegangen wird, die diesen Risikofaktor R haben, und einer Kontrollgruppe, die ihn nicht hat, ist $\dfrac{a}{a+c}$ ein Schätzwert für die bedingte Wahrscheinlichkeit $P(K|R)$ (aus Abschn. 3.2.3). Entsprechend schätzt $\dfrac{b}{b+d}$ die bedingte Wahrscheinlichkeit $P(K|\bar{R})$, krank zu werden, wenn der Risikofaktor nicht vorliegt. Als Schätzwert r_1 für das relative Risiko ρ ergibt sich daher

$$r_1 = \frac{a}{a+c} \Big/ \frac{b}{b+d} = \frac{a(b+d)}{b(a+c)} \, .$$

Aufgrund des Fehlerfortpflanzungsgesetzes (Abschn. 3.3.6.5) beträgt die Varianz asymptotisch (für große Beobachtungsanzahlen in allen Gruppen)

$$\widehat{Var}(r_1) \approx \rho^2 \left(\frac{P(\bar{K}|R)}{P(K|R)\,(a+c)} + \frac{P(\bar{K}|\bar{R})}{P(K|\bar{R})\,(b+d)} \right) .$$

Werden anstelle der Parameter die Schätzwerte eingesetzt, so ergibt sich

$$\widehat{Var}(r_1) \approx r_1^2 \left(\frac{c}{a(a+c)} + \frac{d}{b(b+d)} \right) ,$$

entsprechend erhält man als Schätzung t für das zuschreibbare Risiko δ

$$t = \frac{a}{a+c} - \frac{b}{b+d}$$

mit der geschätzten Varianz

$$\widehat{\text{Var}}(t) = \frac{ac}{(a+c)^3} + \frac{bd}{(b+d)^3} \,,$$

wobei wir die theoretischen Werte durch die Schätzwerte ersetzt haben.

5.3.1.3 Risiko bei retrospektiven Studien Auf retrospektive Studien lassen sich diese Überlegungen nicht direkt übertragen. Da zu den Erkrankten jeweils Kontrollgruppen gebildet wurden, kann die bedingte Wahrscheinlichkeit nicht direkt geschätzt werden. Man kann aber zeigen, daß die Größe

$$r_2 = \frac{ad}{bc}$$

einen noch brauchbaren Schätzwert für das relative Risiko darstellt. Statt

$$\rho = \frac{P(K|R)}{P(K|\overline{R})} \,,$$

schätzt man

$$\rho_2 = \frac{P(K|R)\,P(\overline{K}|\overline{R})}{P(K|\overline{R})\,P(\overline{K}|R)}$$

Der systematische Fehler der Schätzung ist um so geringer, je kleiner die Wahrscheinlichkeit für eine Erkrankung ist, weil dann $P(\overline{K}|R)$ und $P(\overline{K}|\overline{R})$ fast eins betragen.

Die Varianz dieser Größe wird, wie ähnlich gezeigt werden kann, geschätzt durch

$$\widehat{\text{Var}}(r_2) \approx r_2^2 \left(\frac{1}{a} + \frac{1}{b} + \frac{1}{c} + \frac{1}{d} \right) .$$

Wie die Verteilung vieler Zufallsgrößen, deren Zähler und Nenner Zufallsvariablen sind, ist die Verteilung von r_2 schief. Sie wird fast symmetrisch, wenn zu den Logarithmen übergegangen wird. Dann gilt für die Varianzschätzung

$$\widehat{\text{Var}}(\ln r_2) \approx \left(\frac{1}{a} + \frac{1}{b} + \frac{1}{c} + \frac{1}{d} \right) .$$

5.3.1.4 Risiko bei Aufteilung in Schichten Ist das Material nach einem Faktor, z. B. dem Alter, in Schichten aufgeteilt, dann ist in jeder Schicht die entsprechende Untersuchung durchzuführen. Will man alle Werte zusammenfassen, dann dürfen nicht die Vierfeldertafeln addiert werden, sondern die einzelnen Risiken müssen geeignet zusammengefaßt werden. Eine approximative Methode hierfür stammt von Mantel und Haenszel. Sie verwenden als Schätzwert

$$r_3 = \frac{\sum \dfrac{a_i d_i}{n_i}}{\sum \dfrac{b_i c_i}{n_i}} \,.$$

Beispiel 5.1 In Tab. 4.11 wurden 181 Frauen, die an Brustkrebs erkrankt waren, 408 Kontrollen gegenübergestellt und der Anteil der Patientinnen, die das blutdrucksenkende Mittel Reserpin einnahmen, jeweils ausgezählt. Als Schichtkriterien wurden 10-Jahres-Altersklassen gewählt und in diesen Schichten die Untersuchung durchgeführt. Zur Vereinfachung haben wir nur zwei Altersklassen, nämlich unter 50 und über 50 Jahre, gebildet. In beiden Fällen ergab sich ein Schätzwert für das relative Risiko für die Reserpin-Einnahme, der kleiner als 1 war. Würde man das Material ohne Altersschichtung untersuchen, so ergäbe sich als Schätzwert für das relative Risiko 1,3 mit einer Standardabweichung von 0,32. Der Mantel-Haenszel Schätzwert beträgt dagegen

$$r_3 = \frac{\dfrac{2 \cdot 221}{279} + \dfrac{30 \cdot 130}{310}}{\dfrac{14 \cdot 42}{279} + \dfrac{43 \cdot 107}{310}} = 0{,}835.$$

5.3.1.5 Risiko bei matched pairs Für den Fall, daß die retrospektive Untersuchung mit matched pairs durchgeführt worden ist, bildet jedes Paar eine Schicht mit n = 2 Personen. In den Vierfeldertafeln gilt jeweils a + b = c + d = 1. Es können dabei folgende Typen A_i (i = 1, . . ., 4) auftreten:

Tab. 5.3 Typen A_1, . . ., A_4 von Vierfeldertafeln V bei Matched-pairs-Kontrollstudien

	R	$\bar{R}$
K	a	b
$\bar{K}$	c	d

Vierfeldertafel V

	A_1	A_2	A_3	A_4
a	1	1	0	0
b	0	0	1	1
c	1	0	1	0
d	0	1	0	1
Anzahl	n_1	n_2	n_3	n_4

Die Anzahl der jeweils auftretenden Typen kann wieder in einer Vierfeldertafel dargestellt werden, wobei wir die Anzahl, mit der der Typ A_i auftritt, mit n_i bezeichnen wollen (i = 1, . . ., 4). Dies ist in Tab. 5.4 angegeben.

Tab. 5.4 Aufteilung der Paare bei Matched-pairs-Kontrollstudien auf die Typen A_1, . . ., A_4

	$\bar{K}R$	$\bar{K}\bar{R}$
KR	n_1	n_2
$K\bar{R}$	n_3	n_4

Die Anwendung der Mantel-Haenszel-Methode ergibt als Schätzer für das relative Risiko direkt

$$r_3 = \frac{\dfrac{\sum a_i d_i}{2}}{\dfrac{\sum b_i c_i}{2}} = \frac{n_2}{n_3}$$

mit der Varianzschätzung

$$\widehat{\mathrm{Var}}(r_3) = r_3^2\left(\frac{1}{n_2} + \frac{1}{n_3}\right).$$

Die Varianz des Logarithmus wird entsprechend

$$\widehat{\mathrm{Var}}(\ln r_3) = \frac{1}{n_2} + \frac{1}{n_3}$$

geschätzt.

5.3.2 Behandlung von Überlebenskurven

5.3.2.1 Schätzung der Sterbewahrscheinlichkeit q_x Das in Abschn. 3.6.3 behandelte Modell der Sterbetafel wird in der Medizin in verschiedener Form angewandt. Hierbei kann x nicht nur das Lebensalter, sondern auch die Zeit nach Beginn einer ernsten Erkrankung oder bei Tieren die Zeit nach Applikation einer Behandlung, z. B. einer Bestrahlung bedeuten. Bei diesen Untersuchungen werden nicht alle Personen bis zum Ende beobachtet, besonders wenn der Eintritt in die Studie nicht gleichzeitig erfolgt, sondern, wie bei klinischen Studien üblich, sich über viele Jahre erstrecken kann. Ein Teil wird x Jahre nach Eintritt noch lebend erfaßt, aber es ist nicht feststellbar, ob sie nach x + 1 Jahren noch gelebt haben. Dazu gehören auch diejenigen, die gerade x Jahre vor Abschluß der Untersuchung in die Studie eingetreten sind und daher noch nicht zu Ende beobachtet werden konnten. Die Anzahl der nach x Zeitabschnitten (Jahre, bei Tieren auch Wochen oder Monate) noch Lebenden sei mit n_x bezeichnet. Sie setzt sich aus den nach einem Jahr noch Lebenden n_{x+1}, den v o r z e i t i g aus der Studie A u s g e s c h i e d e n e n w_x und den in diesem Jahr G e s t o r b e n e n d_x zusammen

$$n_x = n_{x+1} + d_x + w_x.$$

Die Sterbewahrscheinlichkeit q_x wird geschätzt durch

$$\hat{q}_x = \frac{d_x}{n_x - \dfrac{w_x}{2}}.$$

Dabei wird angenommen, daß diejenigen, die im Alter x ausscheiden, im Mittel ein halbes Jahr lang unter Beobachtung gestanden haben. Deshalb wird der Nenner entsprechend verkleinert.

5.3.2.2 Vergleich von Überlebenswahrscheinlichkeiten Die Wahrscheinlichkeit $\hat{p}_{0x}$, x Jahre nach Beginn der Erkrankung noch zu leben, gewinnt man dann mit Hilfe des Multiplikationssatzes

$$\hat{p}_{0x} = (1 - \hat{q}_0)(1 - \hat{q}_1) \ldots (1 - \hat{q}_{x-1}).$$

Die Varianz von $\hat{p}_{0x}$ ist angenähert durch

$$\mathrm{Var}(\hat{p}_{0x}) = p_{0x}^2 \sum_{i=0}^{x-1} \frac{q_i^2}{d_i(1 - q_i)}$$

gegeben.

Will man prüfen, ob die Fünfjahresüberlebensraten (5-Jahresheilung) $p_{05}^{(1)}$ und $p_{05}^{(2)}$ zweier verschiedener Überlebenskurven verschieden sind, so kann man davon ausgehen, daß die Größe

$$U = \frac{\hat{p}_{05}^{(1)} - \hat{p}_{05}^{(2)}}{s}$$

mit $s = \sqrt{\mathrm{Var}(\hat{p}_{05}^{(1)}) + \mathrm{Var}(\hat{p}_{05}^{(2)})}$

annähernd einer Normalverteilung $N(0, 1)$ folgt (s. 5.4.3.2). Es ist jedoch nicht statthaft, den Test für mehrere Zeitpunkte auszuprobieren, um dann endgültig denjenigen Zeitpunkt zu wählen, bei dem der Unterschied signifikant war.

Will man die Differenz an einem anderen als an dem vorher festgelegten Zeitpunkt prüfen, so ist dies z. B. mit einem Test von S m i r n o f f möglich, der die Prüfgröße

$$\lambda = \max |\hat{p}_{0i}^{(1)} - \hat{p}_{0i}^{(2)}| \sqrt{\frac{n_1 n_2}{n_1 + n_2}}$$

verwendet. Dabei bedeuten n_1 und n_2 die Stichprobenumfänge der beiden Untersuchungen, wobei die vorzeitig Ausgeschiedenen nicht zu berücksichtigen sind, also

$$n_1 = n_0^{(1)} - \sum w_x^{(1)}, \qquad n_2 = n_0^{(2)} - \sum w_x^{(2)}.$$

Falls der Anteil der vorzeitig Ausgeschiedenen klein ist, folgt diese Prüfgröße für große n_1 und n_2 einer zuerst von Kolmogoroff beschriebenen Verteilung, deren für uns wesentliche Quantile

$$\lambda_{0,95} = 1{,}36, \qquad \lambda_{0,99} = 1{,}63 \qquad \text{und} \qquad \lambda_{0,999} = 1{,}95$$

betragen.

Beispiel 5.2[1]) Im folgenden werden die Überlebenskurven zweier Krankheitsgruppen von Patienten, die 14- bis 39-jährig an nephrotischem Syndrom erkrankten, betrachtet.

---

[1]) Modifiziert nach S a r r e , H. et al.: Nephrotisches Syndrom des Erwachsenenalters. Dt. med. Wschr. **96** (1971) 225–229.

Tab. 5.5 Überlebenszeiten zweier Krankheitsgruppen von Patienten, die an nephrotischem Syndrom erkrankten.
n_x Anzahl der nach x Jahren lebenden Patienten, d_x Anzahl der im Intervall $(x, x + 1)$ gestorbenen Patienten, w_x Anzahl der in diesem Intervall lebend ausscheidenden Patienten.
$\hat{q}_x$ wurde aus diesen Werten geschätzt.

| | Chronische Glomerulonephritis mit Hypertonie | | | | | Amyloidniere | | | | |
x	n_x	d_x	w_x	$\hat{q}_x$	$\hat{p}_{0x}$	n_x	d_x	w_x	$\hat{q}_x$	$\hat{p}_{0x}$
0	189	37	4	0,1979	1,0000	51	16	1	0,3168	1,0000
1	148	14	7	0,0969	0,8021	34	6	4	0,1875	0,6832
2	127	20	3	0,1594	0,7244	24	2	5	0,0930	0,5551
3	104	12	3	0,1171	0,6090	17	1	4	0,0667	0,5034
4	89	13	6	0,1512	0,5377	12	2	3	0,1905	0,4699
5	70	6	6	0,0896	0,4564	7	0	0	0,0000	0,3804
6	58	5	12	0,0962	0,4155	7	1	0	0,1429	0,3804
7	41	2	3	0,0506	0,3756	6	1	0	0,1667	0,3260
8	36	2	3	0,0580	0,3566	5	1	1	0,2222	0,2717
9	31	1	0	0,0326	0,3359	3	0	1	0,0000	0,2113
10	30				0,3251	2				0,2113

Die beiden 5-Jahres-Überlebensraten betragen

$$\hat{p}_{05}^{(1)} = 0,4564 \quad \text{und} \quad \hat{p}_{05}^{(2)} = 0,3804.$$

Ihre Differenz ist nicht signifikant, da

$$u = \frac{\hat{p}_{05}^{(1)} - \hat{p}_{05}^{(2)}}{s} = 0,85.$$

Der Kolmogoroff-Smirnoff-Test ergibt bei $n_1 = 142$ und $n_2 = 32$ mit

$$\lambda = 0,1693 \sqrt{\frac{142 \cdot 32}{174}} = 0,86$$

ebenfalls keine Signifikanz.

5.3.2.3 Kein vorzeitiges Ausscheiden aus der Studie Bei Tierversuchen werden meist alle in dem Versuch verwendeten Tiere gleichzeitig behandelt, so daß es keine Tiere gibt, die in den ersten Zeitabschnitten ausscheiden, ohne daß das Ereignis (z. B. Auftreten von Tumoren nach Bestrahlung etc.) eingetreten ist. Es ist also $w_x = 0$ für $x = 1, \ldots, k$, wobei k die Anzahl der Zeitabschnitte ist, nach der das Experiment ausgewertet wird. Hier wird also die Stichprobe von Zeitdauern für $x \leqslant k$ direkt beobachtet, und zwar vollständig, wenn bis zum Zeitpunkt k bei allen Tieren das Ereignis eingetreten ist, sonst spricht man von einer bei k abgeschnittenen Verteilung. Hier kann zur Prüfung des Vergleichs zweier Überlebenskurven ein Zweistichprobentest, z. B. der Wilcoxon-Test, wenn die Verteilung nicht abgeschnitten ist, auf jeden Fall aber der

Vierfeldertest verwendet werden, wenn der Zeitpunkt x_0, an dem die Verteilung dichotomisiert wird, vorher festliegt und $x_0 \leq k$ ist.

5.3.2.4 Weitere Verfahren In Abschn. 5.3.2.1 wurde nichts über die Art der Verteilung vorausgesetzt. Nimmt man an, daß die Absterbewahrscheinlichkeit einer exponentiellen Verteilung folgt, so ist die Wahrscheinlichkeit, innerhalb k Jahren zu sterben, durch

$$P(k) = 1 - e^{-\lambda k}$$

gegeben, wobei λ ein vom Alter, der Diagnose, dem Schweregrad etc. abhängiger Parameter ist. Hierfür sind Verfahren vorhanden, die unter diesen Annahmen effizienter sind als die oben beschriebenen, s. z. B. K a l b f l e i s c h / P r e n t i c e 1980.

Aber auch die Testverfahren von Wilcoxon, Smirnoff u. a. wurden weiterentwickelt, um für den Fall, daß über die Art der Verteilung nichts vorausgesetzt wird und viele Patienten nicht zu Ende beobachtet werden oder vorzeitig aus der Studie ausscheiden, die Gleichheit zweier Überlebenskurven prüfen zu können.

5.3.2.5 Konstruktion einer Sterbetafel In den vorhergehenden Abschnitten wurden die Sterbewahrscheinlichkeiten in einer Längsschnittuntersuchung (Kohortenmethode) bestimmt. Diese Methode würde bei der Konstruktion der menschlichen Sterbetafel 100 Jahre in Anspruch nehmen. Aus diesem Grunde werden hier die Sterbewahrscheinlichkeiten q_x in einer Querschnittsanalyse geschätzt, bei der die Anzahl der Toten des entsprechenden Geburtsjahrganges während eines Jahres zugrunde gelegt werden. Die q_x beruhen daher auf jeweils anderen Personengesamtheiten. Dabei wird angenommen, daß die jeweiligen Sterblichkeitsbeobachtungen eines Jahres während des ganzen Lebens gelten. Aus den so gewonnenen q_x werden die übrigen Parameter p_{0x} und e_0 berechnet. Die in Deutschland allgemein benutzten Sterbetafeln werden vom Statistischen Bundesamt erstellt. Nach ihnen hat sich die Lebenserwartung e_0 eines Lebendgeborenen von 1871/80 bis 1975/77 von 32,6 auf 68,6 Jahre verbessert. Dies liegt vor allem an der Verringerung der Säuglingssterblichkeit auf 1/10. q_0 betrug 1871/80 0,253 und 1975/77 nur 0,020, während sich die Sterbewahrscheinlichkeit in den höheren Altern nicht in diesem Maße veränderte. q_{60} betrug 1871/80 0,038 und erniedrigte sich 1975/77 nur auf 0,019. Dadurch ist auch die Lebenserwartung entsprechend nicht in dem gleichen Maße gestiegen. Für einen 60-jährigen erhöhte sie sich in dieser Zeit von 12,1 nur auf 15,8. Alle diese Zahlen gelten für Männer, für Frauen liegen die Zahlen geringfügig günstiger.

5.3.3 Altersstandardisierung

5.3.3.1 Problemstellung Ein Unterschied zwischen zwei Gruppen kann davon herrühren, daß die Altersverteilung der beiden Gruppen nicht dieselbe ist. Da die Sterbewahrscheinlichkeit zunächst sehr langsam und mit wachsendem Alter immer schneller zunimmt, genügt es nicht, wenn in beiden Gruppen das mittlere Alter gleich ist. Hat die eine Gruppe bei gleichem mittleren Alter eine größere Variabilität, so ist in dieser Gruppe eine höhere

Sterblichkeit zu erwarten. Um derartige Einflüsse zu berücksichtigen, wird eine Alters-
standardisierung vorgenommen. Liegen zwei Stichproben A und B vor, so kann die
Stichprobe B auf die Altersverteilung A und umgekehrt standardisiert werden, oder aber
man standardisiert beide Stichproben auf eine dritte. Wir gehen davon aus, daß in beiden Stichproben in jeder Altersgruppe (z. B. 5-Jahres-Klassen oder 10-Jahres-Klassen)
ein Schätzwert q_{Ai} bzw. q_{Bi} der Sterbewahrscheinlichkeit gewonnen wurde, und die
Anzahl der Personen der i-ten Gruppen n_{Ai} bzw. n_{Bi} beträgt (i = 1, . . ., k). Die mittlere
Sterbewahrscheinlichkeit ergibt sich in beiden Gruppen als

$$q_A = \frac{\sum n_{Ai} q_{Ai}}{\sum n_{Ai}} \qquad \text{bzw.} \qquad q_B = \frac{\sum n_{Bi} q_{Bi}}{\sum n_{Bi}} \, .$$

5.3.3.2 Direkte Methode Bei der Standardisierung von B auf A werden die in den einzelnen Klassen beobachteten Sterbewahrscheinlichkeiten mit den entsprechenden Anzahlen der Stichprobe A gewichtet. Also

$$q_B' = \frac{\sum n_{Ai} q_{Bi}}{\sum n_{Ai}} \, .$$

Man kann nun q_A mit dem auf A standardisierten q_B' vergleichen. Gleichermaßen könnte
man Stichprobe A auf B standardisieren und damit q_A' mit q_B vergleichen. Obwohl in
beiden Vergleichen die Altersverteilung ausgeschaltet wurde, so kann doch ein unter-
schiedliches Ergebnis entstehen, wenn etwa das Verfahren A bei der Altersverteilung in
A günstiger ist als in der Altersverteilung bei B. Es hat sich daher eingespielt, die mittlere Sterblichkeit der beiden Verfahren für eine Standardbevölkerung zu vergleichen,
z. B. für die Bevölkerung der Bundesrepublik bei der letzten Volkszählung. Oft verwendet man auch einen Bevölkerungsaufbau, bei dem die Anzahl in allen Altersklassen gleich
groß ist. Dies entspricht grob dem Altersaufbau der Bevölkerung wie er z. Zt. in der Bundesrepublik herrscht.

5.3.3.3 Indirekte Methode Bei der indirekten Methode wird die Anzahl $D = \sum n_{Bi} q_{Bi}$
der insgesamt in der Gruppe B beobachteten Toten in Beziehung gesetzt zu der erwarteten Anzahl, wenn die Sterblichkeit bei A gültig wäre, d. h. mit

$$\sum n_{Bi} q_{Ai} \, .$$

Den Quotienten

$$M = \frac{D}{\sum n_{Bi} q_{Ai}}$$

bezeichnet man als standardisiertes Mortalitätsverhältnis. Seine Varianz ist approximativ

$$\widehat{\text{Var}}(M) = \frac{D}{(\sum n_{Bi} q_{Ai})^2} \, .$$

Wie Sterbedaten können auch andere Größen, z. B. der mittlere Blutdruck, standardisiert
werden. Anstelle der geschätzten Sterbewahrscheinlichkeit q_i ist jeweils der Mittelwert
in der i-ten Altersgruppe einzusetzen.

<table>
<tr><td>2.4</td><td colspan="2">Verfahren zur Unterstützung der Diagnostik</td><td>aus GK 3</td></tr>
<tr><td>2.4.1</td><td colspan="3">Analyse des diagnostischen Prozesses</td></tr>
<tr><td></td><td></td><td colspan="2">diagnostische Entscheidungssituation (z. B. Screening, Klinik, Notfall); Abgrenzung von Referenz-(„Normal"-) bereichen (s. a. GK 2, Klinische Chemie 3.2 und 3.3); Charakterisierung der Entscheidungsfehler (falsch positiv, falsch negativ); Sensitivität, Spezifität</td></tr>
<tr><td>2.4.2</td><td colspan="3">deterministische Verfahren</td></tr>
<tr><td></td><td></td><td colspan="2">Listenvergleiche, Diagnose-Symptommatrix, Entscheidungs-bäume</td></tr>
<tr><td>2.4.3</td><td colspan="3">stochastische Verfahren</td></tr>
<tr><td></td><td></td><td colspan="2">Bayesscher Ansatz (s. a. GK 2, Biomathematik 3.2.4); Prinzip der Trennfunktionen Beispiel: Vaterschaftsbegutachtung</td></tr>
</table>

5.4 Verfahren zur Unterstützung der Diagnostik

5.4.1 Problemstellung

5.4.1.1 Krankheiten Wir gehen von n Krankheiten $K_1, K_2, \ldots, K_n$ aus, die unterschieden werden sollen. Sie sollen alle Möglichkeiten umfassen, aber disjunkt sein, d. h. das gleichzeitige Auftreten von zwei Krankheiten bei einem Patienten wird als eine eigene Krankheit angesehen. Auch das Fehlen von Krankheiten ist eine Möglichkeit. Bei m Grundkrankheiten ist wegen Abschn. 1.2.4 $n = 2^m$, wenn jede mögliche Teilmenge der m Grundkrankheiten auftreten kann.

5.4.1.2 Symptome Zur Diagnosestellung werden die Merkmale (Symptome) $S_1, \ldots, S_r$ beobachtet, und es sei angenommen, daß es sich dabei um alternative Merkmale (vorhanden, nicht vorhanden) handelt. Grundsätzlich kann jedes Merkmal durch Dichotomisierung zu einem alternativen gemacht werden.

Beispiel 5.3 Zurückführung des systolischen Blutdrucks t auf ein alternatives Merkmal

$$s_1 = \begin{cases} 1 & \text{für } t \geqslant 140 \\ 0 & \text{sonst} \end{cases} .$$

5.4.1.3 Deterministische und stochastische Verfahren Bei deterministischen Verfahren wird davon ausgegangen, daß jede Krankheit stets die gleiche Symptomkombination hervorruft. Bei stochastischen Verfahren treten die einzelnen Symptome S_i bei der gleichen Krankheit K mit verschiedenen Wahrscheinlichkeiten $P(S_i|K)$ auf.

5.4.1.4 Krankheit-Symptom-Matrix Die Krankheit-Symptom-Matrix ist im deterministischen Fall eine $n \cdot r$ Matrix; die Elemente

$$a_{ij} \qquad (i = 1, \ldots, r; j = 1, \ldots, n)$$

können nur die Werte 0 und 1 annehmen. $a_{ij} = 1$ bedeutet, daß bei der Krankheit K_j das Symptom S_i auftritt, $a_{ij} = 0$, daß es nicht auftritt.

Die r Zeilen entsprechen den r Symptomen, die Spalten den n verschiedenen Krankheiten, bzw. Krankheitskombinationen. Manchmal findet man unter den r Zeilen weitere m Zeilen angegeben, in denen die m Grundkrankheiten $G_k (k = 1, \ldots, m)$ aufgeführt sind, aus denen sich die einzelnen Krankheiten K_i zusammensetzen. Eine 1 in der Zeile G_k und der Spalte K_j bedeutet, daß die k-te Grundkrankheit zur Krankheitskombination K_j gehört.

Im stochastischen Fall steht anstelle von a_{ij} die Wahrscheinlichkeit $P(S_i|K_j)$, daß das Symptom S_i auftritt, wenn die Krankheit K_j vorliegt.

Beispiel 5.4 Das folgende Beispiel ist mit $m = 2$, $n = 4$, $r = 3$ konstruiert.

Tab. 5.6 Krankheits-Symptom-Matrix zu Beispiel 5.4

	K_1	K_2	K_3	K_4
S_1	1	0	1	1
S_2	0	1	0	1
S_3	0	0	1	1
G_1	0	1	0	1
G_2	0	0	1	1

5.4.2 Deterministische Verfahren

Bei einem Listenvergleich werden die Symptome, die bei einem Patienten vorliegen, festgestellt und diejenige Krankheit diagnostiziert, deren Symptome mit den Symptomen des Patienten übereinstimmen. Auf diesem einfachen Prinzip beruht im wesentlichen die Computerdiagnose.

Von einem Entscheidungsbaum spricht man, wenn man zunächst nur untersucht, ob ein Symptom vorliegt und aufgrund des Ergebnisses die nächsten zu untersuchenden Symptome bestimmt, bis eine eindeutige Entscheidung möglich ist. In Beispiel 5.4 kann man zunächst S_2 bestimmen, als nächstes S_3 und auf S_1 verzichten. Bestimmt man zuerst S_1 und ist das Symptom nicht vorhanden, so weiß man, daß K_2 vorliegt. Ist das Symptom vorhanden, dann muß man S_2 und S_3 bestimmen. Dieses Vorgehen ist von Vorteil, wenn K_2 im Patientengut sehr häufig auftritt.

5.4.3 Stochastische Verfahren

Wir betrachten als einfachsten Fall, daß die Diagnose aufgrund eines einzigen Symptoms zu stellen ist ($n = 2$, z. B. krank, gesund und $r = 1$). Wir erhalten dann folgende Symptom-Krankheits-Matrix:

	K_1	K_2
S	$P(S|K_1)$	$P(S|K_2)$
G_1	0	1

Wenn S ein Symptom für K_2 ist, und K_1 bedeutet, daß der Patient gesund ist, so wird man sich stets für K_2 entscheiden, wenn S vorliegt. Dann ist $P(S|K_1)$ die Wahrscheinlichkeit für falsch positiv und $P(\bar{S}|K_1) = 1 - P(S|K_1)$ die Spezifität, $P(S|K_2)$ die Sensitivität des Verfahrens und $P(\bar{S}|K_2) = 1 - P(S|K_2)$ die Wahrscheinlichkeit für falsch negativ. Wir haben diesen Fall schon in Abschn. 3.2.2 behandelt und als Vierfeldertafel

	$\bar{S}$	S
$\bar{K}$	$P(\bar{S}|\bar{K})$	$P(S|\bar{K})$
K	$P(\bar{S}|K)$	$P(S|K)$

dargestellt.

5.4.3.1 Auswahl des Verfahrens

Stehen mehrere Methoden A, B, . . . zur Verfügung, von denen jeweils nur eine verwendet werden kann, so wird man die Methode A der Methode B vorziehen, wenn A eine höhere Sensitivität und eine höhere Spezifität bei sonst ähnlichen Nebenbedingungen (Kosten, Gefährdung des Patienten etc.) besitzt. Ist die Sensitivität größer, die Spezifität aber kleiner oder umgekehrt, so hängt die Auswahl von der diagnostischen Entscheidungssituation ab und der Schwere des Fehlers, den eine falsche Entscheidung hervorruft. Ist z. B. eine falsch negative Entscheidung besonders schwerwiegend, so wird man den Bereich so abgrenzen, daß die Sensitivität groß ist, auch bei geringer Spezifität. Hat man es mit einem quantitativen Merkmal zu tun, so kann man ähnlich wie in der klassischen Testtheorie (s. Abschn. 4.5) einen Bereich so abgrenzen, daß die Sensitivität (oder die Spezifität) einen vorgegebenen Wert annimmt. D. h., man wird die Krankheit annehmen, wenn für den beobachteten Wert x des Merkmals gilt $x \geq x_0$ und nicht, wenn $x < x_0$, wobei x_0 so gewählt wird, daß

$$P(X \geq x_0 | K_1) = \alpha$$

gilt.

Diese Abgrenzung ähnelt der Abgrenzung von Normalbereichen, bedeutet aber etwas anderes. Während bei einem Normalbereich im allgemeinen so vorgegangen wird, daß 95% aller Gesunden Werte aufweisen, die in dem Normalbereich liegen, richtet man sich bei der diagnostischen Entscheidung nach der Schwere der Fehlentscheidung.

Können mehrere quantitative Merkmale gleichzeitig beobachtet werden, z. B. zwei Merkmale, deren Wert wir mit x und y bezeichnen, so kann trotz geringer Sensitivität und geringer Spezifität jedes einzelnen Merkmals durch eine geeignete Linearkombination $z = ax + by$ die Sensitivität und Spezifität stark erhöht werden.

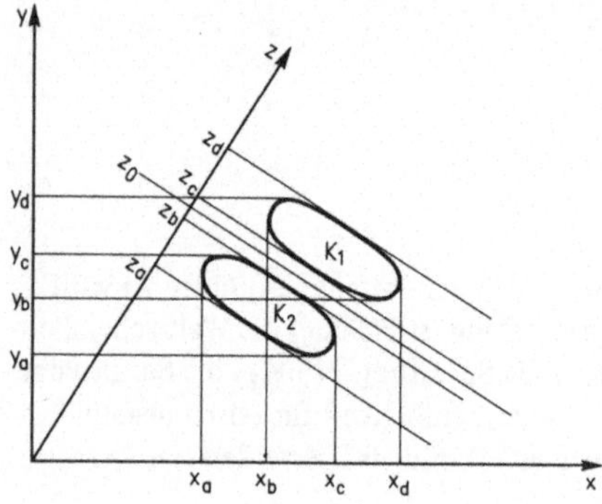

Fig. 5.1
Trennfunktion z zum Trennen zweier Gesamtheiten

Kann, wie in Fig. 5.1 illustriert, vorausgesetzt werden, daß die Patienten der beiden Diagnosen nur Merkmalspaare (x, y) haben, die in den Bereichen K_1 und K_2 liegen, dann lassen sich aufgrund jedes einzelnen Merkmals die Patienten der beiden Diagnosen nicht trennen, da sie sich im Intervall (x_b, x_c) bzw. (y_b, y_c) überlappen. Durch die Trennfunktion z wird jedoch eine Spezifität und eine Sensitivität von 1 erreicht.

Stehen sehr viele Merkmale zur Verfügung, so muß eine Auswahl der Merkmale getroffen werden. Die Verfahren zur Bestimmung der geeigneten Merkmale und der Trennfunktionen bezeichnet man als Diskriminanz- oder Trennanalyse.

5.4.3.2 Bayesscher Ansatz   Sind die Wahrscheinlichkeiten $P(K_i)$, mit denen die einzelnen Krankheiten K_i auftreten, und die bedingten Wahrscheinlichkeiten $P(S|K_i)$ $(i = 1, \ldots, n)$ für das Symptom S bekannt, so kann man mit Hilfe der Bayesschen Formel (s. Abschn. 3.2.4) die Wahrscheinlichkeit a posteriori $P(K_i|S)$, daß die Krankheit K_i vorliegt, wenn S beobachtet wurde, berechnen.

Man erhält für jede Krankheit eine entsprechende Wahrscheinlichkeit a posteriori und wird diejenige Krankheit diagnostizieren, die die höchste Wahrscheinlichkeit a posteriori besitzt. Dieses Verfahren hängt stark von den Wahrscheinlichkeiten a priori, der Verteilung der Krankheiten im Patientengut, ab, die sich lokal und zeitlich kurzfristig ändern kann, so daß die Wahrscheinlichkeit a posteriori von geringerem Wert ist als Sensitivität und Spezifität.

5.4.3.3 Vaterschaftsbegutachtung   Ein Verfahren, das dem diagnostischen Prozeß ähnelt, ist die Vaterschaftsbegutachtung. Es sei angenommen, daß eine Mutter mehrere Männer als mögliche Väter (EV = Eventualväter) ihres Kindes angibt. Das Gericht hat zu entscheiden, ob einer dieser Männer als Vater in Frage kommt und welcher. Hier entsprechen die einzelnen EV den Krankheiten und die verschiedenen Blutgruppentripel B von Mutter, Kind und EV den Symptomen. Beschränken wir uns im folgenden auf den Fall eines einzigen EV, dann haben wir zwei Hypothesen:

V: EV ist der echte Vater

bzw. $\overline{V}$: EV ist nicht der echte Vater.

Mit Hilfe der Bayesschen Formel kann die Wahrscheinlichkeit a posteriori berechnet werden, daß V zutrifft, wenn B beobachtet wurde, also EV der echte Vater ist. Voraussetzung hierfür ist die Kenntnis der Wahrscheinlichkeit a priori. Diese wird üblicherweise mit 0,5 angenommen. Unter dieser Voraussetzung ist nach (3.11)

$$P(V|B) = \frac{1}{1+\lambda} \quad \text{mit} \quad \lambda = \frac{P(B|\overline{V})}{P(B|V)}.$$

Das Verfahren ist als Essen-Möller-Verfahren bekannt. Ohne die Annahme einer Wahrscheinlichkeit a priori kann entsprechend Abschn. 5.4.3.1 folgendermaßen vorgegangen werden. Man setzt einen Wert λ_0 fest, so daß die vorgegebene Fehlerwahrscheinlichkeit $P(\lambda \geq \lambda_0 | V) = \alpha$ eingehalten wird. Man entscheidet sich für

V: EV ist der echte Vater, wenn $\lambda < \lambda_0$

und $\overline{V}$: EV ist nicht der echte Vater, wenn $\lambda \geq \lambda_0$.

Allerdings ist der Rechenaufwand größer als beim Essen-Möller-Verfahren, da nicht nur der Wert von λ für das beobachtete Tripel B sondern zur Bestimmung von λ_0 die Verteilung von λ über alle Tripel B unter den Hypothesen bestimmt werden muß.

6 Medizinische Informatik[1])

6.1 Elektronische Datenverarbeitung

6.1.1 Einleitung

Das ständig weitere Vordringen der e l e k t r o n i s c h e n D a t e n v e r a r b e i -
t u n g (E D V) in Wissenschaft, Wirtschaft und Verwaltung ist heute offenkundig.
Hiervon ist auch der Bereich der Medizin nicht ausgenommen. Dem durch immer lei-
stungsstärkere Großrechner geförderten Trend zur Zentralisierung und Vereinheitli-
chung ist heute durch die weite Verbreitung von Heimcomputern (PC = personal computer) und Anlagen der mittleren Datentechnik ein entgegengesetzter Trend zur Seite
getreten. Die folgenden Ausführungen sollen eine Übersicht über die Funktionsweise
einer EDV-Anlage geben, um, ohne allzu sehr auf technische Einzelheiten einzugehen,
ein prinzipielles Verständnis zu vermitteln.

6.1.1.1 Information und Nachricht Es gilt hier die in der Umgangssprache allgemein
geläufigen Begriffe „Information" und „Nachricht" in dem Sinne zu spezifizieren und
einzuschränken, wie sie bei den informationsverarbeitenden Maschinen (EDV-Anlagen,
Computer) zur Anwendung kommen.

Diesen technischen Geräten wird in der Regel Information in der Form von Z e i c h e n -
k e t t e n , wobei die Zeichen aus einem festgelegten bekannten Z e i c h e n v o r r a t
stammen, eingegeben. Dieser Zeichenvorrat besteht im weitaus gebräuchlichsten Fall

---

[1]) Siehe Fußnote S. 148.

aus den 26 Buchstaben, 10 Ziffern und einer Anzahl Sonderzeichen. Eine derartige Zeichenkette wird als N a c h r i c h t bezeichnet. Bei einer Übermittlung wird eine Nachricht durch den zeitlichen Verlauf einer physikalischen Größe dargestellt. Diese physikalische Größe heißt S i g n a l.

Die mit der Nachricht übertragene Information, d. h. welche konkrete Bedeutung die Nachricht hat, kann aber niemals allein aus der die Nachricht darstellenden Zeichenfolge entnommen werden. Es muß bekannt und durch Vereinbarung festgelegt sein, in welcher Weise diese Nachricht zu interpretieren ist. Zum Beispiel kann die kurze Nachricht nur bestehend aus dem Buchstaben A sich auf eine ABO-Blutgruppenbestimmung an einem Patienten oder bei der Erfassung von Kfz-Kennzeichen auf die Stadt Augsburg beziehen.

6.1.1.2 Daten, Algorithmus und Programm Die Arbeitsweise eines Computers kann wie folgt formuliert werden: Er soll die eingegebene Nachricht automatisch verarbeiten und als Ergebnis dieser Verarbeitung wiederum eine Nachricht ausgeben.

Dies muß so ablaufen, daß dem Anwender die Gewinnung der Information aus der ausgegebenen Nachricht möglich ist, d. h. daß ihm die zugehörigen Interpretationsregeln bekannt sind.

Welche Aufgaben können von derartigen Maschinen (d. h. automatisch) durchgeführt werden? Selbstverständlich können nicht alle Probleme, die von menschlichem Denken bearbeitet werden können, auf diese Weise gelöst werden. Bei einer maschinellen Verarbeitung muß für die anstehende Aufgabe eine formale Problemlösung, die in endlicher Zahl von Schritten zu einem Ziel kommt, existieren. Eine derartige Vorschrift zur Lösung des Problems heißt A l g o r i t h m u s. Unter dem Aspekt, daß Nachrichten einer solchen Verarbeitung unterworfen werden und als Ergebnis entstehen, benutzt man für Nachrichten den Begriff „ D a t e n ". Letztlich bezeichnet man den Algorithmus, wenn er in einer vom Computer ausführbaren Form vorliegt, als P r o g r a m m.

6.1.2 Schematische Struktur einer EDV-Anlage

6.1.2.1 Hauptbestandteile Wenn auch bei den einzelnen Fabrikaten je nach Hersteller und vor allem nach Größenordnung der Anlage der Aufbau und die Bezeichnungsweise sehr differieren, kann man doch von der Funktion her im wesentlichen die vier folgenden Bestandteile einer EDV-Anlage unterscheiden (Fig. 6.1):

1. Zentraleinheit (Rechen- und Steuereinheit),

2. Arbeitsspeicher,

3. Eingabe-/Ausgabesystem (Eingabe-/Ausgabe-Kanäle),

4. Eingabe-/Ausgabegeräte, auch Peripheriegeräte genannt, mit ihren jeweiligen spezifischen Steuereinheiten.

6.1.2.2 Funktion des Arbeitsspeichers In dem Arbeitsspeicher befinden sich die zu verarbeitenden Daten und die momentan zur Ausführung anstehenden Programme. Wenn

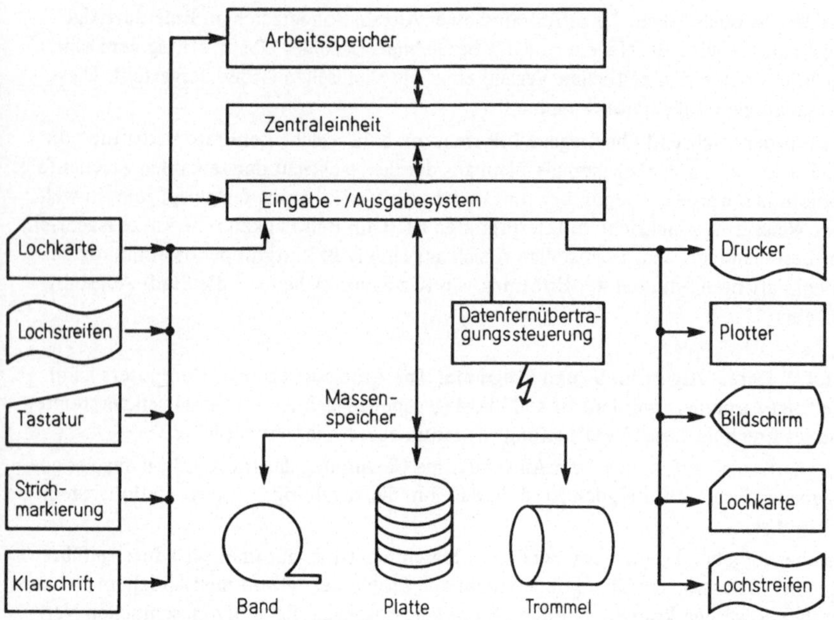

Fig. 6.1 Strukturschema einer EDV-Anlage

die Zentraleinheit arbeitet, wird jeweils ein elementarer Arbeitsschritt des Programms, B e f e h l genannt, in sog. R e g i s t e r der Steuer- und Recheneinheit übernommen, interpretiert und ausgeführt, anschließend geschieht dasselbe mit dem nächstfolgenden Befehl des Programms.

Der A r b e i t s s p e i c h e r ist vor anderen, später zu besprechenden Speichermedien dadurch ausgezeichnet, daß die Programmbefehle, die in ihm stehen, auf die beschriebene Weise ausgeführt werden können. Er hat also eine über das reine Speichern hinausgehende Funktion.

Als technische Realisierung des Arbeitsspeichers sind heute Halbleiterbausteine in Gebrauch.

Der Arbeitsspeicher ist in kleinste ansprechbare Einheiten, die W ö r t e r , aufgeteilt. Diese Wörter sind bei verschiedenen Fabrikaten unterschiedlich groß, bis zu sechs Zeichen. Der Umfang eines Speichers wird in Einheiten von 1024 Wörtern = 1 K angegeben, z. B. bedeuten 32 K Arbeitsspeicher 32 · 1024 = 32 768 Wörter. Auch eine größere Einheit von 1024 K = 1 M ist üblich. Der Gebrauch dieser Angaben ist nicht ganz einheitlich, da manchmal nicht die Wortmenge, sondern die Zeichenmenge gemeint ist.

Die Kapazität heutiger Arbeitsspeicher liegt bei mehreren 100 bis 1000 K und darüber.

*6.1.3 Befehlsstruktur

6.1.3.1 Befehlsgruppen Der Befehlsvorrat, den eine Zentraleinheit ausführen kann, hängt weitgehend vom speziellen Fabrikat der Anlage ab, jedoch kann man allgemein die im folgenden aufgeführten Gruppen von Befehlen unterscheiden.

6.1.3.2 Lese- und Schreibbefehle Durch Lese- und Schreibbefehle werden Daten aus dem Arbeitsspeicher in die Register der Zentraleinheit und in umgekehrter Richtung transportiert. Die Zeit für die Ausführung eines solchen Befehls ist eine charakteristische Größe der Anlage. Bei fast allen heute angebotenen Fabrikaten liegt diese Zeit zwischen 0,2 und 2 μs ($1 \mu s = 10^{-6}$ s).

6.1.3.3 Arithmetische Befehle Durch arithmetische Befehle werden Inhalte von Arbeitsspeicherworten und Registern verknüpft. Es werden so die Grundrechenarten Addition, Subtraktion, Multiplikation und Division und andere logische Verknüpfungen ausgeführt. Das Ergebnis wird in Register oder in den Arbeitsspeicher geschrieben.

6.1.3.4 Verschiebebefehle Durch Verschiebebefehle können Manipulationen an Registerinhalten vorgenommen werden wie z. B. Links- und Rechtsverschiebungen um eine bestimmte Stellenzahl.

6.1.3.5 Sprungbefehle Normalerweise wird als nächster Befehl immer der im Arbeitsspeicher auf dem nächsten Platz stehende ausgeführt. Diese Reihenfolge wird durch Sprungbefehle durchbrochen. Man unterscheidet u n b e d i n g t e Sprungbefehle, bei denen die Verzweigung im Programm auf jeden Fall durchgeführt wird, und b e d i n g t e Sprungbefehle, bei denen die Verzweigung nur durchgeführt wird, falls eine besondere Bedingung, z. B. daß ein bestimmter Registerinhalt positiv ist, erfüllt ist. Ansonsten wird als nächster, wie üblich, der im Speicher nächstfolgende Befehl ausgeführt.

6.1.3.6 Ein- und Ausgabebefehle Die Ein- und Ausgabe der Daten wird durch Ein-/Ausgabebefehle bewirkt. Es findet ein Transfer von den Peripheriegeräten in den Arbeitsspeicher oder vom Arbeitsspeicher in die Peripheriegeräte statt. Die technische Realisierung dieser Vorgänge ist sehr unterschiedlich je nach Typ der Anlage. Bei größeren Anlagen übernehmen selbständig aktive Einheiten (Kanäle) zeitlich parallel zu der dadurch entlasteten Zentraleinheit den Transfer.

6.1.4 Peripherie-Geräte und maschinenlesbare Datenträger

6.1.4.1 Lochstreifen und Lochkarten In der Vergangenheit waren Lochstreifen und die 80spaltige Maschinenlochkarte die verbreitetsten Medien zur Dateneingabe. Ein Zeichen (Buchstabe, Ziffer oder Sonderzeichen, wie z. B. Satzzeichen u. math. Zeichen) wurde durch eine Lochkombination kodiert, die das Lesegerät optisch oder elektrisch abtastete.

6.1.4.2 Tastatur Heute sind die häufigsten Eingabemittel Tastaturen, die etwa dem Tastenfeld einer Schreibmaschine entsprechen. Sie machen Datenträger wie Lochkarten überflüssig (On-line-Datenerfassung). Zusammen mit Bildschirmen (s. Abschn. 6.1.4.6) können die Daten schon während der Eingabe geprüft und sofort korrigiert werden. Oft ist die Eingabestation selbst ein kleiner Computer, der aus den Daten strukturierte Dateien erstellt und diese auf Disketten (s. 6.1.4.12) absetzt.

6.1.4.3 Strichmarkierungen Daten fallen an einem Arbeitsplatz auf B e l e g e n an und müssen in einem besonderen Arbeitsgang über eine Tastatur eingegeben werden. Diesen zweiten Arbeitsgang kann man einsparen, wenn die Originalbelege gleich maschinenlesbar gestaltet sind. Die eine Möglichkeit hierzu ist durch Strichmarkierungen gegeben. Auf weitgehend variabel gestaltbaren Formularen sind bestimmte Stellen vorgesehen, die durch einen Bleistiftstrich markiert werden oder leer bleiben können. Ein Markierungsleser tastet die Belege auf optischem Wege nach den Markierungen ab und überträgt die Eintragungen in den Arbeitsspeicher. Dieser Weg ist sehr gut geeignet für Alternativdaten (z. B. Ja-Nein-Antworten) und für Angaben über die Lokalisation einer Veränderung, weniger optimal, jedoch brauchbar, für numerische Angaben. Es müssen dann für jede Ziffer 10 Markierungspositionen zur Verfügung stehen, entsprechend den Ziffern 0–9, von denen dann die zutreffende markiert werden muß.

6.1.4.4 Klarschriftleser Eine andere Möglichkeit ist der Einsatz von Klarschriftlesern. Diese Geräte lesen Text von Belegen in der Form, wie er auch vom Benutzer direkt gelesen werden kann. Hier findet eine Maschinenschrift mit besonderen Typen Verwendung (OCR-A- und OCR-B-Schrift). Es können aber auch handschriftliche Zeichen gelesen werden, wenn beim Schreiben bestimmte Schriftmerkmale sorgfältig beachtet werden. Entsprechend dem technischen Aufwand, der bei diesen Lesern getrieben werden muß, sind ihre Kosten noch recht hoch.

6.1.4.5 Drucker Die weitaus gebräuchlichste Art der Ausgabe ist die Druckausgabe auf Papier, welches in Endlosformularen vorliegt und daher fortlaufend beschrieben werden kann. Die einfachste Art eines Druckers ist das Schreibwerk einer elektrischen Schreibmaschine, jedoch ist die Geschwindigkeit der Ausgabe (10 bis 30 Zeichen/s) für viele Aufgaben viel zu gering. Zur Bewältigung einer umfangreichen Druckausgabe bedient man sich eines Zeilendruckers. Diese Geräte drucken eine Zeile von meist 132 Druckstellen in einem Arbeitsgang. Die Geschwindigkeit liegt im allgemeinen zwischen 200 und 2000 Zeilen/min. In der Leistung zwischen Schreibmaschine und Zeilendrucker liegen eine Reihe von Matrix- oder Mosaikdruckern, die ein Zeichen nicht durch Anschlag einer Type drucken, sondern durch geeignete Auswahl aus einem rechteckigen Punktraster aufbauen (Leistung bis ca. 300 Zeichen/s). Bei den modernen Laser-Druckern läuft der eigentliche Schreibvorgang ohne Mechanik ab. Die Geschwindigkeit (etwa 200 Seiten/min) ist im wesentlichen durch den Papiervorschub begrenzt.

6.1.4.6 Bildschirmgerät Die Verwendung dieser Geräte ist weit verbreitet, insbesondere zusammen mit einer Tastatur als Dialogterminal (s. Abschn. 6.1.5.3). Auf einer Braunschen Röhre (ähnlich den handelsüblichen Fernsehgeräten) wird der ausgegebene Text dargestellt. Üblich sind ca. 24 Zeilen à 80 Spalten. Bei fortlaufenden Ausgaben wird dann der vorhergehende Text gelöscht.

6.1.4.7 Graphische Ausgabe Die Möglichkeit der Ausgabe von graphischen Darstellungen besteht mit Z e i c h e n g e r ä t e n (Plotter) oder auf speziellen graphischen Bildschirmgeräten, welche im Unterschied zu den normalen Textbildschirmen beliebig Graphiken darstellen können.

6.1.4.8 Beziehung von Kapazität und Zugriffszeit Bei Speichern in der Datenverarbeitung besteht ein umgekehrtes Verhältnis zwischen Kapazität und Zugriffsgeschwindigkeit. Bei der Wahl einer Speicherart ist zu überlegen, ob Kapazität oder Zugriffszeit das wesentliche Merkmal sein soll.

6.1.4.9 Magnetband Magnetbänder zeichnen sich aus durch Unempfindlichkeit beim Transport und hohe Kapazität bei geringem Gewicht und Volumen. Eine Bandspule mit ca. 700 m Band faßt den Inhalt von mehreren hundert PC-Disketten. Da an der Bandstation, die die Bänder liest und beschreibt, die Bandspule auswechselbar ist, ist die Speicherkapazität praktisch unbegrenzt. Sollen aber Daten in der Mitte eines Magnetbandes gelesen werden, so muß das Band von vorne bis zu dieser Stelle durchgelesen werden. Man nennt dies einen i n d i r e k t e n Z u g r i f f oder eine sequentielle Datenorganisation auf dem Band. Das Band eignet sich deshalb am besten für Archivierungszwecke und ein gelegentliches Rücklesen großer Datenmengen in andere Speichermedien.

6.1.4.10 Magnetplatte Soll häufig an bestimmten Stellen in einer größeren Datenmenge gelesen oder geschrieben werden, dann kommen vor allem Magnetplattenspeicher in Frage. Ein derartiges Plattenlaufwerk besteht aus magnetisierbar beschichteten Metallscheiben, die in Rotation versetzt werden. So kann eine Platte durch verschiedene Positionierungen eines Lese- und Schreibkopfes in konzentrischen Kreisen, den Spuren, beschrieben und gelesen werden.
Die Vollkreise der Spuren sind noch in kleinere Teile, die Sektoren, unterteilt. Soll der Inhalt eines bestimmten Sektors gelesen werden, muß nur der Lese- und Schreibkopf in der richtigen Spur positioniert und höchstens eine Plattenumdrehung abgewartet werden bis die gewünschten Daten vorliegen. Man spricht deshalb von einem d i r e k t e n S p e i c h e r z u g r i f f (genauer halbdirekt, weil immer nur ganze Sektoren gelesen oder geschrieben werden, im Gegensatz zum „echt" direkten Zugriff auf einzelne Wörter im Arbeitsspeicher). Die Zugriffszeiten auf Plattenspeicher liegen bei etwa 10 ms, und die Kapazität beginnt bei 2 Millionen Zeichen und reicht bis 500 Millionen Zeichen und darüber pro Plattenlaufwerk. Es können an einer Anlage mehrere Laufwerke angeschlossen sein.

6.1.4.11 Festkopfplatte Noch schneller im Zugriff sind Festkopfplatten. Hier ist über jeder Spur ein eigener Kopf angebracht, der sie liest und beschreibt. So entfällt die Zeit für die Positionierung.

6.1.4.12 Disketten Das gängige Massenspeichermedium für PC's und in der mittleren Datentechnik sind Disketten. Das sind miniaturisierte Magnetplatten aus beschichteter Kunststoffolie. Sie sind leicht auswechselbar und transportabel. Die gebräuchlichsten haben eine Kapazität von 360 K. Höheres Fassungsvermögen (bis 4fach) kommt durch dichteres Beschreiben zustande.

6.1.4.13 Datenfernübertragung Für die Versorgung komplexer Bereiche (z. B. eines Klinikums) mit der Möglichkeit EDV anzuwenden ist es notwendig, nicht nur am Aufstellungsort der Anlage Eingabe-/Ausgabegeräte zu benutzen, sondern auch im Arbeitsbereich. Ferner erweist es sich als erforderlich, Datenaustausch zwischen mehreren EDV-Anlagen vorzunehmen, wobei der Zeitverlust durch den physischen Transport eines Datenträgers (Magnetband, Disketten) nicht in Kauf genommen werden kann. Für diese Fälle wird die Datenfernübertragung (DFÜ) angewandt. In der Regel über Telefonleitungen werden Daten in beiden Richtungen übertragen. Der Anschluß und der Betrieb der Leitungen werden durch eine spezielle Datenfernübertragungssteuereinheit geleistet.

Von einer großen Anlage kann eine Vielzahl von Datenfernübertragungsleitungen ausgehen. Dann besteht die Steuereinheit aus einem speziellen Computer, d. h. aus Zentraleinheit und Arbeitsspeicher, welcher ausschließlich den aus- und eingehenden Datenstrom steuert.

Großrechner in Rechenzentren werden praktisch nur noch über DFÜ mit Daten beschickt. Die DFÜ-Leitungen verbinden die Großanlage mit ihren Terminals (Vielplatzsystem). Diese sind oft selbständige PC's mit Arbeitsspeicher, Tastatur, Bildschirm und Diskettenlaufwerk.

6.1.5 Betriebssysteme

Die bisher besprochenen Bestandteile und zugehörigen Geräte einer EDV-Anlage bezeichnet man als die Hardware. Im Gegensatz hierzu heißt die Gesamtheit der auf einer Anlage lauffähigen Programme Software. Der wichtigste Teil dieser Software ist das Betriebssystem, welches folgende Aufgaben übernimmt:

a) Starten und Beenden (normal und im Fehlerfall) der einzelnen Arbeitsgänge.

b) Bereitstellen und Entziehen der zugehörigen Betriebsmittel (wie z. B. Arbeitsspeicherplatz, Massenspeicherplatz, Peripheriegeräte, Arbeitszeit der Zentraleinheit u. a.).

c) Durchführung von Teilaufgaben, die immer wieder gleichartig vorkommen oder besonders schwierig und für das gute Funktionieren der gesamten Anlage kritisch sind (z. B. Eingabe-/Ausgabe). Die Fähigkeiten des Betriebssystems bestimmen wesentlich, auf welche Weise, wie komfortabel und rationell mit einer EDV-Anlage gearbeitet werden kann. Im folgenden sollen einige Grundzüge über diese Betriebsarten zusammengestellt werden.

6.1.5.1 Stapelverarbeitung Wenn, wie es die Regel ist, mehrere Aufgaben gleichzeitig für eine EDV-Anlage anfallen, muß ein System vorliegen, das festlegt, in welcher Reihenfolge an den einzelnen Aufgaben gearbeitet wird. Das älteste und einfachste Prinzip ist die sogenannte Stapelverarbeitung (batch-processing). Es werden Steueranweisungen und Daten in die Anlage eingegeben und in eben derselben Reihenfolge abgearbeitet. Dies führt dazu, daß z. B. kleine und u. U. wichtige Aufgaben lange Wartezeiten haben, falls unmittelbar vorher eine lange, aber vielleicht zeitlich nicht so dringende Aufgabe eingegeben wurde.

6.1.5.2 Stapelverarbeitung mit Prioritäten Dieser Nachteil kann unterbunden werden, falls man die einfache Stapelverarbeitung zur Stapelverarbeitung mit Prioritäten modifiziert. Es werden dann den einzelnen Aufgaben nach ihrer Größe und externen Wichtigkeit gewisse Dringlichkeitsstufen (P r i o r i t ä t e n) zugeordnet, und es werden Aufgaben immer nur dann bearbeitet, wenn keine anderen mit höherer Priorität vorliegen. Die Durchführung dieses Prinzips bedingt den Aufwand, daß die Eingabedaten, bevor sie zur Verarbeitung kommen, zuerst auf Massenspeichern abgesetzt werden. Außerdem ergibt sich für die Anlage eine Belastung durch das Kontrollieren der Prioritäten.

6.1.5.3 Dialogbetrieb Die heute beliebteste Arbeitsweise ist der Dialogbetrieb. Der Benutzer der Anlage sitzt an einem sog. T e r m i n a l (meist Tastatur mit Bildschirm), gibt seine Anweisungen und Daten ein und wartet auf die Antwort, die so schnell erfolgen sollte, daß der Benutzer in seiner Arbeit nicht gehemmt wird. Für Programmentwicklung, Korrektureingaben und Testbetrieb ist diese Betriebsart am besten geeignet. Es ist auch üblich, andere Betriebsarten damit zu kombinieren. Der Benutzer kann dann z. B. einzelne Aufgaben delegieren, indem er im Dialogbetrieb einen parallel laufenden Stapelbetrieb bedient.

6.1.5.4 Mehrprogrammbetrieb Im Ablauf einzelner Programme treten immer wieder Wartezeiten (z. B. durch Abwarten von Ein-/Ausgabevorgängen) auf. Damit die Leistung der Zentraleinheit während dieser Wartezeiten nicht brachliegt, sind gleichzeitig mehrere auszuführende Programme im Arbeitsspeicher geladen. Dann kann sofort bei einem anderen Programm mit der Abarbeitung fortgefahren werden. Diese wechselnde Bearbeitung mehrerer Programme heißt Mehrprogrammbetrieb (Multiprogramming).

6.1.5.5 Time-sharing Damit eine Anlage mehr als einen, im allgemeinen zahlreiche Benutzer bedienen kann, wird das sog. Time-sharing angewandt. Die Rechenzeit wird in Zeitabschnitte („Z e i t s c h e i b e n ") von einigen Millisekunden Länge eingeteilt und reihum den einzelnen Benutzern (und u. U. dem nebenherlaufenden Stapelbetrieb) zugeteilt. Von außen sieht es dann so aus, als stünde die Anlage gleichzeitig für viele Benutzer zur Verfügung.

6.1.5.6 Echtzeitverarbeitung Während beim Dialogbetrieb dem Benutzer kleine Wartezeiten durchaus zuzumuten sind, gibt es daneben echt zeitkritische Anforderungen, die mit geringstmöglicher Verzögerung durchgeführt werden müssen. Es handelt sich hierbei meist um die P r o z e ß v e r a r b e i t u n g. Im medizinischen Bereich sei z. B. an den Einsatz in der Intensivstation gedacht, wo vom Patienten kommende Meßsignale abgefragt, verarbeitet und u. U. zur Steuerung wieder ausgegeben werden müssen. Ein anderes Beispiel ist der Einsatz im klinisch-chemischen Labor. Dort können mehrere Analyseautomaten ihre Meß- und Identifikationssignale direkt in die Anlage eingeben. Wenn dann der Meßwert nicht weggespeichert ist, bis der nächste kommt, ist ein Analyseergebnis verloren. Programme, die derartige Funktionen haben, lassen es nicht zu, daß sie durch andere Aufgaben in den Wartezustand versetzt werden. Sie müssen zu jedem Zeitpunkt verfügbar sein. Man nennt diese Betriebsart Echtzeitverarbeitung (Real time processing).

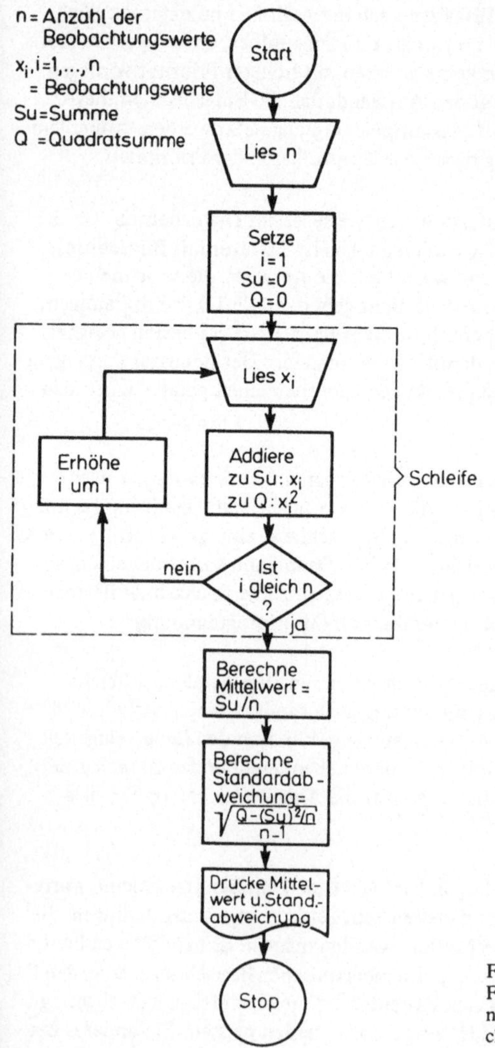

Fig. 6.2
Flußdiagramm eines Programms zur Berechnung von Mittelwert und Standardabweichung aus n Beobachtungswerten

6.1.6 Programmierung

6.1.6.1 Aufbereitung der Problemstellung Um ein gegebenes Problem mit Hilfe der elektronischen Datenverarbeitung lösen zu können, muß der zugrundeliegende Algorithmus festgelegt werden. Das heißt, der Arbeitsablauf muß in alle Einzelheiten zerlegt und die Folge der einzelnen Teilschritte festgehalten werden.

Es müssen alle Möglichkeiten bedacht und dafür Verzweigungen vorgesehen werden. Ein geeignetes Mittel, um diese Überlegungen sorgfältig durchführen zu können, ist die Erstellung eines Ablaufschemas oder F l u ß d i a g r a m m s . Dies ist am besten an einem Beispiel zu erläutern. In Fig. 6.2 ist ein Flußdiagramm zur Berechnung von Mittelwert und Standardabweichung gegeben. Dabei ist vorausgesetzt, daß die Anzahl und die Beobachtungswerte $x_1, x_2, \ldots, x_n$ auf einem Peripheriegerät bei Start des Programms zum Einlesen zur Verfügung stehen. Es müssen für die vorkommenden Größen Plätze im Arbeitsspeicher reserviert werden, so für n, die Zählgröße i, den jeweils eingelesenen Beobachtungswert x_i, die Summe Su, die Quadratsumme Q. Dem Flußdiagramm (Fig. 6.2) entnimmt man, daß Su und Q am Beginn auf Null, i auf 1 gesetzt werden. Bei jedem Durchgang im mittleren Teil (einer sog. Schleife) wird der nächste Beobachtungswert zur Summe und sein Quadrat zur Quadratsumme addiert. Anschließend muß durch einen Vergleich von i mit n festgestellt werden, ob alle n Werte abgearbeitet sind. Ist dies nicht der Fall, so wird i um 1 erhöht und der nächste Wert gelesen. Ist jedoch beim Vergleich i gleich n, so werden die Ergebnisse nach den Formeln in Abschn. 2.2.2.2 fertig ausgerechnet und für den Benutzer ausgedruckt. Bei der eigentlichen Programmierung werden für diese im Flußdiagramm angegebenen Einzelschritte die entsprechenden Befehle erstellt. Die Erstellung dieser Befehlsfolgen geschieht mit Hilfe von Programmiersprachen. Darüber soll in den nächsten Abschnitten eine grobe Übersicht gegeben werden.

6.1.6.2 Maschinencode Die Form, in der die Befehle von Rechen- und Steuerwerk verarbeitet werden, nennt man Maschinencode. Dies ist eine numerische Form, die sehr unanschaulich und sehr unhandlich ist. Für den Normalbenutzer einer Anlage hatte diese Form der Darstellung nur in der Anfangszeit der elektronischen Datenverarbeitung Bedeutung.

6.1.6.3 Assemblersprachen Bei der Programmierung in einer Assemblersprache werden die Befehle durch mnemotechnische Abkürzungen bezeichnet. Außerdem können Arbeitsspeicherplätzen Namen gegeben werden, und der Programmierer kann auf die Plätze unter diesen Namen Bezug nehmen, ohne sich ihre genaue Lage überlegen zu müssen. Es wird jedoch im allgemeinen für einen später entstehenden Befehl im Maschinencode genau ein Befehl in Assemblersprache geschrieben (Eins-zu-Eins-Sprache). Die Übersetzung von der Assemblersprache in den Maschinencode besorgt ein Programm, der „A s s e m b l e r ", denn nur im Maschinencode kann ein Programm in den Arbeitsspeicher geladen und dann ausgeführt werden. Die Assemblersprache hängt von dem jeweiligen Anlagetyp ab. Deshalb können solche Programme nicht auf andere Anlagen übernommen werden. Außerdem ist der Aufwand für die Assemblerprogrammierung erheblich größer, als für die Programmierung in einer höheren Programmiersprache.

Andererseits besteht in der Assemblerprogrammierung die Möglichkeit, „optimale"
Programme zu erstellen, was sich dann lohnt, wenn diese Programme oder Programm-
teile sehr oft benutzt werden. Der Begriff „optimal" hängt jedoch von der Anlage und
der Problemstellung ab. Die wichtigsten Kriterien sind: Verbrauch an Belegungszeit der
Zentraleinheit, Arbeitsspeicherplatzbedarf und Ein- und Ausgabeaufwand. Diese
Gesichtspunkte sind nicht alle gleichzeitig zu befriedigen, da sie sich gegenläufig verhalten. So bedingt z. B. die Änderung eines Programms auf kürzere Rechenzeit im allgemeinen einen höheren Arbeitsspeicherplatzbedarf.

6.1.6.4 Höhere Programmiersprachen Bei den üblichen Programmiersprachen bedingt
die Übersetzung einer Anweisung der jeweiligen Sprache die Erzeugung mehrerer Maschi-
nenbefehle. Hierdurch gestaltet sich die Programmierung weniger aufwendig. Die Programmiersprachen sind für bestimmte Anwendungsgebiete entwickelt worden und deshalb zur Lösung von Problemen auf diesen Gebieten besonders geeignet. Hierzu gehören
z. B. auf technisch-wissenschaftlichem Gebiet die Sprachen ALGOL (Algorithmic
Language) and FORTRAN (Formula Translator). In der kommerziellen Datenverarbeitung ist COBOL (Commercial and Business Orientated Language) verbreitet. Auch wurden Sprachen mit besonderer Berücksichtigung der Betriebsart entwickelt, z. B. für Dialogbetrieb BASIC und APL. Neben vielen Sprachen für spezielle Aufgaben werden auch
möglichst allgemeine Sprachen entwickelt, z. B. PL/1 (Programming Language One) sowohl für technische wie kommerzielle Anwender. Die Sprachen PASCAL und C setzen
besonders auf Flexibilität und Universalität durch Vervollkommnung des Baukastenprin-
zips, der Verzweigungstechnik und variabler Datentypen. Die Umwandlung von den in
der Programmiersprache geschriebenen Programmen in den Maschinencode geschieht
(wie auch schon beim Assembler) durch ein für diesen Zweck erstelltes Programm. Diese
Programme heißen „ C o m p i l e r ", falls sie die Umwandlung einmal vornehmen und
dann der ursprüngliche Text in der Programmiersprache nicht mehr gebraucht wird,
oder „ I n t e r p r e t e r ", falls bei Ausführung eines Programmstückes der vom Programmierer erstellte Programmtext jedesmal neu in den Maschinencode übergeführt wird.

Ein wesentlicher Gesichtspunkt bei höheren Programmiersprachen ist die Unabhängigkeit vom Maschinentyp. Deshalb werden wichtige Sprachen international genormt. Theo-
retisch kann ein solcher Programmtext ohne Änderung auf einer anderen Anlage verarbeitet werden, falls die Benutzung der jeweiligen Sprache vorgesehen ist. In der Praxis
sind jedoch heute noch meistens kleinere Modifikationen notwendig.

Für bestimmte fachbezogene Zwecke gibt es allgemein verfügbare Programmsysteme
(program packages) z. B. mit Schwerpunkt Statistik: SPSS, SAS und BMDP. Zusammenstellung, Spezifikation und Datenversorgung werden dabei durch eine systemeigene
Organisationssprache geleistet. Der Übergang zu den Betriebssystemen (6.1.5) und Da-
tenbanksystemen (6.1.7) ist gleitend. Die Entwicklungen der 80er Jahre gehen dahin,
daß auch auf dieser Ebene regelrecht programmiert werden kann, z. B. Betriebssysteme
UNIX und MS-DOS. Speziell auf medizinische Probleme bezogen ist MUMPS (Massachu-
setts General Hospital's Utility Multiprogramming System).

6.1.7 Datenbanksysteme

Bei umfangreichen und komplex strukturierten Datenbeständen, wie es z. B. die in einem Klinikum zu erhebenden patientenbezogenen administrativen und medizinischen Daten sind, sind für eine zufriedenstellende Speicherung und Handhabung folgende Hauptfunktionen anzustreben:

a) Die Daten müssen logisch strukturiert sein, d. h. es muß ein Zusammenstellen von Daten bezüglich verschiedener Merkmale z. B. Patient, Zeitraum, Station u. ä. möglich sein.

b) Es müssen die verschiedenen Anwendungen in verschiedenen Betriebsarten (Dialog- und Stapelbetrieb) mit den Daten arbeiten können. Es muß ein Parallelzugriff für mehrere Benutzer mit den gleichen oder verschiedenen Programmen möglich sein.

c) Die Datenorganisation und die Zugriffsmethoden müssen unabhängig von der Anwenderprogrammierung sein. Das ist notwendig, um beliebig neue Anwendungen einzurichten und alte Anwendungen zu ändern, ohne die Datenspeicherung oder weitere Anwendungen ändern zu müssen.

Bei Vorliegen eines Systems, das für die Datenspeicherung und Datenhandhabung diese Punkte erfüllt, spricht man von einem Datenbanksystem.

Im allgemeinen sind dann noch folgende Vorteile mit gegeben:

a) Alle Daten eines Bereichs werden zusammen nur einmal geführt. Es werden nicht Daten aus dem Grund doppelt gespeichert, weil sie für verschiedene Anwendungen in verschiedener Form vorliegen müssen (Verminderung der Datenredundanz).

b) Es wird die Datensicherung gewährleistet, d. h. durch entsprechende Maßnahmen (Anfertigung von Kopien, Aufzeichnung aller Änderungen auf Magnetband) sind die Daten vor Verlust und Zerstörung gesichert.

c) Der Datenschutz, d. h. Schutz vor unberechtigtem Zugriff, besonders wichtig bei personenbezogenen Daten, wird durch ein System von Berechtigungscodes für einzelne Benutzer und durch daran gekoppelte Zugriffssperren auf Teile der Daten ermöglicht.

<table>
<tr><td>3.2</td><td>Dokumentation</td><td align="right">aus GK 3</td></tr>
<tr><td>3.2.1</td><td colspan="2">Datenerfassung
Identitikations-, Einfluß-, Stör- und Zielgrößen; Erfassungs-
verfahren (Quellenbeleg, Lochbeleg, Markierungsbogen,
OCR-Bögen, Dialog)</td></tr>
<tr><td>3.2.2</td><td colspan="2">klinische Dokumentation
Ziele: Erinnerung, Rechtfertigung, Kommunikation, Ana-
lyse; freie, strukturierte und automatisierte Dokumentation
(z. B. Klartextanalyse); problemorientiertes Krankenblatt</td></tr>
<tr><td>3.2.3</td><td colspan="2">Verschlüsselung
klassifizieren (semantische Zuordnung), indexieren (syntak-
tische Zuordnung); Deskriptor; Thesaurus; Konstruktions-
prinzip (hierarchisch, ein-, mehrachsig); notwendige Eigen-
schaften (disjunkt, umfassend); Meßzahlen für Qualität
(Recall, Präzision)</td></tr>
<tr><td>3.2.4</td><td colspan="2">medizinische Schlüssel
Aufbau-Prinzip bekannter Schlüssel (z. B. ICD, SNOMED,
TNM), Aufbau und Verwendung teilgebietsorientierter oder
verfahrensorientierter Schlüssel (z. B. für die Chirurgie);
Anwendungsmöglichkeiten und Grenzen</td></tr>
<tr><td>3.2.5</td><td colspan="2">Basisdokumentation
typische Inhalte von Krankenblattköpfen, Informationswert
von Krankenblattkopfangaben</td></tr>
<tr><td>3.2.6</td><td colspan="2">spezielle Statistiken und Register
Todesursachenstatistik: Erhebung und Aufbereitung (Lei-
chenschauschein, Verschlüsselung); Aussagemöglichkeit,
Bedeutung für klinische Studien
Krankheitsstatistiken: Ansätze in der Bundesrepublik
(meldepflichtige Erkrankungen, regionale Krebsregister,
Krankenkassen- und Rentenversicherungsstatistiken,
„Krankenhaushäufigkeit")
Krebsregister: Erfassung von Krebskranken, Überwachung
von Nachuntersuchung und Nachbehandlung, Erfassung
von Rezidiven und Todesfällen, Problematik nationaler
und internationaler Vergleiche</td></tr>
</table>

6.2 Dokumentation

6.2.1 Aufgabe der Dokumentation

Unter Dokumentation versteht man im allgemeinen das Aufbewahren von D o k u -
m e n t e n (z. B. Bücher, Karteikarten, Krankenblätter), die nach einem D e s k r i p -
t o r (z. B. Verfasser, Stichwort, Fachgebiet, Diagnose, Jahrgang) geordnet vorliegen.
Man unterscheidet zwischen Befund-, Basis-, Literaturdokumentation und Datenerhebung.

Der Arzt in Klinik oder Praxis führt in der Regel eine Befunddokumentation über seine Patienten durch, indem er Karteikarten oder Krankenblätter anlegt. In diesen Dokumenten hält er neben den Personalien der Patienten Informationen über Anamnese, Befund, Therapie und Verlauf fest. Bei erneuter Behandlung eines Patienten kann er anhand des Deskriptors (Name oder Krankenblatt-Nummer) das Dokument sofort heraussuchen und einen Überblick über den bisherigen Behandlungsverlauf gewinnen.

6.2.2 Hilfsmittel der Dokumentation

Für die Dokumentation werden Hilfsmittel wie Kartei- und Lochkarten, Disketten und Magnetbänder verwendet. Hierbei werden z. B. Karteikarten für Dokumente angelegt und darin Deskriptoren und wichtige Informationen aus den Dokumenten übernommen. Die Karten werden dann nach einem Deskriptor geordnet aufbewahrt, wobei die Dokumente selbst nach einer anderen Ordnung gelagert sein können.

Handlochkarten sind heute kaum noch in Gebrauch. Umfangreiche Dokumentationen werden in der Regel auf elektronischen Datenverarbeitungsanlagen (EDVA) durchgeführt. Die zur Eingabe oder zur langfristigen Speicherung benützten Datenträger wurden in 6.1.4 behandelt.

6.2.3 Datenerfassung

Die Belege, die die für die Dokumentation zu erfassenden Angaben enthalten, heißen Quellenbelege. Sie sind im allgemeinen noch nicht direkt zur automatischen Verarbeitung geeignet. Daher werden die Angaben des Quellenbelegs verschlüsselt und auf einen Lochbeleg zum Ablochen oder einen Markierungsbogen oder OCR-Bogen (s. 6.1.4.4) zur direkten Eingabe übertragen, bzw. am Dialoggerät eingegeben.

6.2.4 Verschlüsselung

6.2.4.1 Klassifizierung und Indexierung Zur Verschlüsselung muß zunächst der Sachverhalt im Klartext festgestellt werden (Klassifizieren) und diesem, falls er nicht schon als Zahl vorliegt (wie Geburtsjahr), eine geeignete Schlüsselnummer zugeordnet werden (Indexieren).

Vor Beginn jeder Datenerfassung müssen daher alle überhaupt denkbaren Sachverhalte betrachtet werden und eine Schlüsselnummer erhalten (beim Geschlecht z. B. männlich = 1, weiblich = 2, evtl. Chromosomenanomalie = 3).

Schwierigkeiten bereiten Merkmale, die aus einer Zusammenfassung mehrerer Einzelmerkmale bestehen, wie z. B. Kinderkrankheiten. Hier ist es notwendig, jede einzelne Krankheit getrennt zu verschlüsseln, also z. B. Scharlach ja = 1, Scharlach nein = 2. Weiterhin sollte jeweils festgelegt werden, welche Schlüsselnummer zu vergeben ist, wenn

a) ein Sachverhalt nicht untersucht wurde,

b) der Sachverhalt nicht feststellbar war, obwohl er untersucht wurde,

c) der Sachverhalt für den betreffenden Fall nicht zutrifft (z. B. Anzahl der Schwangerschaften bei männlichen Patienten),

d) nicht feststellbar war, ob der Sachverhalt untersucht wurde bzw. nur deswegen nichts
vermerkt wurde, weil er negativ war.

6.2.4.2 Thesaurus Man bezeichnet die Sammlung der interessierenden Sachverhalte als
Thesaurus. Der Thesaurus kann sehr groß sein, z. B. bei Diagnosen.

6.2.4.3 Eigenschaften von Schlüsseln Im allgemeinen wird von einem Schlüssel verlangt,
daß er disjunkt ist, d. h. kein Sachverhalt zwei Schlüsselnummern erhalten darf, und um-
fassend ist, d. h. alle Sachverhalte müssen eine Schlüsselnummer haben.

Ein Schlüssel kann hierarchisch sein (indem z. B. die erste Ziffer einen Oberbegriff angibt).
Stehen mehrere Bezugssysteme, z. B. Nosologie und Lokalisation nebeneinander, so ist
ein mehrachsiger Schlüssel angebracht. Ein Beispiel hierfür ist der KDS (s. Abschn. 6.2.5.2).

6.2.4.4 Qualität der Verschlüsselung Eine häufige Aufgabe besteht im Heraussuchen
von Dokumenten zu vorgegebenen Sachverhalten. Bei einem derartigen Suchvorgang
sollen alle Dokumente, die einen gewissen Sachverhalt S betreffen, herausgesucht werden. Dabei können zwei Arten von Fehlern auftreten:

1. Ein Dokument mit dem Sachverhalt S wird nicht herausgesucht,
2. ein Dokument, das den Sachverhalt S nicht hat, wird herausgesucht.

Sei A das Ereignis, daß ein Dokument diesen Sachverhalt S enthält, und B das Ereignis,
daß das Dokument gefunden wird. Man bezeichnet als Recall die Wahrscheinlichkeit
$P(B|A)$, daß ein gesuchtes Dokument auch gefunden wird, und als Präzision die Wahr-
scheinlichkeit $P(A|B)$, daß ein gefundenes Dokument auch wirklich gesucht wurde.

Bei einer Prüfung sei a die Anzahl der richtig herausgesuchten Dokumente, b die Anzahl
der nicht gefundenen Dokumente mit dem gesuchten Sachverhalt, c die Anzahl der
herausgesuchten Dokumente, die nicht richtig waren, und d die Anzahl der zu Recht
nicht herausgesuchten Dokumente, dann schätzt man den Recall $P(B|A)$ durch $a/(a + b)$
und die Präzision $P(A|B)$ durch $a/(a + c)$.

6.2.5 Diagnoseschlüssel

Eine besondere Schwierigkeit bereitet die Verschlüsselung von Diagnosen. Man ordnet
je einer Krankheit eine S c h l ü s s e l z a h l zu. Diese kann nach topographischen,
ätiologischen oder anderen Gesichtspunkten zusammengestellt sein. Folgende Diagnoseschlüssel sind besonders bekannt:

6.2.5.1 ICD-Schlüssel Der von der WHO 1955 herausgegebene ICD-Schlüssel umfaßt
etwa 800 Krankheitsgruppen und 200 Verletzungsarten, denen dreistellige Zahlen zugeordnet sind, wobei die Möglichkeit besteht, diese durch eine 4. und 5. Ziffer je nach
Bedarf zu erweitern.

Der ICD-Schlüssel wurde 1855 von William Farr als Sammlung von Krankheitsbegriffen eingeführt und danach mehrfach revidiert. Z. Zt. ist die 1979 revidierte 9. Fassung (dt. Ausgabe 1986) mit einer ausführlichen Systematik gültig. Sie wird in allen der WHO angeschlossenen Ländern sowohl ärztlicherseits als auch von Krankenhausverwaltungen und Versicherungsträgern zur Diagnoseverschlüsselung und für die Todesursachenstatistik verwendet.

6.2.5.2 KDS-Schlüssel Der von Immich 1966 herausgegebene Klinische Diagnoseschlüssel (KDS-Schlüssel, Immich-Schlüssel) umfaßt etwa 10300 Diagnosen und ca. 5000 Synonyme. Er ist fünfstellig, wobei die ersten 2 Ziffern einer topographischen Ordnung angehören, die das Hauptbezugssystem des KDS-Schlüssels darstellt. Die 3. und 4. Ziffer sind Schlüsselzahlen einer nosologischen Einteilung, und die 5. Ziffer bezeichnet eine lokalisatorische oder krankheitsabhängige Modifikation. Die einbändige Ausgabe des KDS-Schlüssels ist in 3 Teile gegliedert:

a) alphabetisches Verzeichnis.

b) systematisches Verzeichnis, geordnet nach dem Klinischen Diagnoseschlüssel (KDS).

c) systematisches Verzeichnis, geordnet nach der Internationalen Klassifikation (ICD-E). Mit ICD-E bezeichnet Immich den von ihm auf 5 Stellen erweiterten ICD-Schlüssel. In allen drei Verzeichnissen sind neben den Schlüsselzahlen des jeweiligen Schlüsselsystems immer auch die ungefähr entsprechenden Schlüsselzahlen des anderen angegeben.

6.2.5.3 Weitere Diagnoseschlüssel In den USA wurde 1932 die Standard Nomenclature of Diseases and Operations (SNDO) entwickelt, die zweiachsig ist. Sie hat eine dreistellige topographische und eine drei- bis fünfstellige ätiologische Einteilung, so daß jede Diagnose durch zwei Zahlen bestimmt ist.

Ähnlich aufgebaut ist die Systematized Nomenclature of Pathology (SNOP), die durch die Systematized Nomenclature of Medicine (SNOMED) erweitert wurde. SNOP enthält weitere Einteilungen für Morphologie und funktionelle Störungen, SNOMED zusätzlich für Nosologie und Therapie, so daß bei SNOMED jeder Fall durch maximal sechs Zahlen gekennzeichnet werden kann. Die Neufassung von 1984 ist mit Rücksicht auf Arbeits- und Umweltmedizin um eine siebte Achse für Beruf ergänzt.

6.2.5.4 TNM-Einteilung für die Tumorklassifizierung Um in der Tumordiagnostik international einheitlich vergleichen zu können, wurde von der Union Internationale contre le Cancer (UICC) das TNM-System entwickelt, das verschiedene frühere Einteilungen für Tumorstadien ablöste. Es sieht für die Größe des Primärtumors (T), die Metastasierung der regionären Lymphknoten (N) und die Fernmetastasen (M) je eine Ziffer von 0 bis maximal 4 vor. Die zur Zeit neueste Fassung wurde 1987 veröffentlicht.

6.2.6 Datenerhebungen

Eine Datenerhebung hat meist eine statistische Auswertung als Ziel. Die Daten werden
aus Krankenblättern, Verlaufsbeobachtungen und Versuchsabläufen usw. erhoben und
sollten dann auf ihre Dokumentationswürdigkeit untersucht werden, d. h. ob sie zur
Auswertung geeignet und notwendig sind. Dabei unterscheidet man zwischen Identifika-
tions-, Einfluß-, Stör- und Zielgrößen. Z i e l g r ö ß e n sind die als Ergebnis der Untersuchung interessierenden Werte, z. B. Blutdruck und Laborwerte. E i n f l u ß g r ö ß e n
sind Größen, deren Einfluß auf die Zielgrößen untersucht werden soll, z. B. Therapieart,
Therapieform, Diagnose, Alter. S t ö r g r ö ß e n sind weitere Merkmale, die uner-
wünscht die Variabilität der Untersuchung steigern und mit erfaßt werden, um evtl. ihren
Einfluß abschätzen zu können. Dazu zählen Nebendiagnosen, Medikamente, Beruf, etc.
Als I d e n t i f i k a t i o n s g r ö ß e n kommen schließlich Patientennummern, Name,
Tiernummer, Geburtsdatum in Frage (Beispiel: Bei der Untersuchung über die Wirkung
eines Cytostaticums auf die Leukocytenzahl ist die Patientennummer eine Identifikations-
größe; als Einflußgröße gilt das Cytostaticum, als Störgröße können Nebendiagnosen,
z. B. ein Infekt, wirken, und die Zielgröße ist der Leukocytenwert). Diese Einteilung
liegt nicht von vornherein fest; so kann das Alter in einer Untersuchung als Störgröße,
in einer anderen als Einflußgröße aufgefaßt werden.

6.2.7 Basisdokumentation

1961 wurde vom Arbeitsausschuß Medizin der Deutschen Gesellschaft für Dokumentation ein dokumentationsgerechter sogenannter allgemeiner Krankenblattkopf für sta-
tionäre Patienten aller klinischen Fächer entworfen, der von den meisten Kliniken in
mehr oder weniger modifizierter Form für ihre Krankenblattformulare übernommen
worden ist. Er enthält in der Regel Krankenblattnummer, Identifikationszahl, Personalien
(Name, Vorname, evtl. Geburtsname, Geburtsdatum, Geschlecht, Religion, Staatsange-
hörigkeit, Familienstand, Wohnort, Krankenkasse), Aufnahme-, Entlassungsdatum,
Angabe über Gefährdungen, bis zu sechs Diagnosen, Angaben über Therapie und Zustand
bei Entlassung. Die Diagnosen werden meist nach dem ICD-Schlüssel oder dem KDS-
Schlüssel verschlüsselt. Für Operations- und Therapieangaben haben sich allgemeine
Schlüssel noch nicht durchgesetzt. Hier werden meist klinikinterne Schlüssel erstellt und
verwendet. Eine Basisdokumentation aller stationär aufgenommenen Patienten, bei der
der Krankenblattkopf als Erhebungsbeleg verwendet wird, kann zu folgenden Zwecken
ausgewertet werden:

a) Medizinal-statistische Untersuchung, bei denen in bestimmten Zeiträumen Berichte
über Diagnosehäufigkeiten, Letalität, Verweildauer erstellt werden.

b) Medizinisch-statistische Auswertung, z. B. Untersuchung über Beziehung zwischen
Diagnosen und Alter, Geschlecht und Verweildauer.

c) Suchaufgaben; wenn z. B. ein Patient früher in stationärer Behandlung war, können
die entsprechenden Krankenblattnummern angegeben werden oder Angaben über
Gefährdungen.

d) Feststellen der Anzahl bisher vorliegender Fälle bestimmter Diagnosen- und Therapiearten.

e) Angabe der Krankenblattnummern von Patienten zu bestimmten Diagnose- und Therapiearten u. ä. zur weiteren wissenschaftlichen Auswertung und zur Ermittlung der Prognose gerade behandelter Fälle.

6.2.8 Klinische Dokumentation

Der Bundesgerichtshof hat im Urteil vom 27. 6. 1978[1]) zur Dokumentation erklärt:

„. . . ist zuzustimmen, soweit es die Führung ordnungsmäßiger Krankenunterlagen als eine dem Arzt dem Patienten gegenüber obliegende Pflicht betrachtet. Zwar hat der erkennende Senat in zurückliegender Zeit noch die Auffassung vertreten, daß Aufzeichnungen des Arztes nur eine interne Gedächtnisstütze seien und daß zu ihrer sorgfältigen und vollständigen Führung dem Patienten gegenüber keine Pflicht bestehe. Der Senat hat aber inzwischen mehrfach zu erkennen gegeben, daß an dieser Rechtsprechung . . . nicht mehr festgehalten werden kann. . . . Denn die weitere Behandlung des Patients sowohl durch den selben Arzt als auch durch dessen zwangsläufigen oder frei gewählten Nachfolger kann durch unzulängliche Dokumentation entscheidend erschwert werden. . . .“

Die klinische Dokumentation ist zur Erinnerung, Rechtfertigung, Kommunikation, aber auch für eine Analyse des Falles erforderlich.

Auf die ausführliche klinische Dokumentation bei klinischen Prüfungen ist schon in Abschn. 5.1 eingegangen worden. Die Dokumentation kann in vollkommen freier Form oder mehr oder weniger strukturiert erfolgen (z. B. Laborzettel). Die Strukturierung kann soweit durchgeführt sein, daß die Information für alle Patienten gleichartig erhoben wird und keine wesentlichen Umstände vergessen werden können. Dann lassen sich die Informationen leicht auf Datenträger übertragen. Nachteilig ist, daß ungewöhnliche Beobachtungen und Wertungen im allgemeinen nicht genügend erfaßt werden.

Jede Form läßt sich heute in einer EDVA speichern und abrufen. Eine maschinelle Analyse eines in freier Form eingegebenen Textes nach Schlagwörtern (Klartextanalyse) ist aber sehr aufwendig.

Es gibt zahlreiche Versuche, die klinische Dokumentation zu verbessern. Hier sei nur auf das von Weed vorgeschlagene problemorientierte Krankenblatt hingewiesen. Sein Schema enthält vier Abschnitte:

1. Vorliegende Befunde (Anamnese, Beschwerden, Labordaten etc.)
2. Liste aller aufgetretenen Probleme
3. Behandlungsplan
4. Darstellung des weiteren Verlaufs

---

[1]) NJW 31, 2337-39 (1978)

6.2.9 Spezielle Statistiken und Register

6.2.9.1 Todesursachenstatistik Der vom hinzugezogenen Arzt bzw. von einem besonders hierfür beauftragten Leichenschauer (in den Ländern der Bundesrepublik verschieden geregelt) auszustellende Leichenschauschein enthält die Todesursache, die von den statistischen Landesämtern nach dem ICD-Schlüssel verschlüsselt wird. Zur Zeit wird nur eine Todesursache, d. h. Krankheit, Leiden bzw. Unfall, verarbeitet, die den Tod ursächlich herbeigeführt hat. Dabei würde z. B. bei Patienten mit malignen Tumoren, die tödlich verunglücken, das Grundleiden nicht erfaßt werden. In der Bundesrepublik, aber nicht in allen anderen Ländern, wird daher in einem solchen Falle die maligne Erkrankung als Todesursache signiert. Dies erschwert den internationalen Vergleich.

6.2.9.2 Morbiditätsstatistiken In der Bundesrepublik ist nur vorgesehen, die wenigen meldepflichtigen Erkrankungen zu erfassen. Dazu gehören z. B. nicht die malignen Tumorerkrankungen. Hinweise kann man nur aus Krankenkassen- und Rentenversicherungsstatistiken erhalten. Die aus Kliniken und Krankenhäusern ermittelten Zahlen ergeben die sogenannten „Krankenhaushäufigkeiten".

6.2.9.3 Krebsregister In einigen Gebieten werden alle Krebskranken erfaßt. Das älteste Krebsregister in Deutschland besteht in Hamburg. Daneben gibt es Register, die nur seltene Krebsarten erfassen. Zusätzlich werden klinische Krebsregister eingerichtet, die alle Krebskranken einer Klinik oder einer Gruppe von Kliniken nach einheitlichen Richtlinien dokumentieren und dabei den gesamten Krankheitsverlauf erfassen.

3.3   Anwendungssysteme   *aus GK 3*
3.3.1   Krankengeschichtenhaltung
         Krankenblattarchive, Ordnungs- und Ablageprinzipien (z. B.
         nach I-Zahl), Mikrofilm, EDV- und EDV-unterstützte Systeme, Organisationsformen (zentral, dezentral)
3.3.2   medizinische Informationssysteme
         Anwendungsbereich im Krankenhaus: Patientenaufnahme,
         Basisdokumentation, Befundung, Auskunftsverfahren;
         Krankenhausadministration (patientengebunden, betriebsgebunden, abteilungsspezifisch); record linkage
3.3.3   Biosignalverarbeitung
         Notwendigkeit der Analog/Digital-Wandlung
         Vielfalt der Anwendungsmöglichkeiten, z. B. bei Intensivüberwachung, Computer-EKG

6.3 Anwendungssysteme

6.3.1 Krankengeschichtenhaltung

In den Krankenblattarchiven werden die Krankengeschichten meist nach dem Namen geordnet aufbewahrt. Die Ablage nach der Aufnahmenummer hat den Nachteil, daß die Unterlagen, die bei mehrmaligem Aufenthalt entstehen, nicht zusammenliegen. Da sich der Name ändern kann, werden die Krankenblätter auch häufig nach dem Geburtstag oder nach einer sog. I-Zahl (Identifikationszahl), die u. a. Geburtstag und Geschlecht enthält, geordnet. Dies wäre besonders dann sinnvoll, wenn — wie in einigen Ländern — jedem Bürger eine I-Zahl zugeordnet ist.

Aus Platzgründen werden häufig alle Unterlagen auf Mikrofilm übernommen.

Meist hat jede Klinik innerhalb eines Klinikums ein eignes Archiv. Archive bei den einzelnen Abteilungen einer Klinik werden immer seltener. Heute bevorzugt man Zentralarchive, die die Krankenblätter aller Kliniken des Klinikums aufbewahren.

6.3.2 Krankenhausinformationssystem

Das heute noch nicht zur vollen Zufriedenheit realisierbare Ziel der Datenverarbeitung an größeren Kliniken ist das integrierte Krankenhausinformationssystem (KIS). Dieses KIS unterstützt und koordiniert die vielfältigen Aufgaben aus dem administrativen, organisatorischen und ärztlichen Bereich. Große Teilbereiche eines KIS sind jedoch bereits verwirklicht.

6.3.3 Wichtige Anwendungsbereiche

Im folgenden werden einige Gebiete angegeben, in denen die EDV verwirklicht und im Routineeinsatz ist.

1. P a t i e n t e n a u f n a h m e. Mit Hilfe von Dialog-Terminals werden die überwiegend administrativen Daten erfaßt und in den Patientendatenbestand eingebracht und es werden die Aufnahmeunterlagen erstellt.

2. E i n s a t z   i n   d e r   V e r w a l t u n g. Die Anwendung der EDV zur Krankenhausverwaltung entspricht weitgehend der weitverbreiteten Anwendung im kaufmännischen Bereich. Es sind hier alle Funktionen der Finanzbuchhaltung sowie der Kosten- und Leistungsrechnung zu erfüllen.

3. H i l f s m i t t e l   b e i   d e r   D i a g n o s t i k
a) Laborautomation. Mit einem Prozeßrechner werden an den Meßgeräten im Labor die Daten erfaßt, geprüft, dem Patienten zugeordnet, dem Laborarzt und der Station zur Verfügung gestellt. Zuvor werden die Abnahme der Proben und die Zuteilung der Proben zu Arbeitsplätzen und Meßgeräten unterstützt.

b) Analyse von EKG, EEG und anderen biophysikalischen Signalen (insbesondere in der Nuklearmedizin). Die Daten werden dem Arzt übersichtlich präsentiert, und es kann eine Vorauswahl in unverdächtige bzw. verdächtige Befunde geschehen.

4. Hilfsmittel bei der Therapie

a) Berechnung von Bestrahlungsplänen,

b) Prozeßrechnereinsatz auf der Intensivpflegestation zur Patientenüberwachung.

5. Hilfsmittel der Organisation, z. B. Lagerverwaltung der Apotheke, Menüoptimierung der Klinikküche.

6. Unterstützung der medizinischen Forschung wie in anderen Wissenschaftsbereichen zur Auswertung von Experimenten und Erhebungen mittels statistischer Methoden.

7. Dokumentation der Patientenbefunddaten und Zusammenführung von Daten desselben Merkmalsträgers (record linkage), Patientenbetreuungssysteme (Nachsorge, Wiedereinbestellung).

Es sind Modifikationen eines derartigen Großsystems für kleinere und mittlere Krankenhäuser geplant, und auch dem praktischen Arzt soll über Terminals ein Zugang zu der EDV-Anlage auf seinem Bereich geöffnet werden. Schließlich ist eine umfassende Literaturdokumentation ohne Einsatz von Großrechenanlagen heute nicht mehr realisierbar.

6.3.4 EDV im Unterricht

Als letzter Punkt sei der Einsatz der EDV bei der Ausbildung erwähnt. Durch Lernprogramme kann dem Studierenden der Stoff auf individuelle Weise nahegebracht werden. Am Dialogterminal bestimmt der Studierende das Tempo des Lernprozesses selbst, und der Stoff wird bei Fehlern gezielt an den Wissenslücken wiederholt.

3.4	**Datenschutz**	*aus GK 3*
3.4.1	Datenschutzgesetzgebung	
	Grundzüge der Datenschutzgesetze; Problem der Anonymisierung	
3.4.2	Datenschutz und Medizin	
	Problematik der Datenoffenlegung, der Korrektur, der Sperrung und Weitergabe	

6.4 Datenschutz

Das Vordringen der EDV in alle Bereiche des öffentlichen Lebens und insbesondere auch in den medizinischen Bereich ergab die Notwendigkeit einer gesetzlichen Regelung der Verarbeitung personenbezogener Daten. Das Bundesdatenschutzgesetz (BDSG) — seit 1978 in Kraft — gibt den Rahmen für die Landesdatenschutzgesetze, welche speziell auch die Verfahrensweisen für die Landesbehörden und öffentlich-rechtlichen Anstalten festlegen. Neben der Datenschutzgesetzgebung gelten für den ärztlichen Bereich die Regelungen der ärztlichen Schweigepflicht.

6.4.1 Datenschutzgesetzgebung

Im BDSG wird als Aufgabe des Datenschutzes festgelegt, dem Mißbrauch bei der Verarbeitung personenbezogener Daten entgegenzuwirken. Personenbezogene Daten im Sinne des Gesetzes sind Einzelangaben über persönliche oder sachliche Verhältnisse bestimmter (natürlicher) Personen. Geregelt werden

- Erfassen
- Speichern
- Verändern
- Übermitteln
- Sperren
- Löschen

von Daten in manuellen und automatisierten Verfahren.

Eine Verarbeitung ist zulässig, falls sie durch ein Gesetz erlaubt ist oder der Betroffene eingewilligt hat.

Die Rechte der betroffenen Person sind festgelegt:

Sie ist in Kenntnis zu setzen, wo welche Daten gespeichert sind und hat das Recht auf Durchführung folgender Vorgänge:

- Auskunft über die zu seiner Person gespeicherten Daten,
- Berichtigung, falls sie unrichtig sind,
- Sperrung, falls die Richtigkeit nicht feststellbar ist,
- Löschung, falls die zur Speicherung notwendigen Voraussetzungen nicht vorliegen oder inzwischen weggefallen sind.

6.4.2 Datenschutz in der Medizin

6.4.2.1 Anonymisierung Im Bereich der medizinischen Forschung können die Erfordernisse des Datenschutzes in manchen Fällen durch Anonymisierung erreicht werden. Das bedeutet, daß die Identifikationsmerkmale aus dem Datensatz entfernt werden. Dieses

Verfahren hat seine Grenze bei Verlaufsbeobachtungen, bei denen die Daten eines Patienten laufend ergänzt werden müssen. Außerdem kann eine Anonymisierung unwirksam werden, wenn relativ viele Merkmale einer Person gespeichert werden. Dann kann aus einer Vielzahl von Merkmalen wie Alter, Geschlecht, Beruf etc. eine Person in einem Datenbestand relativ leicht rückidentifiziert werden.

6.4.2.2 Zugriffsberechtigung Ein wichtiger Aspekt zur Verwirklichung des Datenschutzes sind auch die organisatorischen und technischen Maßnahmen, die getroffen werden können, damit wirklich nur der berechtigte Personenkreis Zugriff auf die Daten erhält. Sie gehen z. B. von der Aufstellung der EDV-Geräte (Terminals etc.) in Räumen, deren Zutritt geregelt ist, über die Möglichkeit der Prüfung mittels Ausweisleser, ob eine Person berechtigt ist, ein Gerät zu bedienen, bis zu rechnerinternen Sperren für alle dort ablaufenden Funktionen, die erst durch Eingabe entsprechender Paßwörter durch den Benutzer aufgehoben werden.

3.5   Systemanalyse   *aus GK 3*

Grundbegriffe der Systemanalyse; Anwendungsgebiet z. B. Systemforschung im Gesundheitswesen

6.5 Systemanalyse

6.5.1 Systeme

Am Anfang dieses Buches in Abschn. 1.1.1 haben wir eine Menge als Zusammenfassung von Elementen kennengelernt. In der Realität bestehen zwischen den Elementen Abhängigkeiten und Beziehungen. Eine Menge von verschiedenartigen Elementen mit ihren gegenseitigen Abhängigkeiten bezeichnet man als ein System. Das gesamte Weltall ist ein System, aber auch ein Atomkern, eine Zelle, das Nervensystem, eine EDV-Anlage, das Wirtschaftssystem.

6.5.2 Systemanalyse

Die Systemanalyse versucht, die wechselseitigen Abhängigkeiten der Elemente eines Systems zu analysieren. Sie ist oft nur im Sinne einer sukzessiven Annäherung möglich.

Um in einem kaufmännischen Betrieb, einem Finanzamt, einer Versicherungsgesellschaft, einem Warenhaus etc. eine Änderung der Organisation, z. B. Einführung von EDV, durchführen zu können, sind Systemanalysen notwendig. Sie werden von sogenannten Systemanalytikern durchgeführt.

6.5.3 Operations Research

Mit Operations Research werden mathematische Methoden zusammengefaßt, die ursprünglich auf militärischem Gebiet, heute auch auf wirtschaftlichen und technischen Gebieten angewendet werden. Dieses Gebiet wird auch als Unternehmensforschung bezeichnet. Die Methoden werden u. a. benutzt, um die Effizienz von Systemen zu bestimmen oder Systeme zu optimieren. Zu ihnen gehören:

a) Planungsrechnung

Dies sind Methoden, eine Funktion (Zielfunktion) unter gewissen Nebenbedingungen zu maximieren (oder zu minimieren). Ein sehr einfaches Beispiel ist das Minimieren der Reisekosten eines Vertreters, der mehrere Orte aufsuchen soll.

b) Netzplantechnik (Verfahren zur Planung größerer Projekte)

c) Spieltheorie zur Analyse des Verhaltens von Wirtschaftssystemen

d) Stochastische Verfahren, z. B. Warteschlangentheorie, die Theorie der Lagerhaltung

e) Simulation

Ist es nicht möglich, die mathematischen Gleichungen für eine Operations-Research-Methode zu lösen, versucht man, das System durch ein mathematisches oder physikalisches Modell nachzubilden und für viele Fälle durchzurechnen. Um auch unkontrollierbare Einflüsse zu berücksichtigen, werden dabei Zufallszahlen verwendet, um verschiedene mögliche Situationen für einen Vorgang zu erhalten, und dann dieser Vorgang sehr oft durchgespielt (Monte-Carlo-Methode).

6.5.4 Gesundheitssystemforschung

Die ärztliche Versorgung der Bevölkerung, die Gesamtheit der Krebsfrüherkennungsmaßnahmen, die Krankenhäuser, die ärztlichen Praxen stellen Systeme dar. Um diese Systeme zu optimieren, werden die Methoden des Operations Research in zunehmendem Maße verwendet.

Beispielsweise kann die Gesundheitssystemforschung Anwendung finden bei der

— Bedarfsanalyse und zweckmäßigen Verteilung von Geräten mit verhältnismäßig hohen Anschaffungskosten, wie z. B. die Computertomographen.

— Auswirkung der Einrichtung von Nachsorgeheimen auf die Krankenhauskosten.

— Auswirkung einer Selbstbeteiligung in der Krankenversicherung zur Vermeidung von Bagatellkosten, die aber möglicherweise besonders sozial schwache Bevölkerungsteile treffen könnten.

— Auswirkung von Früherkennungsmaßnahmen auf die Zahl der Behandlungserfolge.

5   **Medizinische Bibliographie**   *aus GK 2*

5.1.1   Erfassung
            Prinzipien der Titelaufnahme und Zitierweise
5.1.2   Recherche
            Prinzipien der Recherche-Technik an gängigen Literaturarten
5.1.3   Literaturdokumentation
            DIMDI, Kenntnis der Literaturdienste Medlars, Index
            Medicus, Science Citation Index
5.1.4   medizinisch-statistische Quellenkunde
            statistische Jahrbücher, Todesursachenstatistik, Mortalitäts-
            statistik, WHO-Zusammenstellungen, Krankenkassenveröffent-
            lichungen, Morbiditätsstatistiken.

7 Medizinische Bibliographie

7.1 Prinzipien der Titelaufnahme und Zitierweise

Für die Angabe von Büchern und Zeitschriftenaufsätzen in Bibliothekskarteien und am
Schluß einer Veröffentlichung gibt es allgemeine Richtlinien, die gewisse Abweichungen
zulassen. Für die Veröffentlichung in Zeitschriften geben die Verlage gewöhnlich Anweisungen über die Art, Arbeiten zu zitieren. Die DIN 1505 unterscheidet ausführliche und
gekürzte Titelangaben.

Im folgenden ist angeführt:

a) Die Reihenfolge der gekürzten Titelangabe von Büchern:

> Verfasser (Familien- und gekürzte Vornamen)
>
> Sachtitel der Veröffentlichung, ohne Untertitel
>
> Auflage
>
> Bandangabe
>
> Erscheinungsort
>
> Erscheinungsjahr
>
> Anzahl der Seiten

b) die Reihenfolge der gekürzten Titelangabe von Aufsätzen aus Zeitschriften:

> Verfasser
>
> Sachtitel des Aufsatzes im Original
>
> Kurztitel der Zeitschrift
>
> Band oder Jahrgangszahl

Erscheinungsjahr (vorzugsweise in runden Klammern)

Heft- oder Lieferungsnummer (nur, wenn keine durchlaufende Seitenzählung
des Bandes oder Jahrgangs erfolgt)

Seiten des Aufsatzes (erste bis letzte Seite)

Besitzt die Vorlage keine Seitenzählung, z. B. bei Sonderabdrucken, ist statt
dessen die Anzahl der Seiten anzugeben.

Bei Schriften mit mehr als drei Verfassern können die auf den erstgenannten Verfasser
folgenden Namen durch u. a. ersetzt werden.

7.2 Literaturdienste

Vom einzelnen Arzt können mehrere Literaturdienste, die regelmäßig erscheinen, in
Anspruch genommen werden. Das amerikanische Medlar-System (Medical Literature
and Retrieval-System der National Library of Medicine in Bethesda, USA) erfaßt z. Z.
jährlich etwa 200000 Artikel in medizinischen Zeitschriften nach Deskriptoren. Seit
1964 ist eine Medlars-Zentrale in Stockholm als europäische Zweigstelle in Betrieb.
Monatlich erscheint der Medlars' Index Medicus mit annähernd 2000 kurzen Abstracts
(Zusammenfassungen) von Artikeln in Englisch.

In der BRD befindet sich in Köln das Deutsche Institut für medizinische Dokumentation und Information (DIMDI), das über eine medizinische Zentralbibliothek verfügt
und die deutsche medizinische Literatur aufarbeitet, sowie das von Medlars ausgewertete
Schrifttum für die BRD verfügbar macht. Das DIMDI erteilt Auskünfte zu Stichworten
in deutscher und ausländischer Literatur.

Die Anfrage kann schriftlich oder über ein in vielen deutschen Bibliotheken vorhandenes
Terminal an den Computer von DIMDI erfolgen.

In den Referateorganen (Zentralblätter des Springer-Verlages, Biological Abstracts u. a.)
wird jeder Zeitschriftenartikel referiert.

Da oft viel Zeit vergeht, bis die einzelnen Artikel referiert sind, werden schnell erschei-
nende Zusammenstellungen veröffentlicht. Die Current Contents umfassen Titellisten
der wissenschaftlichen Zeitschriften.

Hierzu gehören auch die sogenannten KWIC-Register (Keyword in Context), bei denen
die Titel der einzelnen Zeitschriftenartikel nach Schlüsselworten und Titel geordnet und
alphabetisch aufgelistet werden. In Fig. 7.1 ist ein Auszug aus dem in dieser Weise auf-
gebauten Current Index of Statistics mit dem Schlüsselwort Correlation Coefficient
abgebildet.

In dem Science Citation Index werden zu früher erschienenen Arbeiten (Quellen) diejenigen laufend erscheinenden Artikel aufgeführt, in denen die Quellen zitiert wurden
(gegliedert nach den Quellen).

Estimation of correlation coefficients by ellipsoidal trimming * D. M. Titterington — 78ApplStat27 227-234
for tests and interval estimates of the correlation coefficient * J. Laga; J. Likes — 77StstckaR 5 133-150
interval estimation for a certain intraclass correlation coefficient * J. L. Fleiss; P. E. Shrout — Tables — 77StstckaR 5 133-150
Simulated intraclass correlation coefficients * Roger Weinberg; Yogesh C. Pattel — Approximate — 78Psymtrka43 259-262
normal population having the largest correlation coefficient * Wilcox ...comments on selecting the best of several binomial populations or the bivariate — 78ASAProStCp 100-105
of the distribution of the multiple correlation coefficient * E. J. Williams — 78Psymtrka43 127-128
The maximal partial correlation coefficient of two sigma-algebras relative to a third sigma-algebra. (Russ'an) * V. A. Romanovic — A simple derivation — 78CommStA 7 1413-20
Edgeworth expansion for the Kendall rank correlation coefficient * W. Albers — 75IzMaKazn10 94-96
trimming for robust estimation of the correlation coefficient * A. C. Bebbington — A note on the — 78AnlsStat 6 923-925
A spherical correlation coefficient robust against scale * Kanti V. Mardia; Madan L. Puri — A method of bivariate — 78ApplStat27 221-226
to the distribution of the sample correlation coefficient * Sadanori Konishi — 78Biomtrka65 391-396
On the sample correlation coefficient in the truncated bivariate normal population * Gajjar; Subrahmaniam — An approximation — 78Biomtrka65 654-656
and moments of the noncircular serial correlation coefficient * Ahmed Hassan Abdel-Razek — First order autoregression: Least-squares estimator — 78CommStB 7 455-478
Some evidence on the largest squared correlation coefficient several samples * Robert W. Bacon — 76EgyStJ20/2 15-28
Correlation coefficient — 77Econmtca45 1997-?

J. Conover — Approximations of the critical region for Spearman's rho with and without ties present * Ronald L. Iman; W. — 78CommStB 7 269-282
Measures of association between disease and genotype * Paula K. Norwood; Klaus Hinkelmann — 78Biomtrcs34 593-602
K. Robinson — On the necessity of Bayesian inference and the construction of measures of nearness to Bayesian form * G. — 78Biomtrka65 49-52
On an unbiased predictor in factor analysis * N. N. Chan — 77Biomtrka64 642-644
Probing: Compilation and correlation * Adolf Diegel — 77UnivQuebec 162p
Computing correlations with Q-sort data for McQuitty's pattern-analytic methods * Jae-won Lee — 77EdPsMeas37 327-329
RBIS: Point-biserial to biserial correlation conversion * William L. Bache III — 75BehRMeln 7 318-318
Curious correlations—A reply * W. R. Cook — 77JRSS-A 140 511-513
chart limits in the presence of data correlation * Athanasios V. Vasilopoulos; A. P. Stamboulis — Modification of control — 78JQualTek10 20-30
Correlation as a deceiving measure of fit * James Shanteau — 77BJSCPsyh16 134-136
the difference between two coefficients of correlation * H. Thoeni — Testing — 77BiomtrcJ19 355-360
Source correlation effects on structural response * Stephen H. Crandall; Alexander P. Kulvets — 77ApplcatnSt 163-182
the jackknife with special reference to correlation estimation * David V. Hinkley — Improving — 78Biomtrka65 13-22.
Boyer — Correlation structure in Farlie-Gumbel-Morgenstern distributions * William R. Schucany; William C. Parr; John E. — 78Biomtrka65 650-653
A significance test for correlation fields * Charles K. Stidd — 77PrStAtms 5 167-168
that occur in the expression for the correlation function of a Gaussian stationary process (Russian) * A. G. Osidze — Estimates of the parameters — 75TbilUGMa 4 257-265
Gaussian random fields with different correlation functions (Russian) * Kalandarisvili — The equivalence of measures that correspond to homogeneous — 75SMAMoamb79 239-295
for the consistency of estimates of the correlation function of homogeneous random fields (Russian) * S. Faizullaeva — Necessary and sufficient conditions — 75DANTaskt12 3-4
Statistical estimates of the spectrum and correlation function of a random field on the sphere that is homogeneous in time and isotropic (... * Rahimov — 76SThRndProc 152-161
Estimation of the parameters of the correlation function of a stationary random process (Russian) * T. M. Tovstik — 75Cybrntcs 6 131-140
Drosophila melanogaster * Smith et al. — Correlations of genes * Variance component analysis of allozyme frequency data from eastern populations of — 78Genetics88 121-137
Genetic correlation as a concept for studying genotype-environment interaction in forest tree breeding * R. D. Burdon — 77SilvGene26 168-175
differences between observed and implied correlations in some path analysis models * N. Wermuth — Testing the — 75PrclSI40 4 446-449
Algebraic methods of investigating the correlation connections in incompletely balanced block-schemes for experiment design. I. ... * Sysoev et al. — 76A&RCntrl37 696-704
Algebraic methods of investigating the correlation connections in incompletely balanced block-schemes for experiment design. II. ... * Sysoev et al. — 76A&RCntrl37 1022-31
procedures as a function of inter-item correlation * Isaac I. Bejar; David J. Weiss — A comparison of empirical differential option weighting scoring — 77EdPsMeas37 335-340
in heritability estimates from intraclass correlation * R. W. Ponzoni; J. W. James — Possible biases — 78Th&ApGen53 25-27

Fig. 7.1 Auszug aus dem Current Index of Statistics

7.3 Recherche

Um die für ein Problem notwendige Literatur zu finden, gibt es mehrere Wege. Wird von einer Veröffentlichung ausgegangen, so ist dort meist die vorangegangene Literatur zitiert. Schwieriger ist es, neuere Arbeiten auf dem Gebiet aufzusuchen.

Die großen wissenschaftlichen Bibliotheken wie die Universitätsbibliotheken haben für die Einzelschriften einen alphabetischen Katalog (nach Verfassern und Herausgebern geordnet) dazu einen Sachkatalog (nach Sachgebieten geordnet) und meist ein Schlagwortregister, in dem eine Einzelschrift bei mehreren Schlagwörtern auftreten kann.

Der Zeitschriftenkatalog enthält die Titel aller Zeitschriften aber keine speziellen Artikel. Diese sind in den oben erwähnten Referateorganen zusammengestellt. Neuere Literatur erhält man durch Anfragen bei DIMDI, dem Science Citation Index etc.

7.4 Medizinisch-statistische Quellenkunde

Allgemeine statistische Maßzahlen und medizinal-statistische Daten über die gesamte Bevölkerung und internationale Übersichten mit Angaben über das Gesundheitswesen anderer Länder findet man in den statistischen Jahrbüchern des Statistischen Bundesamtes. Statistische Jahrbücher kleineren Umfanges werden von einzelnen Bundesländern, Gemeinden und Städten herausgegeben. Ausführlichere Tabellen enthalten die vom Statistischen Bundesamt herausgegebenen Bände des Gesundheitswesens. Auch Organisationen wie der Verband der Ortskrankenkassen und der Verband Deutscher Rentenversicherungsträger geben jährlich Statistiken heraus, aus denen die Altersgliederung der Mitglieder, die Gliederung der Arbeitsunfähigkeitsfälle etc. aufgeführt sind. Die laufenden Meldungen über meldepflichtige, übertragbare Krankheiten werden im Bundesgesundheitsblatt veröffentlicht. Auch sind die Veröffentlichungen der Weltgesundheitsorganisation (WHO) zu beachten.

8 Tabellen der Quantile der Prüfverteilungen[1]

Tab. 8.1 Quantile u_q der Standardnormalverteilung

q	0,5	0,95	0,975	0,99	0,995	0,999	0,9995
u_q	0	1,64	1,96	2,33	2,58	3,09	3,29
u_q	0	0,5	1,0	1,5	2,0	2,5	3,0
q	0,5	0,69	0,84	0,933	0,977	0,994	0,99865

Tab. 8.2 Quantile $\chi^2_{f,q}$ der χ^2-Verteilung

f \\ q	0,95	0,99	0,999
1	3,84	6,63	10,83
2	5,99	9,21	13,82
3	7,81	11,34	16,27
4	9,49	13,28	18,47
5	11,07	15,09	20,52
6	12,59	16,81	22,46
7	14,07	18,48	24,32
8	15,51	20,09	26,13
9	16,92	21,67	27,88
10	18,31	23,21	29,59
12	21,03	26,22	32,91
15	25,00	30,58	37,70
20	31,41	37,57	45,32

Tab. 8.3 Quantile $t_{f,q}$ der t-Verteilung

f \\ q	0,975	0,995	0,9995
1	12,71	63,66	636,62
2	4,30	9,92	31,60
3	3,18	5,84	12,92
4	2,78	4,60	8,61
5	2,57	4,03	6,87
6	2,45	3,71	5,96
8	2,31	3,36	5,04
10	2,23	3,17	4,59
15	2,13	2,95	4,07
20	2,09	2,85	3,85
40	2,02	2,70	3,55
60	2,00	2,66	3,46
100	1,98	2,63	3,39
∞	1,96	2,58	3,29

Für große f gilt angenähert

$$\chi^2_{f;0,95} = 0,5 \left(1,64 + \sqrt{2f - 1}\right)^2$$

$$\chi^2_{f;0,99} = 0,5 \left(2,33 + \sqrt{2f - 1}\right)^2$$

$$\chi^2_{f;0,999} = 0,5 \left(3,09 + \sqrt{2f - 1}\right)^2$$

---

[1] Ausführliche Tabellen für die Anwendung in der Statistik finden sich in fast allen Lehrbüchern der Statistik.

Tab. 8.4 Quantile $F_{f_1, f_2, q}$ der F-Verteilung für $q = 0,95$ (obere Zeile) und $q = 0,99$ (untere Zeile)

f_2 \ f_1	1	2	6	12	∞
1	161,4	199,5	243,9	243,9	254,3
	4052	4999	5859	6106	6366
2	18,51	19,00	19,33	19,41	19,50
	98,50	99,00	99,33	99,42	99,50
4	7,71	6,94	6,16	5,91	5,63
	21,20	18,00	15,21	14,37	13,46
6	5,99	5,14	4,28	4,00	3,67
	13,74	10,92	8,47	7,72	6,88
12	4,75	3,89	3,00	2,69	2,30
	9,33	6,93	4,82	4,16	3,36
24	4,26	3,40	2,51	2,18	1,73
	7,82	5,61	3,67	3,03	2,21
60	4,00	3,15	2,25	1,92	1,29
	7,08	4,98	3,12	2,50	1,60
∞	3,84	2,99	2,10	1,75	1,00
	6,63	4,60	2,80	2,18	1,00

Literaturverzeichnis

1 Weitere Literatur mit ungefähr gleicher Zielsetzung

A d a m , J. (Hrsg.): Mathematik und Informatik in der Medizin. Berlin 1980

A r m i t a g e , P.: Statistical Methods in Medical Research. Oxford and Edinburgh 1971

C a m p b e l l , R. C.: Statistische Methoden für Biologie und Medizin. Stuttgart 1971

H a r m s , V.: Biomathematik, Statistik und Dokumentation. 4. Aufl. Kiel 1982

H i l l , A. B.: A Short Textbook of Medical Statistics. London—Sydney—Auckland—Toronto 1977

I m m i c h , H.: Medizinische Statistik. Stuttgart—New York 1974

Kollegium Biomathematik NW (Hrsg.): Biomathematik für Mediziner. 2. Aufl. Berlin—Heidelberg—New York 1976

O p p e l , U.G.; R ü g e r , B.: Biomathematik, medizinische Statistik und Dokumentation. München 1975

R a m m , B.; H o f m a n n , G.: Biomathematik und medizinische Statistik. 3. Aufl. Stuttgart 1987

R o s n e r , B.: Fundamentals of Biostatistics. Boston 1986

2 Fragensammlungen

H e i n e c k e , A. u. a. (Hrsg.): Examens-Fragen Biomathematik. Berlin—Heidelberg—New York 1975

H o r n u n g , J.: Prüfungsfragen Biomathematik zum Gegenstandskatalog der Approbationsordnung für Ärzte. Weinheim 1976

N o w a c k i , B., H a r t m a n n , B. E.; B ö h n i n g , D.: Original-Prüfungsfragen mit Kommentar GK3, 4. Tag. 3. Aufl. Weinheim 1986

R e n n e r , D.: Original-Prüfungsfragen GK2, Biomathematik 3. Aufl. Weinheim 1985

3 Tabellensammlungen

F i s h e r , R. A.; Y a t e s , F.: Statistical Tables for Biological Agricultural and Medical Research. 6th ed. Edinburgh 1963

K o l l e r , S.: Neue graphische Tafeln zur Beurteilung statistischer Zahlen. 4. Aufl. Darmstadt 1969

Wissenschaftliche Tabellen (Documenta Geigy), 8. Ausg. Stuttgart 1980

4 Weiterführende Literatur[1])

A r m i t a g e , P.: Sequential Medical Trials. 2nd ed. Oxford and Edinburgh 1975

F u c h s , G.: Mathematik für Mediziner und Biologen. 2. Aufl. Berlin—Heidelberg—New York 1979

G r o s s , R.: Medizinische Diagnostik. Grundlagen und Praxis. Berlin—Heidelberg—New York 1969

*K a l b f l e i s c h , J. D.; P r e n t i c e , R. L.: The Statistical Analysis of Failure Time Data. New York—Chichester—Brisbane—Toronto 1980

K o l l e r , S.; W a g n e r , G. (Hrsg.): Handbuch der medizinischen Dokumentation und Datenverarbeitung. Stuttgart—New York 1975

K r e y s z i g , E.: Statistische Methoden und ihre Anwendungen. 7. Aufl. Göttingen 1979

L i e n e r t , G. A.: Verteilungsfreie Methoden in der Biostatistik. 2. Aufl. Bd. I 1973; Bd. II 1978 Meisenheim

*L i n d e r , A.: Statistische Methoden. 4. Aufl. Basel 1976

M a r t i n i , P.; O b e r h o f f e r , G.; W e l t e , E.: Methodenlehre der therapeutisch-klinischen Forschung. 4. Aufl. Berlin—Heidelberg—New York 1968

*M o r g e n s t e r n , D.: Einführung in die Wahrscheinlichkeitsrechnung und mathematische Statistik. 2. Aufl. Berlin—Heidelberg—New York 1968

P f a n z a g l , J.: Allgemeine Methodenlehre der Statistik, Bd. I 6. Aufl. 1983; Bd. II 5. Aufl. 1978, Berlin

P f l a n z , M.: Allgemeine Epidemiologie. Stuttgart 1973

S a c h s , L.: Angewandte Statistik. 6. Aufl. Berlin—Heidelberg—New York 1984

*S c h m e t t e r e r , L.: Einführung in die mathematische Statistik. 2. Aufl. Wien—New York 1966

*W a e r d e n v a n d e r , B. L.: Mathematische Statistik. 2. Aufl. Berlin—Göttingen—Heidelberg 1965

W a l t e r , E. (Hrsg.): Statistische Methoden I, II. Berlin—Heidelberg—New York 1970

W e b e r , E.: Grundriß der biologischen Statistik. 9. Aufl. Stuttgart 1986

W i n g e r t , F.: Medizinische Informatik. Stuttgart 1979

*W i t t i n g , H.: Mathematische Statistik. 3. Aufl. Stuttgart 1978

*W i t t i n g , H.: Mathematische Statistik I. Stuttgart 1985

*W i t t i n g , H.; N ö l l e , G.: Angewandte mathematische Statistik. Stuttgart 1970

---

[1]) Die mit * versehenen Titel erfordern zusätzliche mathematische Vorkenntnisse.

Sachverzeichnis

Bauknecht / Zehnder
Grundzüge der Datenverarbeitung
Methoden und Konzepte für die Anwendungen

Von Prof. Dr. sc. techn. K. Bauknecht, Universität Zürich, und Prof. Dr. sc. math. C. A. Zehnder, Eidg. Technische Hochschule Zürich
3. Aufl. 293 Seiten mit 148 Bildern und 14 Tabellen. Kart. DM 34,—
(Leitfäden der angewandten Informatik) ISBN 3-519-22450-X

Ziel der vorliegenden Veröffentlichung ist es, Studenten und Praktikern, die nicht Computerspezialisten sind, teilweise aber bereits über Einzelkenntnisse im Programmieren oder in einem anderen Spezialgebiet verfügen, einen Überblick über den Gesamtbereich der Datenverarbeitung und die zugrundeliegenden Methoden, Konzepte und Zusammenhänge zu geben.

Aus dem Inhalt: Datenstrukturen und Speichermedien / Programmentwicklung / Computersysteme / Daten-Ein- und -Ausgabe / Datenbanken / Datensicherung und Datenschutz / Kommunikationssysteme / Integrierte Datenverarbeitung / Organisation der Informatik

Wingert
Medizinische Informatik

Von Prof. Dr. med. F. Wingert, Universität Münster
272 Seiten mit 68 Bildern und 18 Tabellen. Kart. DM 25,80
(Leitfäden der angewandten Informatik) ISBN 3-519-02453-5

Das Buch wendet sich an Studierende der Medizin und an Studierende der Informatik, die Interesse für medizinische Anwendungen haben. Es enthält neben zahlreichen Beispielen u. a. den durch die Approbationsordnung für Ärzte und den im zugehörigen Lernzielkatalog geforderten Stoff.

Aus dem Inhalt: Grundbegriffe der Informatik/Klassifikation: Mathematische Verfahren, Begriffsklassifikation, Diagnosenschlüssel, Entscheidungsunterstützung / Medizinische Linguistik: Morphologische, syntaktische und semantische Verfahren, Darstellung von Wissen / Teilbereiche der Medizinischen Informatik: Daten, Datenerfassung, Fehlerkontrolle, Informationsbildung, Informationswiedergabe, Textsynthese / Spezielle Anwendungen: Biosignal- und Bildverarbeitung, Labordatenverarbeitung, Betriebswirtschaftliche Anwendungen, Informationssysteme, Krankheitsregister, Bibliographien, Datenintegrität und Datenschutz

Preisänderungen vorbehalten

 **B. G. Teubner Stuttgart**

Teubner Studienbücher

Biologie

Clarke: **Humangenetik und Medizin**
144 Seiten. DM 19,80

Dzwillo: **Prinzipien der Evolution**
Phylogenetik und Systematik. 152 Seiten. DM 26,80

Françon: **Physik für Biologen, Chemiker und Geologen**
Band 2: 171 Seiten. DM 18,80

Lockwood: **Membranen tierischer Zellen**
123 Seiten. DM 18,80

Mohr: **Biologische Erkenntnis**
Ihre Entstehung und Bedeutung. 221 Seiten. DM 26,80

Röhler: **Biologische Kybernetik**
Regelungsvorgänge in Organismen. 180 Seiten. DM 25,80

Ruthmann/Hauser: **Praktikum der Cytologie**
172 Seiten. DM 25,80

Schmielau: **Einführung in die Sinnesphysiologie**
150 Seiten. DM 28,80

Schönbeck: **Pflanzenkrankheiten**
Einführung in die Phytopathologie. 184 Seiten. DM 25,80

Skrzipek: **Praktikum der Verhaltenskunde**
220 Seiten. DM 27,80

Vangerow: **Grundriß der Paläontologie**
132 Seiten. DM 25,80

Wilkie: **Muskel**
Struktur und Funktion. 123 Seiten. DM 18,80

Wynn: **Struktur und Funktion von Enzymen**
102 Seiten. DM 16,80

Zerbst: **Bionik**
Biologische Funktionsprinzipien und ihre technischen Anwendungen
231 Seiten. DM 36,–

Physik/Chemie

Becher/Böhm/Joos: **Eichtheorien der starken und elektroschwachen Wechselwirkung.**
2. Aufl. DM 38,–

Bourne/Kendall: **Vektoranalysis.** 2. Aufl. DM 26,80

Daniel: **Beschleuniger.** DM 26,80

Elschenbroich/Salzer: **Organometallchemie.** DM 42,–

Engelke: **Aufbau der Moleküle.** DM 38,–

Goetzberger/Wittwer: **Sonnenenergie.** DM 24,80

Gross/Runge: **Vielteilchentheorie.** DM 38,–

Großer: **Einführung in die Teilchenoptik.** DM 23,80

Großmann: **Mathematischer Einführungskurs für die Physik.** 4. Aufl. DM 32,–

Heil/Kitzka: **Grundkurs Theoretische Mechanik.** DM 39,–